高等学校信息技术类
新方向新动能新形态系列规划教材

U0597331

Python 3
from Beginner to Expert

Python 3
从入门到精通

安俊秀 侯海洋 靳宇倡 ◉ 主编

人民邮电出版社
北京

图书在版编目（CIP）数据

Python 3从入门到精通 / 安俊秀，侯海洋，靳宇倡
主编. -- 北京 ： 人民邮电出版社，2021.5
高等学校信息技术类新方向新动能新形态系列规划教
材
ISBN 978-7-115-54093-5

Ⅰ. ①P… Ⅱ. ①安… ②侯… ③靳… Ⅲ. ①软件工
具－程序设计－高等学校－教材 Ⅳ. ①TP311.561

中国版本图书馆CIP数据核字(2020)第088803号

内 容 提 要

本书以循序渐进的方式讲解 Python 3 的基础知识和高级应用。全书共 15 章。首先从 Python 的起源及功能特点开始讲解，介绍 Python 的安装、配置，并详细讲解 Python 的基础知识，包括变量和运算符的使用、控制结构、标准数据类型、函数、文件输入和输出、面向对象编程和异常处理等相关知识；然后讲解 Python 的高级应用，包括 os 和 sys 模块的使用、正则表达式、多线程与多进程编程、网络编程、数据库编程、NumPy 模块和 pandas 模块等相关知识。

本书可以作为普通高等院校计算机科学、数据科学与大数据技术、人工智能等专业的 Python 相关课程的教材，也可作为 Python 爱好者的入门教材或自学参考用书。

◆ 主　编　安俊秀　侯海洋　靳宇倡
　　责任编辑　邹文波
　　责任印制　王　郁　马振武

◆ 人民邮电出版社出版发行　　北京市丰台区成寿寺路 11 号
　　邮编　100164　电子邮件　315@ptpress.com.cn
　　网址　https://www.ptpress.com.cn
　　北京捷迅佳彩印刷有限公司印刷

◆ 开本：787×1092　1/16
　　印张：20.75　　　　　　　　2021 年 5 月第 1 版
　　字数：548 千字　　　　　　2025 年 8 月北京第 7 次印刷

定价：69.80 元

读者服务热线：(010)81055256　印装质量热线：(010)81055316
反盗版热线：(010)81055315

前言

Python 是开源的编程语言，其简单易学、功能强大、可移植性好、开发周期短等特点已经得到业界的广泛认可。目前很多公司的大型、中型项目都在使用 Python，并且越来越多的中小企业也已经开始使用 Python。随着人工智能与大数据的迅猛发展，Python 因其拥有成熟、高效的用于科学计算、人工智能开发的库，已经被定义为人工智能开发的标准语言。

虽然 Python 已经被列入部分高等院校计算机专业的教学大纲，甚至已经进入小学教材，产业的高速发展仍然使得企业对 Python 人才的需求呈并喷式增长，当前 Python 的实用性人才的数量和质量还不能满足市场的需要。

本书面向普通本科学生群体的就业场景，以实际应用为目的，讲解 Python 的基础知识及高级应用。在明晰基本理论的前提下，注重 Python 实际应用的讲解，而不对技术进行深度挖掘，从而使学生对 Python 的体系架构有全面认识。

本书基于 Python 3.7 进行讲解，贯彻素质教育的原则，主张引导学生自己解决问题。

在内容编排上，我们参考了 Python 官方教程，保证本书既具有一定技术深度，又具有较强的可读性。为了尽量完整地介绍 Python 的基础知识及高级应用，又考虑到教材应该精简、凝练，我们将本书内容划分为 15 章。其中第 1 章到第 8 章为 Python 基础部分，主要讲解 Python 的基础知识；第 9 章到第 15 章为 Python 高级部分，主要讲解 Python 的高级应用。全书主要内容安排如下。

第 1 章是 Python 简介，主要介绍 Python 的产生、发展、特点及 Python 在各类操作系统中的安装步骤，并介绍了一个简单的 hello world 示例程序。

第 2 章介绍 Python 的基础知识，包括变量的定义与使用、运算符、字符串、编码与解码等知识。

第 3 章介绍 Python 缩进的使用、数据输入/输出、控制结构等知识。

第 4 章介绍 Python 的标准数据类型（列表、元组、字典、集合）的使用。

第 5 章介绍 Python 函数与模块的使用，包括内置函数、函数参数、高阶函数、作用域、模块的创建与引用等内容。

第 6 章介绍 Python 文件 I/O 以及 Python 对大文件的读取方法等。

第 7 章介绍面向对象的思想及如何使用 Python 以面向对象的方式进行编程。

第 8 章介绍 Python 对错误和异常的处理，以及自定义异常的方法等。

第 9 章介绍 Python 的两大模块及应用：os 模块和 sys 模块的应用。

第 10 章介绍 Python 正则表达式的使用，并介绍其在 Python 日常编程中的实例，使读者加深理解。

第 11 章介绍 Python 多线程及多进程的应用，并列举了一些实例，帮助读者加强练习。

第 12 章介绍 Python 的网络编程，包括网络协议、TCP/UDP、requests 模块的使用。

第 13 章介绍 Python 对各大数据库的操作及应用，包括 MySQL 数据库、SQLite 3、MongoDB，并列举了一些实例。

第 14 章介绍 NumPy 模块的应用。在本章中将对 NumPy 中的数组对象创建、修改和常用运算进行介绍，最后再通过实例使读者认识 NumPy 在实际中的应用。

第 15 章介绍 pandas 模块的应用。首先对 pandas 的基本对象、操作进行介绍，然后再通过 GDP 数据分析实例来了解 pandas 在实际分析中的应用。

通过对这些内容的学习和实践，读者应该能对 Python 有比较全面的理解和认识，同时还能具备一定的 Python 编程开发能力。

本书由成都信息工程大学的安俊秀教授、侯海洋和四川师范大学的靳宇倡教授担任主编。其中第 1 章、第 2 章、第 3 章由邓鹏飞、安俊秀编写；第 4 章、第 9 章、第 10 章、第 11 章、第 12 章、第 13 章由侯海洋、靳宇倡编写；第 5 章、第 6 章、第 7 章、第 8 章由王军翔、安俊秀编写；第 14 章、第 15 章由陈思源、侯海洋编写。同时，本书的编写和出版得到了国家自然科学基金项目（71673032）的支持。

尽管在本书的编写过程中，我们力求严谨，但由于技术的发展日新月异，加之我们的水平有限，书中难免存在不足之处，敬请广大读者批评指正。如果有任何问题和建议，可发送电子邮件至 79098910@qq.com。

安俊秀

2021 年 2 月于成都信息工程大学

目 录

第1章
Python 简介

Python 是尼德兰人吉多·范·罗苏姆（Guido van Rossum）于 1989 年发明的一种面向对象的解释型编程语言，它继承了 Guido 曾参加设计的 ABC 语言（一种专门为非专业程序员设计的语言）的优点，并且结合了 UNIX Shell 和 C 语言的使用习惯。随着近几年云计算、大数据和人工智能的兴起，Python 也越来越受到开发人员的重视。如今，Python 已经成为最受欢迎的程序设计语言之一，甚至已经成为小学教材中的内容，学习 Python 已变得刻不容缓。

本章主要帮助读者认识什么是 Python、Python 有哪些特点；理解 Python 的运行机制；了解 Python 适合做什么、不适合做什么；学习 Python 在不同操作系统中的安装；了解 Python 解释器；学习编写一个简单的 hello world 程序，并尝试使用注释。

1.1 Python 概述

在学习 Python 之前，需要先了解 Python 底层的运行机制以及它的优缺点，了解它适合做什么、不适合做什么。这是本节要论述的主要内容。

1.1.1 什么是 Python

什么是 Python？简而言之，它是一种简单易学的计算机编程语言，且有配套的软件工具和库。Python 的代码十分简洁，它使用强制空白符作为缩进，大大提高了使用者的开发效率，使用 Python 能够在更短的时间内完成更多的工作。

Python 是一种开源的语言。它的代码常出现在诸如 GitHub、CSDN、Stack Overflow 等网站上，并且 Python 还有许多强大的开源库，这些库使得 Python 无论是对云计算、大数据，还是对人工智能，都有很强的支持能力。

Python 是一种解释型语言。它的代码不需要编译就可以执行，代码由 Python 解释器直接解释并执行，因此它的运行机制和 C 语言是不同的。C 语言程序运行时源代码必须要先被编译成机器语言，然后经链接转换成二进制可执行文件后才能执行。如图 1-1 所示，在 Windows 操作系统下执行 C 语言源代码，需要将其编译成 Windows 操作系统的二进制可执行文件；在 Linux 操作系统下执行 C 语言源代码，需要将其编译成 Linux 操作系统的二进制可执行文件；在 macOS 下执行 C 语言源代码，需要将其编译成 macOS 的二进制可执行文件；在其他操作系统下执行 C 语言源代码，需要将其编译成其他操作系统的二进制可执行文件。

Python 程序运行时先将源代码转换成字节码，然后再由 Python 解释器来执行这些字节码，所以跳过了编译这一步，如图 1-2 所示。这虽然使 Python 程序远离了计算机底层，但是让它拥有了良好的可移植性，使得 Python 程序无须任何改动就可以在不同的操作系统上运行。

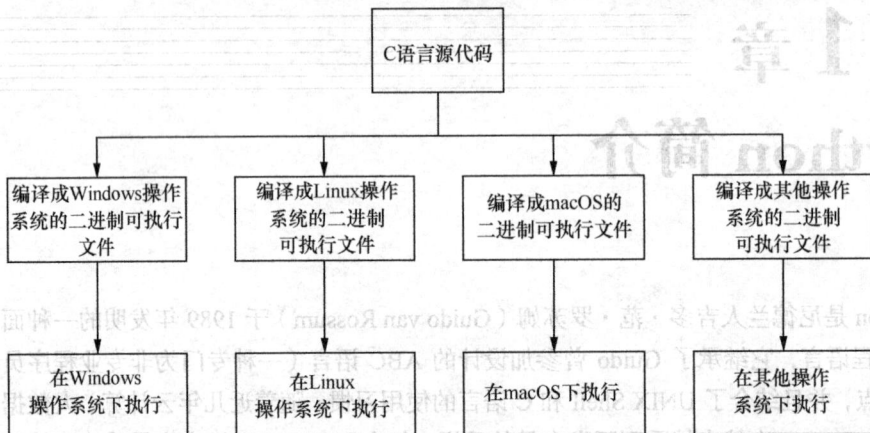

图 1-1　C 语言运行机制

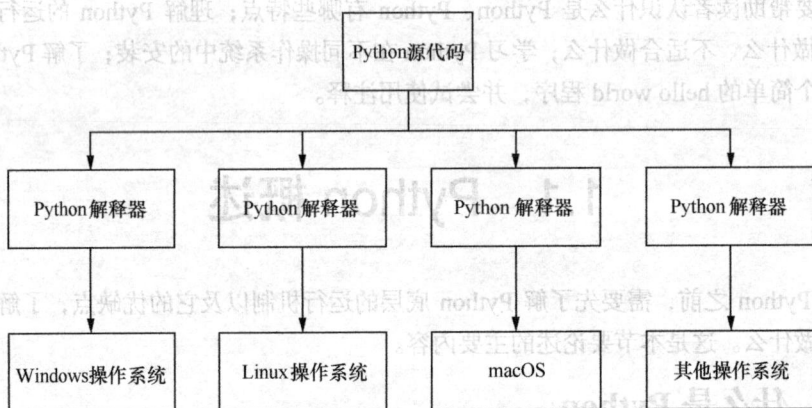

图 1-2　Python 运行机制

虽然 Python 与 C 语言的运行机制不同，但是 Python 的底层是基于 C 语言编写的，这将在后文讲解的 Python 的变量存储机制上有所体现。

需要注意的是，目前，Python 大体上分为 Python 2 和 Python 3。Python 3 相对于 Python 2 有一个较大的升级，并且 Python 3 是不向下兼容的。本书使用 Python 3 进行讲解。

1.1.2　Python 的特点

作为一种具有很大潜力的语言，Python 具有以下特点。

（1）简单易学。Python 非常适合没有编程基础的初学者学习，因为它与其他语言相比，阅读起来更容易理解，一段好的 Python 程序代码阅读起来就像在阅读英语作文一样。Python 没有 C 语言那样复杂的指针，代码也没有 Java 那么复杂，开发人员完全可以不用去管 Python 的底层是怎样实现的。

（2）功能强大。Python 拥有丰富的开源库，其中有 Python 自带的库，如 os、sys、re 等；也有第三方库，如 NumPy、pandas、Requests 等。这些库的支持使得 Python 能被广泛地应用于 Web

开发、科学计算、机器学习（Machine Learning，ML）、人工智能（Artificial Intelligence，AI）、网络爬虫等诸多领域。关于 Python 库的使用将在本书后文中采用实例讲解的方式来介绍。

（3）支持面向对象。Python 虽然常被用来进行面向过程编程，但是它也可以被很好地用来进行面向对象编程。对于已经接触过面向对象编程的开发人员来说，理解 Python 的面向对象编程将十分轻松。有关 Python 的面向对象编程将在本书的第 7 章进行讲解。

（4）可移植性强。Python 的可移植性强是 Python 强大的原因之一，同一个 Python 程序几乎无须任何修改就可以在不同的操作系统中运行。

（5）开发周期短。代码简洁使得 Python 能从众多的编程语言中脱颖而出，使用 Python 进行开发比用其他语言进行开发能够缩短可观的开发时间。举例来说，同一个程序，使用 C 语言开发可能需要 1000 行代码，使用 Java 开发可能需要 100 行代码，而使用 Python 开发可能只需要 10 行代码。

虽然 Python 相比于其他语言有很多优点，但是它不可避免地也有一些缺点，如它的运行速度明显低于 Java 和 C 语言。另外，Python 的缩进也是一个问题，Python 的语句块并没有像 Java 和 C 语言那样使用花括号括起来，取而代之的是使用缩进的方法。初学者很容易因为一个空格的错误而花费很长时间寻找 bug。最后，Python 虽然也可以用来进行面向对象编程，但是相比于 Java，它还是有一些不足。当要开发大型项目时，最好还是选择使用 Java、C++ 等语言，毕竟 Python 的设计初衷也不是用于开发大型项目。

1.2　Python 的安装

我们已经知道，Python 程序可以在不同的操作系统上无修改地运行，那么怎样在不同操作系统中安装 Python 呢？本节主要讲解 Python 在 Windows、Linux、macOS 中的安装。

1.2.1　Python 在 Windows 操作系统中的安装

1. 准备工作

（1）安装有 Windows 操作系统的计算机。

（2）Python 可执行安装包，可到 Python 官网下载。

2. 具体安装步骤

（1）到 Python 官网选择需要的 Python 版本，其名称类似于 Python x，其中 x 是一个数字。根据计算机的参数选择相应的版本下载，如图 1-3 所示。32 位的计算机系统选择 x86 版，64 位的计算机系统选择 x86-64 版。为了更快捷、方便地安装，建议采用可执行安装包（单击如图 1-3 所示的结尾为 executable installer 的链接）的安装方式安装 Python。有兴趣的读者也可尝试其他安装方法。

（2）下载完成后，双击安装包，开始安装 Python，如图 1-4 所示。可以看到有两种安装方式，Install Now（快捷安装）和 Customize installation（自定义安装）。这里选择自定义安装。勾选 Add Python 3.7 to PATH，勾选这一选项可以省去修改环境变量的步骤，实现自动添加环境变量的功能，然后单击 Customize installation。

（3）单击 Customize installation 后会进入 Python 安装配置界面 1，如图 1-5 所示。这里保持默认选项即可，单击 "Next" 按钮进入下一个界面。

Python Releases for Windows

- Latest Python 3 Release - Python 3.7.0
- Latest Python 2 Release - Python 2.7.15

- Python 3.7.0 - 2018-06-27
  - Download Windows x86 web-based installer
  - Download Windows x86 executable installer
  - Download Windows x86 embeddable zip file
  - Download Windows x86-64 web-based installer
  - Download Windows x86-64 executable installer
  - Download Windows x86-64 embeddable zip file
  - Download Windows help file

图 1-3　Windows 操作系统相应的 Python 下载链接

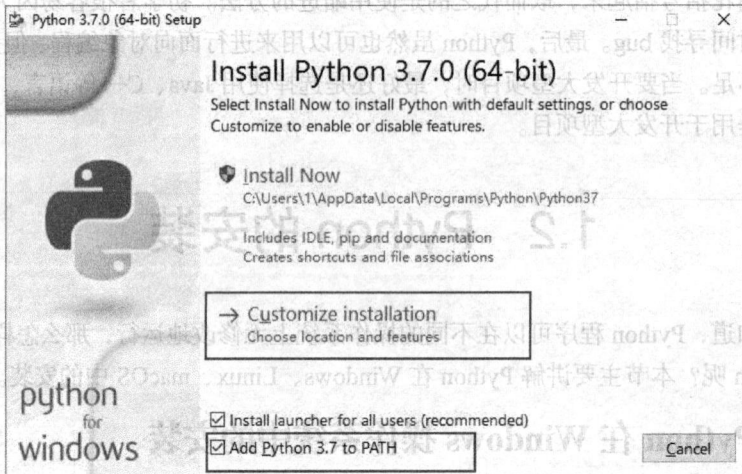

Python 3.7.0 (64-bit) Setup — □ ×

Install Python 3.7.0 (64-bit)

Select Install Now to install Python with default settings, or choose
Customize to enable or disable features.

→ Install Now
C:\Users\1\AppData\Local\Programs\Python\Python37

Includes IDLE, pip and documentation
Creates shortcuts and file associations

→ Customize installation
Choose location and features

☑ Install launcher for all users (recommended)
☑ Add Python 3.7 to PATH   Cancel

python for windows

图 1-4　Python 安装界面

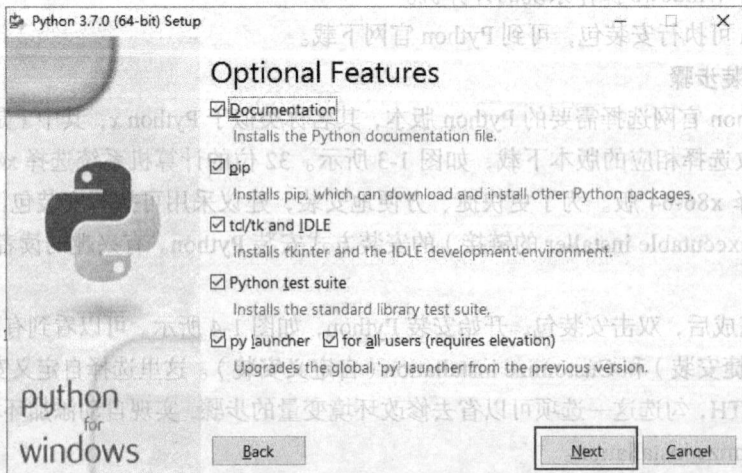

Python 3.7.0 (64-bit) Setup — □ ×

Optional Features

☑ Documentation
Installs the Python documentation file.

☑ pip
Installs pip, which can download and install other Python packages.

☑ tcl/tk and IDLE
Installs tkinter and the IDLE development environment.

☑ Python test suite
Installs the standard library test suite.

☑ py launcher   ☑ for all users (requires elevation)
Upgrades the global 'py' launcher from the previous version.

python for windows

Back   Next   Cancel

图 1-5　Python 安装配置界面 1

这时进入 Python 安装配置界面 2，如图 1-6 所示，这里只需勾选前 5 个选项。前 5 个选项包含了 Python 的绝大部分功能，如果需要其他功能，可以以后再安装。单击 "Browse" 按钮选择安装路径，然后单击 "Install" 按钮，开始安装。

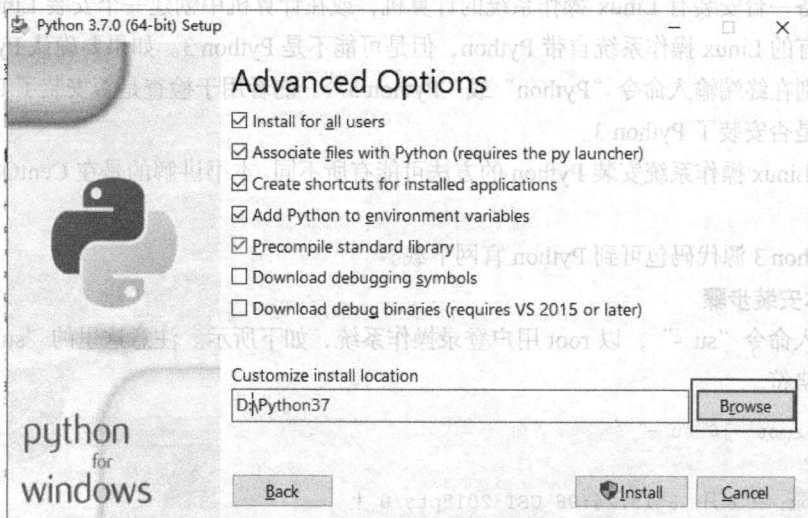

图 1-6　Python 安装配置界面 2

如果出现图 1-7 所示的界面，则安装完成，单击 "Close" 按钮关闭界面。

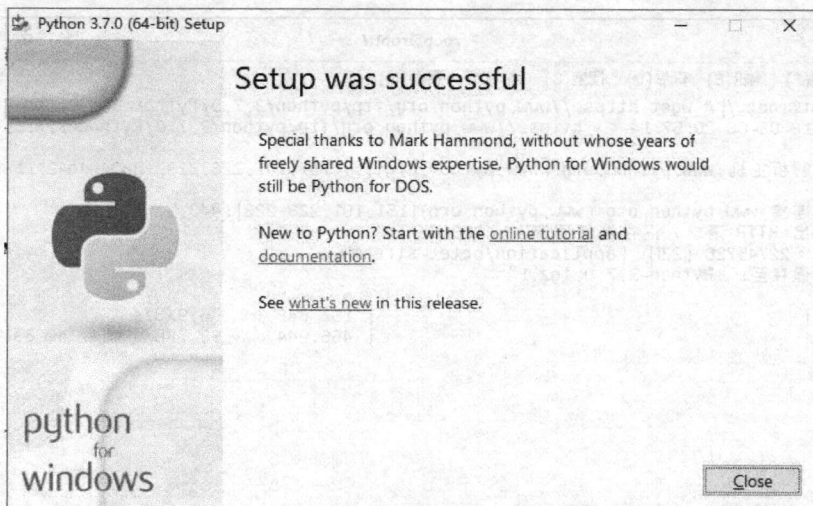

图 1-7　安装完成

（4）Python 安装完成后，需要检验是否安装成功。首先使用快捷键 Windows+R，进入 Windows 的 CMD 控制台，即 DOS 命令控制台，然后在命令行内输入 "Python" 或 "Python3"。如果安装成功，则会输出 Python 的版本信息，如下所示。

```
C:\Users\1>Python
Python 3.7.0 (v3.7.0:41df79263a11, Dec 23 2016, 08:06:12) [MSC v.1900 64 bit (AMD64)]
on win32
Type "help", "copyright", "credits" or "license" for more information.
>>>
```

1.2.2　Python 在 Linux 操作系统中的安装

1. 准备工作

（1）准备一台安装有 Linux 操作系统的计算机，或在计算机中创建一个安装 Linux 操作系统的虚拟机。有的 Linux 操作系统自带 Python，但是可能不是 Python 3。如果要确认 Python 版本的话，可以分别在终端输入命令"Python"或"Python 3"。前者用于检查是否安装了 Python 2，后者用于检查是否安装了 Python 3。

不同的 Linux 操作系统安装 Python 的方法可能有所不同。本书讲解的是在 CentOS 7.0 上安装 Python。

（2）Python 3 源代码包可到 Python 官网下载。

2. 具体安装步骤

（1）输入命令"su -"，以 root 用户登录操作系统，如下所示。注意这里的"su"和"-"之间有一个空格符。

```
[admin@root ~]$ su -
密码:
上一次登录: 三 8月  8 15:24:08 CST 2018pts/0 上
[root@root ~]#
```

（2）在官网下载源代码包。下载之后可以看到图 1-8 所示的界面，该界面提示源代码包的下载进度等相关信息。

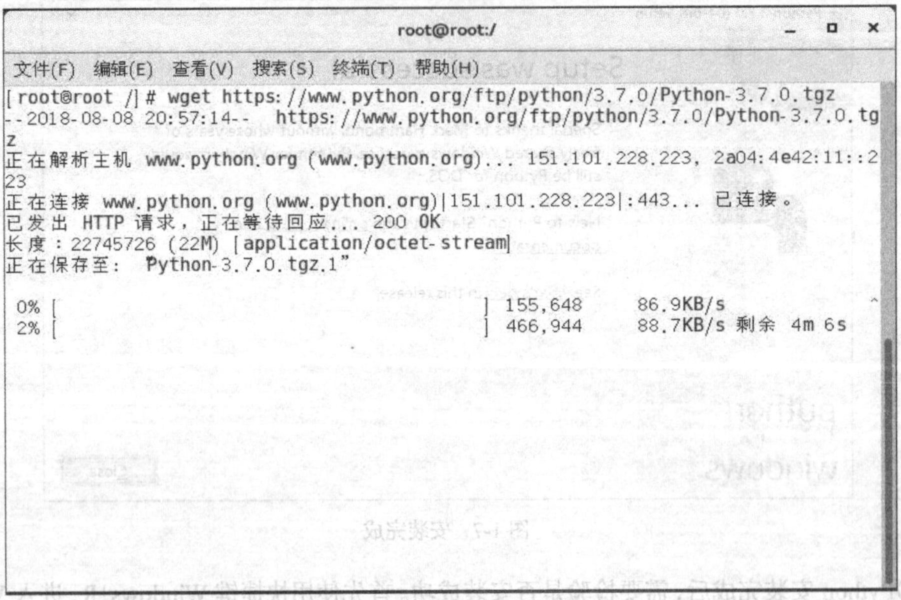

图 1-8　下载 Python 3 源代码包

（3）下载完成后，执行命令"yum install openssl-devel bzip2-devel expat-devel gdbm-devel readline-devel sqlite-devel"，安装 Python 3 依赖包，如图 1-9 所示。

执行命令后，可以看到图 1-10 所示的 Python 3 依赖包安装信息，输入"y"确认安装。

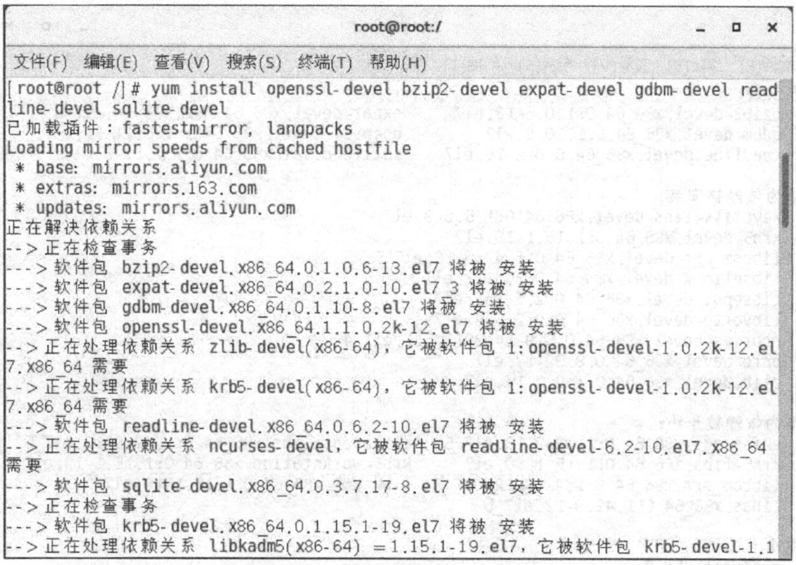

图 1-9　安装 Python 3 依赖包

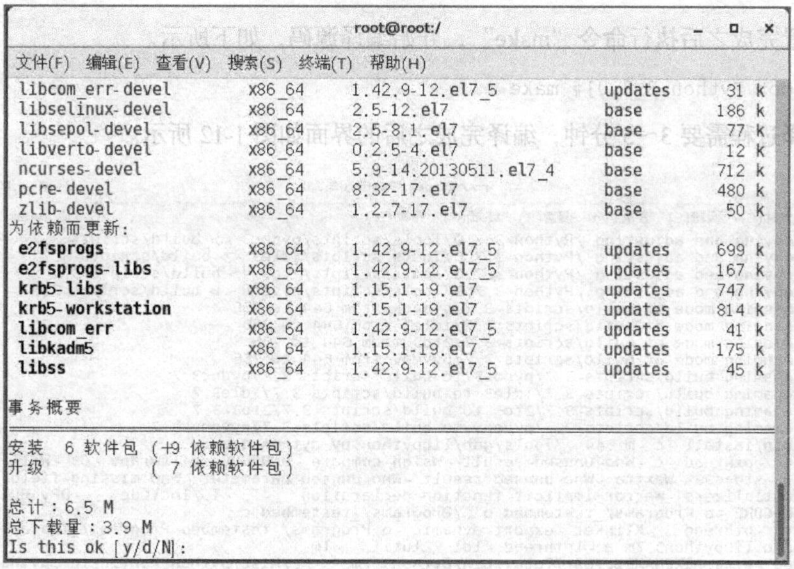

图 1-10　确认安装依赖包

Python 3 依赖包安装完成后，可以看到图 1-11 所示的界面。

（4）Python 3 依赖包安装完成后，执行命令"tar -xzvf Python-3.7.0.tgz"，解压下载好的 Python 源代码包，如下所示。

```
[root@root /]# tar -xzvf Python-3.7.0.tgz
```

（5）解压完成后，输入命令"cd Python-3.7.0/"，进入生成的目录，如下所示。

```
[root@root /]# cd Python-3.7.0/
[root@root Python-3.7.0]#
```

接着执行命令"./configure --prefix=/usr/local/"，设置 Python 的安装目录为/usr/local/，如下所示。

```
[root@root Python-3.7.0]# ./configure --prefix=/usr/local/
```

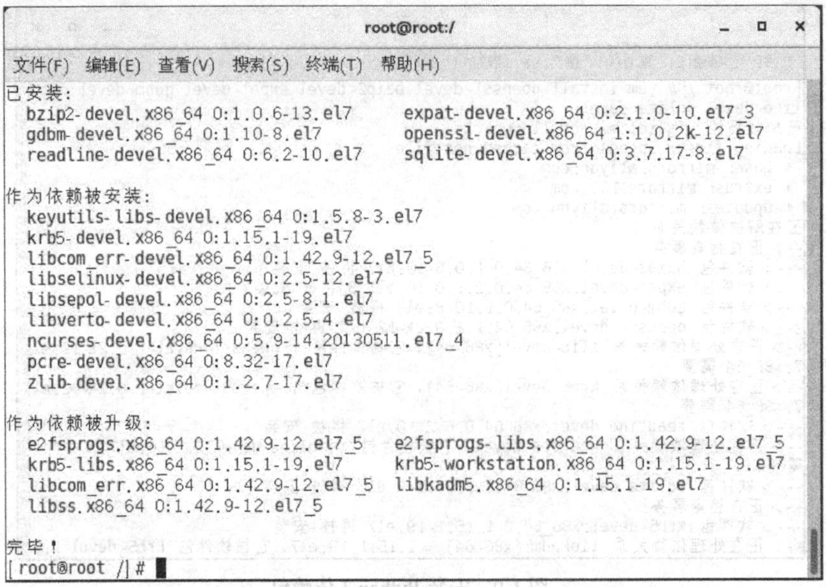

图 1-11　依赖包安装完成

（6）配置完成之后执行命令 "make"，开始编译源码，如下所示。

```
[root@root Python-3.7.0]# make
```

整个编译过程需要 3～5 分钟，编译完成之后的界面如图 1-12 所示。

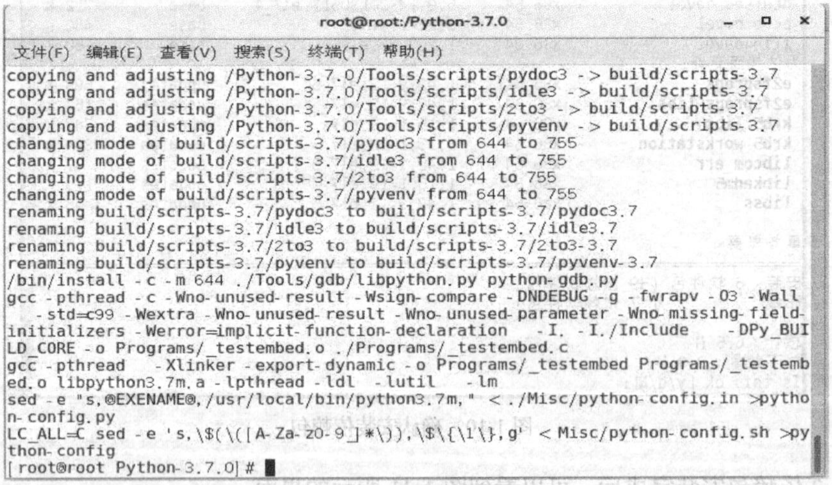

图 1-12　编译完成

（7）编译完成后，执行命令 "make install"，开始安装 Python，如下所示。

```
[root@root Python-3.7.0]# make install
```

（8）安装完成之后，使用 "Python3" 命令查看是否安装成功。如果安装成功，则会输出如下所示的 Python 版本信息。

```
[root@root Python-3.7.0]# Python3
Python 3.7.0 (default, Aug 8 2018, 22:21:25)
[GCC 4.8.5 20150623 (Red Hat 4.8.5-28)] on linux
Type "help", "copyright", "credits" or "license" for more information.
>>>
```

当显示上述信息后，可直接输入 Python 代码并执行，如需退出可使用快捷键 Ctrl+Z 或输入"exit()"退出。

1.2.3　Python 在 macOS 中的安装

1. 准备工作

（1）安装有 macOS 的计算机。

（2）Python 可执行安装包，可到 Python 官网下载。

2. 具体安装步骤

（1）进入 Python 官网，将鼠标指针放在 Downloads 菜单上，在二级菜单中选择 All releases，即可进入下载界面，选择最新版的 Python（此处选择 Python 3.7.0），单击 Download 进入下载页面，如图 1-13 所示。

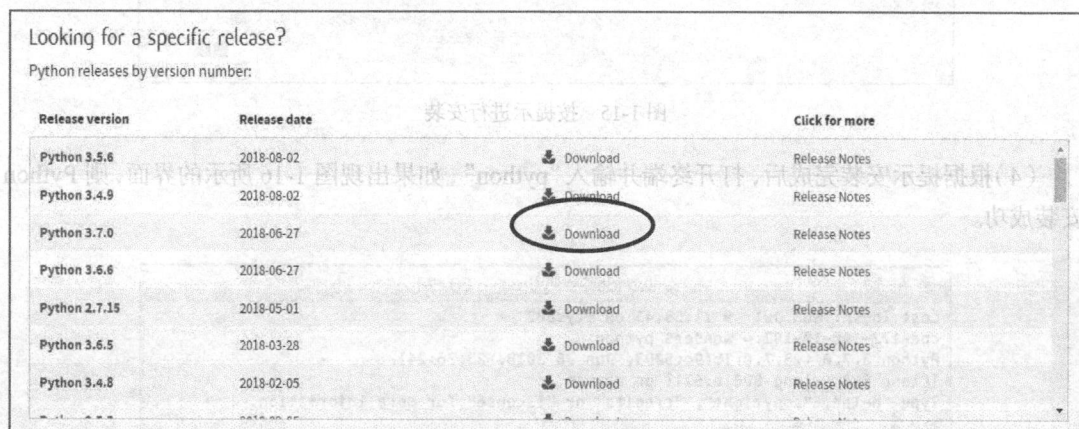

图 1-13　选择下载版本

（2）进入下载页面后，在页面底部根据计算机的参数选择相应的版本下载（macOS 中选择 macOS 64-bit/32-bit installer 文件进行下载），如图 1-14 所示。

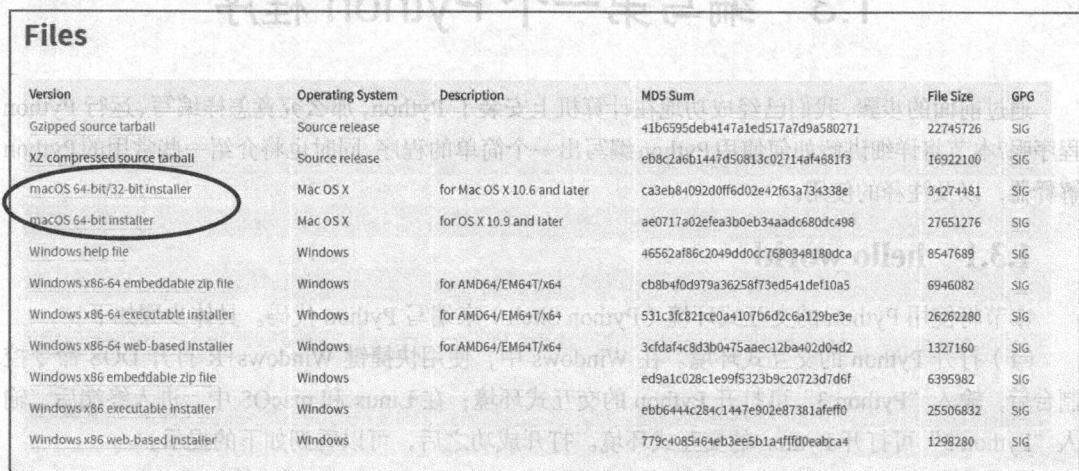

图 1-14　下载页面

（3）下载完成之后，打开安装包，按提示进行安装，如图 1-15 所示。

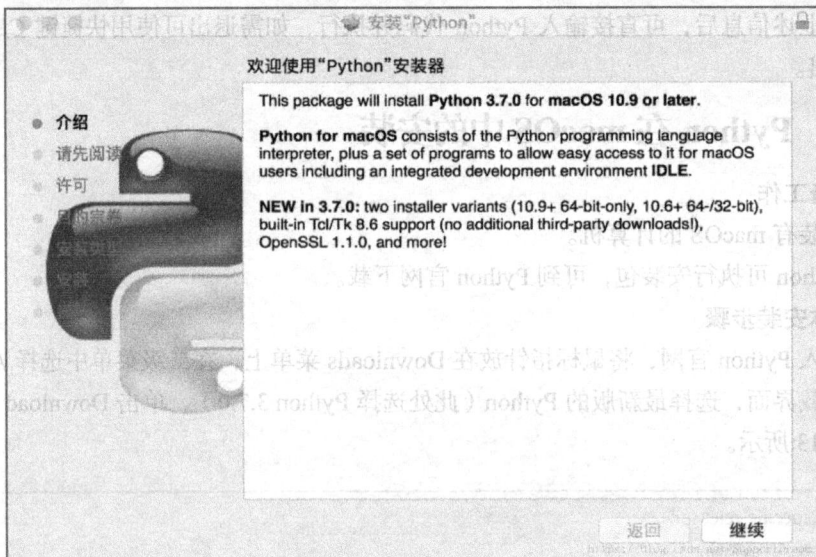

图 1-15　按提示进行安装

（4）根据提示安装完成后，打开终端并输入"python"，如果出现图 1-16 所示的界面，则 Python 安装成功。

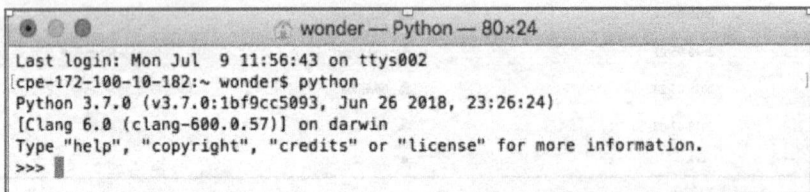

图 1-16　安装成功界面

1.3　编写第一个 Python 程序

通过前面的步骤，我们已经成功地在计算机上安装了 Python，那么究竟怎样编写、运行 Python 程序呢?本节将详细讲解如何使用 Python 编写出一个简单的程序，同时也将介绍一些常用的 Python 解释器，以及注释的使用。

1.3.1　hello world

本节将使用 Python 的交互式环境（Python Shell）来编写 Python 代码。具体步骤如下。

（1）打开 Python 的交互式环境。在 Windows 中，使用快捷键 Windows+R 打开 DOS 命令控制台后，输入"Python 3"可打开 Python 的交互式环境；在 Linux 和 macOS 中，进入终端后，输入"Python 3"可打开 Python 的交互式环境。打开成功之后，可以看到如下的提示。

```
Python 3.7.0 (v3.7.0:41df79263a11, Dec 23 2016, 08:06:12) [MSC v.1900 64 bit (AMD64)]
on win32
Type "help", "copyright", "credits" or "license" for more information.
>>>
```

（2）进入交互式环境之后，可以看到 ">>>" 形式的提示符，在此提示符之后可直接输入 Python 代码并按 Enter 键执行。下面我们试试输入 "100+100"，看看返回的结果是不是 "200"。

```
>>> 100 + 100
200
```

可以看到，在输入 "100+100" 之后，Python 返回了 "200"。同样，Python 也支持加、减、乘、除 4 种基本算术运算，还支持使用 "**" 和 "%" 来表示乘方和取余。Python 中还有很多其他运算符，有兴趣的读者可以翻阅本书的 2.2 节。需要注意的是，在 Python Shell 之中，有 ">>>" 的行中 ">>>" 后面的是用户输入的内容，而没有 ">>>" 的行是 Python 生成的内容。因此，在 Python Shell 中很容易就能看出哪些内容是用户输入的、哪些内容是 Python 生成的。

（3）在 Python 中，如果想输出文本内容，可以使用 print 语句来实现。但需要注意的是，Python 3 中的 print 语句输出的内容是使用圆括号和引号（单引号、双引号均可）括起来的，而 Python 2 中的 print 语句输出的内容仅使用引号括起来，这是 Python 2 和 Python 3 较大的不同之处。同时注意，不论是在 Python 2 还是 Python 3 中，单引号和双引号不能混用，否则会报错。

如果在 Python 3 的 Shell 中，使用 Python 2 中的 print 语句，就会报错，示例如下。

```
>>> print "hello world"          #Python 2 中的 print 语句
  File "<stdin>", line 1
    print "hello world"
                      ^
SyntaxError:  invalid syntax
```

在 Python 3 的 Shell 中，如果单、双引号混用的话，则会报错，示例如下。

```
>>> print('hello world")          #print 语句输出的内容使用圆括号且单、双引号混用
  File "<stdin>", line 1
    print('hello world")
                       ^
SyntaxError: EOL while scanning string literal
```

在 Python 3 的 Shell 中，正确的写法如下。

```
>>> print("hello world")          #print 语句输出的内容使用圆括号和双引号括起来
hello world
>>> print('hello world')          #print 语句输出的内容使用圆括号和单引号括起来
hello world
```

（4）前面介绍了如何使用 print 语句输出文本内容，但是输出的内容都是没有换行的，而且一次只能执行一个 print 语句。下面将介绍怎样输出换行的文本内容，并且一次执行多个 print 语句。

Python 中的 "换行" 结合了 C 语言的特点，使用 "\n" 作为换行符。所以如果要输出换行的文本内容，只需要在文本内容前加上 "\n"，示例如下。

```
>>> print("\nhello world")          #print 语句输出的内容换行，因加了 "\n"

hello world
```

可以看到，在文本内容的最前面加入了 "\n" 之后，输出的文本换行了。同时读者可能会思考：为什么 Python 没有将分号作为语句结束符呢？在 C、Java 等语言中，必须以分号作为语句结束的标志；但在 Python 中，分号结束符是可以省略的，取而代之的是使用换行来标识语句的结束。不过有一些情况下，分号是不可以省略的，如当在一行中需要执行多个语句时，就需要使用分号

将每个语句分隔，示例如下。

```
>>> print("hello "); print("world")
hello
world
```

（5）在 Python Shell 中，只需要在输入完代码之后，按 Enter 键即可执行代码。但是当代码很多的时候，一句一句地在 Python Shell 中输入是十分不现实的，此时就需要将代码保存为一个 Python 可执行的文件。

首先在磁盘上新建一个 hello.py 文件，然后使用记事本程序打开该文件，输入下列内容。

```
#!/usr/bin/env python3
print("hello world")
```

然后在命令行内输入"Python 文件地址 文件名"，并执行 Python 代码，即可实现与上面相同的效果，示例如下。

```
C:\Users\1>Python D:\hello.py
hello world
C:\Users\1>
```

hello.py 文件中第一行的作用是从环境变量中查找 Python 解释器的位置，它还可以是如下内容。

```
#!/usr/bin/python3
```

这表示从目录/usr/bin/python3 中查找 Python 解释器。"#!/usr/bin/env python3"相比于"#!/usr/bin/python3"更加可靠，因为当 Python 解释器不在/usr/bin/python3 下时，程序会出现找不到解释器的错误，因此本书使用的是#!/usr/bin/env python3。

需要注意的是，#!/usr/bin/env python3 和#!/usr/bin/python3 不是必须要写的，只有当程序需要在 Linux 操作系统下运行时才需要添加。不过为了使程序具有更好的可移植性，最好还是将其添加到代码里面。

1.3.2　Python 解释器

1.3.1 小节讲到了使用#!/usr/bin/env python3 来设置 Python 解释器的位置，那么什么是 Python 解释器呢？Python 解释器是指能够将 Python 代码翻译成计算机能懂的机器指令语言的一个程序。Python 是一门解释型语言，不需要编译就可以运行，这归功于 Python 有一个强大的解释器。Python 解释器可以将 Python 代码一行一行地转译，每转译一行代码就立刻执行；然后转译下一行代码，再执行，直到程序结束。

Python 有许多解释器，这些解释器都是开源的，并且它们都有各自的优点。下面简单介绍几个常见的 Python 解释器。

1．CPython

CPython 是 Python 自带的一个解释器，当读者从 Python 官网上下载并安装了 Python 之后，就自动安装了 CPython 解释器。它是基于 C 语言开发的一个解释器。CPython 是目前使用最广泛的解释器，它基本包含了所有第三方库的支持。

2．PyPy

PyPy 也是 Python 的一个解释器，它解决了 CPython 无法支持即时编译的问题，对 CPython 各方面的缺点进行了改良，使 Python 在性能上得到了一定的提升。但是，PyPy 不支持官方的 CPython API，故不能使用某些第三方库。

3. IPython

IPython 是基于 CPython 的更高级的解释器，它在 Python 的交互性上有所增强。并且支持变量自动补全、自动缩进、支持 Bash Shell 命令。需要注意的是，CPython 中使用 ">>>" 作为提示符，但是在 IPython 中使用 "In[序号]" 作为提示符。

4. Jython

Jython 是基于 Java 的 Python 解释器，它可以直接把 Python 代码转换成 Java 字节码并执行。

如果没有特殊需求，建议读者使用 CPython 解释器。因为它简单、快捷，安装了 Python 之后，就安装了 CPython 解释器。

1.3.3 注释的使用

一个易懂的程序，注释是必不可少的。注释可以使程序阅读起来更加容易，还能起到备注的作用，方便开发人员下次开发的时候理解代码。Python 有两种注释：单行注释和多行注释。

首先介绍单行注释的使用。Python 的单行注释以 "#" 开头，示例如下。

```
>>> # print("hello")
print("world")
world
```

可以看到，程序并没有执行 "#" 之后的代码。

当编写程序需要多行注释时，使用 "#" 一行一行地添加注释是不现实的，所以这时就需要使用多行注释。Python 中的多行注释使用 3 个单引号'''或 3 个双引号"""将注释括起来，示例如下。

```
"""
第一行注释
第二行注释
第三行注释
"""
```

或

```
'''
第一行注释
第二行注释
第三行注释
'''
```

学会写注释，是一个程序员必备的技能。特别是团队合作开发一个项目的时候，注释能帮助团队成员之间进行更好的沟通。

习 题

一、选择题

1. 在一行中写多条语句时，每条语句之间用（   ）分隔。

    A. #   B. ;   C. //   D. &

2. Python 源程序的扩展名为（   ）。

    A. py   B. c   C. class   D. python

3. 下列（   ）符号可用于注释 Python 代码。

    A. /*   B. //   C. #   D. $

二、简答题与编程题

1. 简述什么是 Python 以及 Python 有哪些特点。

2. 简述 Python 的运行机制和 C 语言运行机制的不同。

3. 简述 Python 适合做什么、不适合做什么。

4. Python 在 Linux 操作系统中的安装主要分为哪几步？

5. 尝试将 Python 作为一个计算器，并输入表达式，如"12/(4+1)"。

6. Python 代码的执行方式有哪几种？

7. 尝试安装和使用其他的 Python 解释器。

8. 分别用换行符 "\n" 和 3 个引号输出下列内容。

```
*
***
*****
***
*
```

9. 26 个字母可以组成 26^{10}（26**10）种 10 个字母长的字符串，也就是 141167095653376L（结尾处的 L 表示这是 Python 的长整型数字）种。100 个字母长的字符串应该有多少种？使用 Python 计算。

第 2 章
Python 基础

"万丈高楼起于垒土"，要学习好一门编程语言，打好基础十分重要。本章主要讲解 Python 基础，包括 Python 基本数据类型、Python 变量的定义和使用、运算符的使用、字符串的定义和使用、字符串编码和解码。后面的几章都会用到本章的知识，因此务必将本章的知识牢固掌握。

2.1　Python 中的变量

在介绍 Python 变量之前，我们首先要知道 Python 有哪些数据类型。Python 有 6 种标准数据类型：数字（Number）、字符串（String）、列表（List）、元组（Tuple）、字典（Dictionary）、集合（Set）。其中数字和字符串是基本数据类型，列表、元组、字典和集合是高级数据类型。本章只讲解基本数据类型，列表、元组、字典和集合将放到第 4 章进行讲解。

2.1.1　数字

Python 数字类型包括整型（int）、浮点型（float）、复数型（complex）、布尔型（bool）4 种。

1. 整型

整型几乎是所有编程语言中最基本的一种类型，它的表达方式和正常的书面写法一样，示例如下。

```
>>> 10
10
```

常见的整型数都是十进制的。但是有时候，为了计算的需要，可能要使用其他进制的整型数，如二进制、八进制或十六进制等。Python 3 提供了一些用于进制转换的内置函数：bin()、oct()、int()、hex()等。这些内置函数分别用来将整型数转换为二进制、八进制、十进制、十六进制的数，示例如下。

```
>>> print("二进制数: ", bin(10))
二进制数: 0b1010
>>> print("八进制数: ", oct(10))
八进制数: 0o12
>>> print("十进制数: ", 10)
十进制数: 10
```

```
>>> print("十六进制数: ", hex(10))
十六进制数: 0xa
```

从执行结果可以看出，十进制的整型数的开头是没有标识符的，而二进制、八进制、十六进制整型数的标识符分别为：0b、0o、0x。进制转换函数表如表2-1所示。

表 2-1   进制转换函数表

转换进制	转换为二进制 使用的函数	转换为八进制 使用的函数	转换为十进制 使用的函数	转换为十六进制 使用的函数
二进制	\	oct(二进制数)	int(二进制数)	hex(二进制数)
八进制	bin(八进制数)	\	int(八进制数)	hex(八进制数)
十进制	bin(十进制数)	oct(十进制数)	\	hex(十进制数)
十六进制	bin(十六进制数)	oct(十六进制数)	int(十六进制数)	\

2. 浮点型

浮点型数（简称浮点数）为带小数点的实数，如 3.14、0.25、–10.26、50.21e12（此处为科学计数法，表示 $50.21×10^{12}$）等都是浮点数。

Python 3 中的浮点数和正常的书面书写基本一致，示例如下。

```
>>> 0.5
0.5
>>> 5.0
5.0
```

当小数点前面或后面的数为 0 时，0 可以省略，如 0.5 可以用.5 来表示：

```
>>> .5
0.5
```

5.0 可以用 5.来表示：

```
>>> 5.
5.0
```

除此之外，5.0 还可以用 0.005e3 来表示，其使用科学计数法表示为 $0.005×10^3$：

```
>>> 0.005e3
5.0
```

Python 3 中的整型数是没有上、下限的，而浮点数则不同，它具有上限和下限。当浮点数超出了上限或下限时，会提示溢出错误信息，示例如下。

```
>>> 2 ** 1024     #2 的 1024 次方
179769313486231590772930519078902473361797697894230657273430081157732675805500963131327084477322407536021120113879871393357658789768814416622492847430639474124377767893424865485276302219601246094119453082952085005768838150682342462881473913110540827273716335051068458629823994724593847971630483535632962422413721 6
>>> 2.0 ** 1024
Traceback (most recent call last):
  File "<stdin>", line 1, in <module>
OverflowError: (34, 'Result too large')
```

当输入 "2.0**1024" 之后，Python 反馈了一个 "Result too large" 错误，提示结果太大，Python 不能把它表示出来。

值得注意的是，Python 浮点数的精度并不是完全准确的，如 "0.1+0.2" 的结果并不是 "0.3"：

```
>>> 0.1 + 0.2
0.30000000000000004
```

之所以会出现上述这种情况，是因为浮点数在计算机中都是使用二进制数存储的，不可避免地会带来一些精度丢失的问题。因此，在使用 Python 做精确计算的时候，需要先对浮点数进行处理。一种较好的办法就是使用 decimal 模块来处理浮点数，示例如下。

```
>>> from decimal import Decimal          #第 1 行代码
#Decimal()函数属于 decimal 模块，这行代码表示导入 decimal 模块中的 Decimal()函数
>>> a=Decimal('0.1')                     #第 2 行代码
>>> b=Decimal('0.2')                     #第 3 行代码
>>> a+b
Decimal('0.3')                           #第 4 行代码
>>> print(a+b)                           #第 5 行代码
0.3
```

上述程序的第 1 行的功能是导入 Python 3 内置的 decimal 模块中的 Decimal()函数，这将在第 5 章中讲解。第 2 行和第 3 行代码分别将字符串'0.1'和'0.2'转换成 Decimal 类型，通过第 4 行代码可以看到变量 a 和 b 相加后的类型仍然为 Decimal 类型，并且其对应的浮点数结果为'0.3'，第 5 行代码使用 print 语句直接输出了浮点数的运算结果。可以看到，使用 decimal 模块处理后的浮点数的计算结果很好地避免了精度丢失的问题。

需要注意的是，传入 Decimal()函数的参数不能是浮点数，否则误差仍然会存在，这是因为 Python 中的浮点数本来就是不精确的，示例如下。

```
>>> a=Decimal(0.1)
>>> b=Decimal(0.2)
>>> print(a+b)
0.3000000000000000166533453694
```

3. 复数型

Python 3 提供了对复数型数（简称复数）的支持，其运算方法跟数学中的复数运算方法基本一致。在数学中，复数的表示形式如下。

$$z=a+bi$$

其中 i 为虚数单位，且 $i^2=-1$，a、b 是任意实数。a 为复数的实部，b 为复数的虚部，复数的实部 a 和虚部 b 都是浮点数。

在 Python 3 中，规定使用 1j 来表示–1 的平方根，如下所示的是 Python 3 中 1j 的四则运算。

```
>>> 1j + 1j
2j
>>> 1j - 1j
0j
>>> 1j * 1j
(-1+0j)
>>> 1j / 1j
(1+0j)
```

如需获取该复数的实数部分，使用.real；如需获取该复数的虚数部分，使用.imag；如需获取该复数的共轭复数，使用.conjugate()，示例如下。

```
>>> 1j * 1j
(-1+0j)
```

```
>>> (1j * 1j).real          #实数部分为-1.0
-1.0
>>> (1j * 1j).imag          #虚数部分为0.0
0.0
>>> (1j + 1j).conjugate()   #共轭复数
(1-j)
```

在 Python 3 中，如果需要将一个数转换成复数，可以使用 complex() 函数，示例如下。

```
>>> complex(-1)             #将-1转换成复数
(-1+0j)
>>> complex(1, 2)           #生成复数，第一个参数为 a，第二个参数为 b
(1+2j)
```

4. 布尔型

布尔型是一种十分重要的数据类型，它主要应用在分支、循环结构中。Python 2 中是没有布尔型的，它用 0 表示 False、1 表示 True。而 Python 3 则将 0 和 1 分别定义为 False 字段和 True 字段。布尔型数据也可以像整型数那样相加，示例如下。

```
>>> False + True
1
>>> True + True
2
```

2.1.2　字符串

1. 标识字符串

字符串（String）是 Python 中常用的一种数据类型，它是由单引号 '或双引号" 引起来的文本内容，包括字母、数字、标点符号以及特殊符号等字符，示例如下。

```
>>> 'hello world'
'hello world'
>>> "hello world"
'hello world'
```

除此之外，还可以使用 3 个单引号或 3 个双引号将字符串括起来表示多行字符串，示例如下。

```
"""
hello world
how are you?
"""
```

或

```
'''
hello world
how are you?
'''
```

单引号和双引号其实并没有多大的差别，只不过在编程的时候，双引号需要按住 Shift 键才能输入。但是当字符串中含有引号的时候，就需要谨慎地选择引号，示例如下。

```
>>> 'I'am Jack'
  File "<stdin>", line 1
    'I'am Jack'
       ^
```

```
SyntaxError: invalid syntax
>>> "He said "Thank you""
  File "<stdin>", line 1
    "He said "Thank you""
                   ^
SyntaxError: invalid syntax
```

正确的表示应该如下所示。

```
>>> "I'am Jack"
"I'am Jack"
>>> 'He said "Thank you"'
'He said "Thank you"'
```

2. 转义符的使用

使用转义符 "\\" 也能解决字符串中含有单引号或双引号的问题，示例如下。

```
>>> 'I\'am Jack'
"I'am Jack"
>>> "He said \"Thank you\""
'He said "Thank you"'
```

如果想让字符串中的转义符不起作用的话，可以在字符串前加 "r"，示例如下。

```
>>> print("\nhello world")

hello world
>>> print(r"\nhello world")
\nhello world
```

除了 "\\" 之外，Python 中还有其他的转义符。Python 转义符及说明如表 2-2 所示。

表 2-2　　　　　　　　　　　　　　Python 转义符及说明

转义符	\\\\	\\'	\\"	\\b	\\n	\\000	\\t	\\v	\\r
说明	反斜杠	单引号	双引号	退格符	换行符	空格符	横向制表符	纵向制表符	回车符

2.1.3　类型转换

　　有时候，用户遇到的数据类型可能并不是其所需要的，这时就要用到类型转换函数。Python 3 常用的类型转换函数有 3 个：int()、float() 和 str()。Python 3 中整型、字符串、浮点型之间的转换如图 2-1 所示。下面对这 3 个函数进行简单介绍。

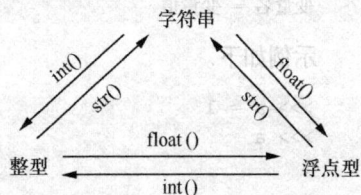

图 2-1　Python 3 中整型、字符串、浮点型之间的转换

　　（1）str() 函数用于将整型数、浮点数转换成字符串，示例如下。

```
>>> str(100)     #将100这一整型数转换为字符串，下面的以此类推
'100'
>>> str(1.5)
'1.5'
```

　　（2）float() 函数用于将字符串、整型数转换成浮点数，示例如下。

```
>>> float(100)
100.0
```

```
>>> float('1.5')
1.5
```

（3）int()函数用于将字符串、浮点数转换成整型数，示例如下。

```
>>> int('100')
100
>>> int(1.5)
1
```

另外，浮点数转换成整型数还可以使用 round()函数，它和 int()函数唯一的区别就是对小数部分的处理方式不同，其使用方法示例如下。

```
>>> int(5.5)
5
>>> round(5.5)
6
```

可以看到，int()函数直接舍弃小数部分得到整数，而 round()函数则使用四舍五入的方法将浮点型转换为整型。

另外，round()函数还可以指定保留的小数位数，示例如下。

```
>>> round(5.123, 1)
5.1
```

上述代码中的 1 表示对浮点数 5.123 保留 1 位小数。

有的时候，Python 会在运算时自动判断结果的类型，而不需要使用函数去转换，示例如下。

```
>>> 1 + 1.5
2.5
```

2.1.4　变量

1. 定义变量

"变量"来源于数学，在计算机语言中变量是能存储计算结果或能表示值的抽象概念，它通常是可变的。Python 中变量的定义十分简单，定义格式如下。

```
变量名 = 变量值
```

示例如下。

```
>>> a = 1
>>> a
1
```

Python 之所以代码很简洁，有很大一部分原因在其定义变量的方式上。在 Python 中可以一次为多个变量赋相同的值，示例如下。

```
>>> a = b = c = 1
>>> print("a=", a, "b=", b, "c=", c)
a= 1 b= 1 c= 1
```

也能一次为多个变量赋不同的值，示例如下。

```
>>> a , b, c = 1, 2, 3
>>> print("a=", a, "b=", b, "c=", c)
a= 1 b= 2 c= 3
```

2. 类型判断

和 Java 不同的是，Python 中的变量在定义时不需要预先声明变量的类型，Python 会根据变量的值自动判断该变量的类型。当无法确认一个变量的类型时，可以使用 type()函数来查看该变量的类型，示例如下。

```
>>> a = 1
>>> b = 1.1
>>> c = "1"
>>> print("变量 a 的类型:",type(a), "\n 变量 b 的类型:",type(b), "\n 变量 c 的类型:",type(c))
变量 a 的类型: <class 'int'>
变量 b 的类型: <class 'float'>
变量 c 的类型: <class 'str'>
```

除此之外，还可以使用 isinstance()函数来判断变量的类型，其返回的结果为 True 或 False，示例如下。

```
>>> a = 10
>>> isinstance(10, float)  #通过 isinstance()函数判断 10 是否为 float 类型
False
>>> isinstance(10, int)
True
```

已定义的变量的类型并不是一直不变的；它会跟随其对应的值的类型的改变而改变，示例如下。

```
>>> a=1
>>> type(a)       #用 type()函数判断 a 的类型，下同
<class 'int'>
>>> a=1.1
>>> type(a)
<class 'float'>
>>> a="1.1"
>>> type(a)
<class 'str'>
```

3. 变量的存储方式

要灵活地使用 Python 变量，必须要先了解 Python 变量在内存中的存储方式。下面通过一个简单的示例来说明 Python 的变量存储机制。首先通过 id()函数查看变量在内存中的存储地址。

```
>>> a = 1
>>> b = 2
>>> id(a)              #通过 id()函数查看变量 a 在内存中的存储地址
140711954600992
>>> id(b)
140711954601024
```

通过执行结果可以知道，变量 a 在内存中的存储地址为 140711954600992，变量 b 在内存中的存储地址为 140711954601024，然后执行下列程序。

```
>>> b = a
>>> print("a=", a, "存储地址: ", id(a))
a= 1 存储地址: 140711954600992
>>> print("b=", b, "存储地址: ", id(b))
b= 1 存储地址: 140711954600992
```

为什么最后变量 b 的存储地址变成变量 a 的存储地址了呢？在定义变量 a 和变量 b 时，程序首先申请了两个存储地址，分别存储整数 1 和整数 2，如图 2-2 所示。

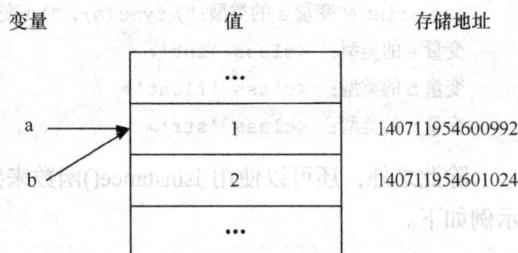

当使用赋值符号"="将变量 a 的值赋给变量 b 之后，其实是让变量 b 指向了整数 1，即变量 b 指向变量 a 的存储地址，因此变量 b 的存储地址变成了变量 a 的存储地址，如图 2-3 所示。这点一定要注意，Python 的赋值方式和其他语言的赋值方式不同，其他语言是直接更改变量 b 在内存中的值，而 Python 是直接改变变量 b 的指向，类似于 C 语言中的指针。

图 2-2　申请存储地址，分别存储整数 1 和整数 2　　　　图 2-3　变量 b 指向变量 a 的存储地址

因此，最后输出的变量 b 的存储地址和值与变量 a 的是一样的，而整数 2 最后会被 Python 的垃圾回收机制自动回收。

需要注意的是，在 Python 中，一开始就存储在内存中的值是不可以改变的，Python 程序所能更改的只是变量的指向。

2.1.5　常量

Python 中没有专门定义常量的方法，通常使用大写英文字母表示常量，示例如下。

```
>>> PI = 3.14
```

但是这样的常量其实并不是真正的常量。事实上，Python 中的常量也是一种变量，只不过它用大写英文字母标识，提示程序员不能更改它。

2.1.6　变量的命名规则

关于 Python 变量的命名规则，具体有以下几点。

（1）变量名应该尽量通俗易懂，方便以后维护时理解代码。

（2）变量名只能包含字母、数字和下画线，并且第 1 个字符不能是数字，必须是字母或下画线。

（3）变量名不能包含空格，如果变量中有多个单词，可以使用下画线分隔。

（4）变量名区分大小写，所以变量 PI 和变量 pi 是不同的变量。

（5）变量名不能使用代码中的函数名或 Python 内置的函数名，如不能使用 print 来命名变量。

（6）变量名不能使用 Python 的关键字来命名。关键字是已被 Python 编辑工具本身使用，不能用于其他用途的单词，如不能使用 if 来命名变量。

如需查看 Python 的关键字，可以使用下列方法。

```
>>> import keyword              #导入 keyword 模块
>>> keyword.kwlist
['False', 'None', 'True', 'and', 'as', 'assert', 'break', 'class', 'continue', 'def',
'del', 'elif', 'else', 'except', 'finally', 'for', 'from', 'global', 'if', 'import', 'in',
'is', 'lambda', 'nonlocal', 'not', 'or', 'pass', 'raise', 'return', 'try', 'while', 'with',
'yield']                        #所有的关键字都以列表的形式存放在 kwlist 属性中
```

Python 关键字如表 2-3 所示。

表 2-3　　　　　　　　　　　　　　　Python 关键字

False	class	from	or
None	continue	global	pass
True	def	if	raise
and	del	import	return
as	elif	in	try
assert	else	is	while
async	except	lambda	with
await	finally	nonlocal	yield
break	for	not	

2.2　Python 中的运算符

什么是运算符？举例来说，就像 1+2 中，1 和 2 是操作数，而"+"就是运算符。运算符就像数学上的加、减、乘、除一样，是用来运算的一个符号。Python 中的运算符远不止"+""–""*""/"这几个。Python 中共有 7 种运算符：算术运算符、关系运算符、赋值运算符、位运算符、逻辑运算符、成员运算符和身份运算符。本节将详细介绍 Python 中的运算符及优先级。

1. 算术运算符

算术运算符是 Python 中最常用的运算符之一，它跟数学上的运算符基本一致。Python 中的算术运算符共有 7 个，如表 2-4 所示。

表 2-4　　　　　　　　　　　　　　　Python 算术运算符

运算符	+	–	*	/	%	**	//
描述	加	减	乘	除	取余	幂	取整除

前面的"+""–""*""/"运算符的使用方法跟数学上的基本是一致的，需要注意的是 Python 中的"/"运算返回的结果都是浮点数，即使是两个能整除的数的/运算，结果也是一样的。如"100/2"的运算结果应该是整数 50，但是 Python 返回的是"50.0"。

```
>>> 100 / 2
50.0
```

"%""**""//"运算符的示例如下。

```
>>> 9 % 4          #9 除 4 的余数为 1
1
>>> 3 ** 2          #3 的平方为 9
9
>>> 9 // 4          #9/4=2.25，去掉小数后为 2
2
```

"%"运算符也可以用在格式化输出字符串中，其使用方法将在本书的 2.3 节讲解。

2. 关系运算符

Python 的关系运算符主要用于分支和循环结构中，运算结果返回布尔型数据 True 或 False。关系运算符如表 2-5 所示。

表 2-5   Python 关系运算符

运 算 符	==	!=	>	<	>=	<=
描述	等于	不等于	大于	小于	大于等于	小于等于

关系运算符的运算方法跟数学里比较大小的方法基本是一致的，只不过换了一个符号而已。需要注意的是，这里的等于符号 "==" 跟赋值符号 "=" 有很大的区别，"==" 用于判断，而 "=" 用于赋值。如果混用，程序会报错，示例如下。

```
>>> a = 1
>>> a == 100        #a 是否等于 100
False
>>> a
1
>>> print(a = 100)
Traceback (most recent call last):
  File "<stdin>", line 1, in <module>
TypeError: 'a' is an invalid keyword argument for print()
```

上述示例中，运算符 "=" 将变量 a 赋值为 1，它不返回任何值，故在 print 语句中使用会出错；而 "==" 只是用来判断变量 a 的值是否等于 100，它们不相等，故返回了 False。

Python 关系运算符的具体应用相关内容将在第 3 章中讲解，有兴趣的读者可以翻阅查看。

3. 赋值运算符

简而言之，赋值运算符就是用来为变量赋值的运算符，前文定义变量时用到的 "=" 就是赋值运算符。在 Python 中赋值运算符不仅有 "="，还有许多其他的赋值运算符。Python 赋值运算符如表 2-6 所示。

表 2-6   Python 赋值运算符

序 号	运 算 符	描 述	示 例
1	=	常用的赋值运算符	a=1，将整数 1 赋给变量 a
2	+=	加法赋值运算符	a+=b，等效于 a=a+b
3	-=	减法赋值运算符	a-=b，等效于 a=a-b
4	*=	乘法赋值运算符	a*=b，等效于 a=a*b
5	/=	除法赋值运算符	a/=b，等效于 a=a/b
6	**=	幂赋值运算符	a**=b，等效于 a=a**b
7	%=	取余赋值运算符	a%=b，等效于 a=a%b
8	//=	取整赋值运算符	a//=b，等效于 a=a//b

Python 没有 C 语言和 Java 中的自增（++）和自减（—）运算符，这是由 Python 变量的存储方式所决定的。如果需要使用自增和自减运算符，可以使用赋值运算符 "+=" 和 "-=" 代替，示例如下。

```
>>> a = 1
>>> a += 1    #自增 1
>>> a
2
>>> a -= 1    #自减 1
>>> a
1
```

需要注意的是，在 Python 中使用上面的运算符不仅能达到使变量的值自增/自减 1 的效果，还能自增/自减任意值，示例如下。

```
>>> a = 1
>>> a += 2      #自增2
>>> a
3
>>> a -= 2      #自减2
>>> a
1
```

4. 位运算符

Python 中的位运算符把数字当作二进制数来运算。为方便讲解，这里先定义两个变量 a=12 和 b=10，并用二进制将其表示出来，即 a=1100，b=1010。位运算符的描述如表 2-7 所示。

表 2-7   Python 位运算符

序号	运算符	说　　明	示　　例
1	&	按位与运算符：两个相应的位都为 1 时，该位结果为 1，否则为 0	a&b=1100&1010 =1000=8
2	|	按位或运算符：只要对应的二进制位有一个为 1，该位结果就为 1，否则为 0	a|b=1100|1010 =1110=14
3	^	按位异或运算符：对应的二进制位不相同时，该位结果就为 1，否则为 0	a^b=1100^1010 =0110=6
4	~	按位取反运算符：将每个二进制位取反，0 取为 1、1 取为 0，其结果类似于将原数取负再减 1	~a=0011=−13 ~b=0101=−11 注意，这里的二进制数是带符号的
5	<<	左移运算符：将二进制位全部左移 n 位	a<<2=00110000=48 b<<2=00101000=40
6	>>	右移运算符：将二进制位全部右移 n 位	a>>2=0011=3 b>>2=0010=2

5. 逻辑运算符

Python 中的逻辑运算符有 3 个："and""or"和"not"。它们主要用于布尔型数据的运算。"and"运算符只有布尔型数据的值都为 True 时，才返回 True，使用方法如下。

```
>>> True and True      #and表示"与"
True
>>> True and False
False
>>> False and True
False
>>> False and False
False
```

or 运算符只要有一个布尔值为 True，就返回 True，使用方法如下。

```
>>> True or True  #or表示"或"
True
>>> True or False
True
>>> False or True
```

```
True
>>> False or False
False
```

not 运算符可以将 True 变为 False、False 变为 True，使用方法如下。

```
>>> not True          #not 表示"非"
False
>>> not False
True
```

布尔型数据运算在流程控制中起着很大的作用，所以请务必掌握它的使用方法。

6. 成员运算符

成员运算符有两个：in、not in。成员运算符主要用于判断一个值是否包含在某个字符串、列表或元组之中。如果包含，则返回 True；否则返回 False。使用方法如下。

```
>>> a = "hello world"       #定义一个"hello world"字符串变量
>>> "hello" in a            #判断单词"hello"是否在字符串变量 a 中
True
>>> "hi" in a
False
>>> "hi" not in a           #判断单词"hi"是否不在字符串变量 a 中
True
>>> "hello" not in a
False
```

7. 身份运算符

身份运算符有两个：is、is not。主要用于判断两个标识符是否引用同一个对象。它的使用方法类似于成员运算符，示例如下。

```
>>> a = 1
>>> b = 1
>>> a is b                  #判断 a 和 b 是否引用同一个对象
True
>>> a is not b
False
>>> id(a)                   #获取 a 的存储地址
140711954600992
>>> id(b)                   #获取 b 的存储地址
140711954600992
```

通过最后的结果可以看到，变量 a 和 b 指向的都是同一个存储地址，故"a is b"返回的结果为 True。需要注意的是，这里的"is"运算符和"=="运算符是有区别的。"is"运算符用于判断变量是否引用同一个对象，而"=="运算符用于判断两个变量的值是否相等。

8. 运算符优先级

同其他语言一样，Python 中的运算符也是有优先级的，优先级决定了运算的先后顺序，示例如下。

```
>>> 1 + 2 * 2
5
```

Python 在处理"1+2*2"时，首先运算的是"2*2"，而不是"1+2"，这说明在 Python 中"*"运算符的优先级高于"+"运算符。如果需要先运算优先级低的部分，可以使用英文括号"()"将要运算的部分括起来，如上面的"1+2*2"，如果想先运算"1+2"，则可将表达式改为"(1+2)*2"。Python 运算符的优先级从高到低排序如表 2-8 所示。

表 2-8　　　　　　　　　　　　　Python 运算符优先级从高到低排序

序　号	运　算　符	说　明
1	**	幂（乘方）
2	~、+x、−x	补码、一元加/减
3	*、/、%、//	乘、除、取余、取整除
4	+、−	加、减
5	<<、>>	左移和右移
6	&	按位与
7	^、|	按位异或、按位或
8	<=、<、>、>=	比较运算符
9	==、!=	等于运算符
10	=、+=、−=、*=、/*、//*、%=	赋值运算符
11	is、is not	身份运算符
12	in、not in	成员运算符
13	not、or、and	逻辑运算符
14	lambda	lambda 表达式

2.3　Python 中的字符串和编码

前面简单讲解了字符串的定义和使用，但这远远不够，因为 Python 中的字符串还有很多使用方法。这里将讲解字符串的高级用法。

2.3.1　字符串的定义和使用

1. 定义字符串变量

Python 中定义字符串变量的情况在前面已经出现过，它跟定义整型和浮点型变量的方法是一样的，都是"变量名=字符串内容"，示例如下。

```
>>> a = "hello, 我是 Python3.6"
>>> a
'hello, 我是 Python3.6'
>>> print(a)
hello, 我是 Python3.6
```

2. 获取字符串长度

要获取字符串长度可以使用 Python 内置的 len() 函数，示例如下。

```
>>> a = "hello, 我是 Python3.6"
>>> len(a)          #返回字符串 a 的长度
17
```

3. 索引字符串

Python 中的字符串跟 C 语言中的字符数组一样，也可以通过下标索引的方法索引字符串。下标索引的顺序从左到右为 0, 1, 2, 3, …, 字符串长度–1，从右到左为–1, –2, –3, …, –字符串长度，示例如下。

```
>>> a = "hello, 我是 Python3.6"
>>> print(a[6] + a[7] + a[-1] + a[-2] + a[-3])
#通过下标索引的方法索引字符串下标为 6、7、–1、–2、–3 的字符
我是 6.3
```

4. 拼接字符串

如果要在 print 语句中输出拼接的字符串，可以使用 "+" 运算符，示例如下。

```
>>> print("hey" + "," + "ha")
hey,ha
```

也可以使用 "*" 运算符，示例如下。

```
>>> a = "hey"
>>> b = "ha"
>>> print(a * 3 + b * 4)     #变量a输出3次，变量b输出4次，并拼接在一起
heyheyheyhahahaha
```

5. 字符串切片

如果程序只需获取字符串的一部分内容，这时就需要对字符串进行切片。Python 对字符串的切片方法如下。

```
string[start_index(包含):end_index(不包含):step]
```

这里的 step 表示的是切片间隔，默认为 1，示例如下。

```
>>> a = "hey"
>>> a[0:2]          #截取索引值为[0,2)的字符
'he'
>>> a[0:3:2]        #截取索引值为[0,3)且间隔为 2 的字符
'hy'
```

如果需要将字符串反过来，可以使用 string[::–1]，示例如下。

```
>>> a = "hey"
>>> a[::-1]         #字符串逆置
'yeh'
```

如果想按原样输出字符串，还可以使用 string[:]、string[::]或 string[::1]，示例如下。

```
>>> a[:]            #按原样输出字符串，下同
'hey'
>>> a[::]
'hey'
>>> a[::1]
'hey'
```

如果想以某个符号为间隔对字符串切片，可以用 split()函数，示例如下。

```
>>> a = "hey,ha"
>>> a.split(",")                #以逗号为间隔对字符串切片
['hey', 'ha']
```

最后返回的是一个列表，并可通过索引值获取列表的内容，示例如下。

```
>>> a.split(",")[0]    #以逗号为间隔对字符串切片，且只输出索引值为 0 的字符
'hey'
```

6. 查找字符串内容

Python 中查找字符串可以使用内置的 find()函数、rfind()函数、index()函数、rindex()函数，示例如下。

```
>>> a = "hey"
>>> a.find("h")                #从左开始查找，返回索引值 0
0
>>> a.rfind("e")               #从右开始查找，返回索引值 1
1
>>> a.find("c")                #未查找到，返回-1
-1
>>> a.index("h")               #从左开始查找，返回索引值 0
0
>>> a.index('c')               #未查找到，报错
Traceback (most recent call last):
  File "<stdin>", line 1, in <module>
ValueError: substring not found
>>> a.rindex("e")              #从右开始查找，返回索引值 1
1
```

从以上示例可以看出，find()函数和 index()函数都能用来查找字符串中的内容，并且返回的都是查找内容在字符串中的索引值。不同的是当查找的内容不存在时，find()函数返回的索引值为-1，而 index()函数会报错。因此，当需要查找字符串中的内容时，使用 find()函数会更可靠。

上述函数对字符串的查找都是简单的查找。如果需要查找相对较复杂的内容，则需要使用正则表达式，这将会在本书的第 10 章中讲解。

7. 替换字符串

替换字符串可以使用 replace()函数，该函数返回的是一个新的字符串，示例如下。

```
>>> a = "hey"
>>> a.replace("e", "i", 1)     #将"hey"中的"e"替换为"i"，替换次数为 1
'hiy'
```

8. 转换大小写

Python 转换字符串大小写的函数有：capitalize()函数、title()函数、lower()函数、upper()函数。示例如下。

```
>>> a = "hey"
>>> b = "ha"
>>> c = a * 2 + "," + b * 2    #拼接字符串
>>> print(c)
heyhey,haha
>>> print(c.capitalize())      #字符串首字母大写
Heyhey,haha
>>> print(c.title())           #字符串每个单词第 1 个字母大写
Heyhey,Haha
>>> print(c.lower())           #字符串全小写
```

```
heyhey,haha
>>> print(c.upper())                    #字符串全大写
HEYHEY,HAHA
```

9. 删除字符串中的空格

Python 中删除字符串的空格可以使用 lstrip()函数、rstrip()函数、strip()函数，示例如下。

```
>>> a = "hey"
>>> b = "ha"
>>> d = " " + a + " " + b + " "         #拼接字符串
>>> print(d)
 hey ha
>>> d.lstrip()                          #删除字符串左边的空格
'hey ha '
>>> d.rstrip()                          #删除字符串右边的空格
' hey ha'
>>> d.strip()                           #删除字符串首尾的空格
'hey ha'
```

10. 判断字符串是否以某个字符开始或结束

判断字符串是否以某个字符开始可以用 startswith()函数，判断其是否以某个字符结束可以用 endswith()函数，示例如下。

```
>>> a = "hey"
>>> a.startswith("h")                   #判断字符串"hey"是否以字符"h"开始，返回 True
True
>>> a.endswith("h")                     #判断字符串"hey"是否以字符"h"结束，返回 False
False
```

Python 中有关字符串的函数或操作如表 2-9 所示。

表 2-9   Python 中有关字符串的函数或操作

序号	函数或操作	说 明
1	len(string)	返回字符串 string 的长度
2	string[start_index(包含):end_index(不包含):step]	截取字符串，区间为[start_index,end_index]
3	string[::-1]	逆置字符串 string
4	string.split(sep)	用分隔符 sep 对字符串 string 切片
5	string.find(str1)、string.index(str1)	从左开始查找字符 str1 在字符串 string 中的索引位置
6	string.rfind(str1)、string.rindex(str1)	从右开始查找字符 str1 在字符串 string 中的索引位置
7	string.replace(str1,str2,times)	将字符串 string 中的 str1 替换为 str2,替换次数为 times
8	string.capitalize()	字符串 string 首字母大写
9	string.title()	字符串 string 每个单词的第 1 个字母大写
10	string.lower()	字符串 string 中的字母全小写
11	string.upper()	字符串 string 中的字母全大写
12	string.lstrip()	删除字符串 string 左边的空格
13	string.rstrip()	删除字符串 string 右边的空格
14	string.strip()	删除字符串 string 首尾的空格
15	string.startswith (str1)	判断字符串 string 是否以字符 str1 开始
16	string.endswith (str1)	判断字符串 string 是否以字符 str1 结尾

2.3.2　字符串编码

字符串编码主要对含有中文字符的字符串进行编码，如果不对字符串中的中文字符进行统一编码，可能会出现各种各样的问题。

Python 2 使用的是 ASCII 编码，如果要输出中文，必须在代码的顶部加上一句 "# -*- coding: UTF-8 -*-" 或 "#coding=utf-8"，指定代码的编码方式，示例如下。

```
>>> # -*- coding: UTF-8 -*-
>>> print '你好'
你好
```

Python 3 使用的是 Unicode 编码，能够很好地支持中文，因此不用再指定编码方式，可以直接输出中文字符，示例如下。

```
>>> print('你好')
你好
```

如果需要对字符串编码，可以使用 encode() 函数，示例如下。

```
>>> a="你好"
>>> len(a)                       #编码前的字符串长度
2
>>> type(a)                      #编码前的类型
<class 'str'>
>>> b = a.encode("gbk")          #用 GBK（汉字内码扩展规范）方式编码
>>> b
b'\xc4\xe3\xba\xc3'              #编码为字节码
>>> len(b)                       #编码后的字符串长度
4
>>> type(b)                      #编码后的类型
<class 'bytes'>
```

使用 Python 3 内置的 bytes() 函数也能对字符串编码，示例如下。

```
>>> a = "你好"
>>> print(bytes(a,encoding = "gbk"))      #第一个参数为字符串，第二个参数为编码方式
b'\xc4\xe3\xba\xc3'
```

字符串可以被编码就一定可以被解码，Python 3 中解码字符串的函数是 decode() 函数，示例如下。

```
>>> a = "你好"
>>> b = a.encode("gbk")          #将 a 以 GBK 方式编码后赋值给 b
>>> b
b'\xc4\xe3\xba\xc3'
>>> b.decode("gbk")              #将 b 以 GBK 方式解码
'你好'
```

需要注意的是，字符串编码时使用某种方式，解码时也必须用同样的方式，否则会报错，比如将上述的变量 b 用 utf-8 方式解码。

```
>>> b.decode("utf-8")        #将 b 以 utf-8 方式解码
Traceback (most recent call last):
```

```
    File "<stdin>", line 1, in <module>
UnicodeDecodeError: 'utf-8'
 codec can't decode byte 0xc4 in position 0: invalid continuation byte
```

2.3.3　格式化字符串

格式化字符串简单来说就是按一定的格式输出字符串，就像手机收到的银行卡消费信息：您在××时间消费××元，余额××元。这里的字符串就是格式化的字符串，字符串中的××会根据变量的改变而改变，而其他内容不会改变。

了解 C 语言的读者应该知道，在 C 语言中，字符串格式化输出要使用符号"%"。Python 也能使用"%"格式化字符串，其使用方法如下。

```
>>> print("hello %s" % "world")
hello world
```

另外，Python 也跟 C 语言一样，可以使用"%d"替换整型、"%f"替换浮点数、"%s"替换字符串，还可以使用"%.xf"指定保留的小数位数（这里的 x 是保留的小数位数），示例如下。

```
>>> print("%s%d%s%.2f" % ("r=", 2, ",PI=", 3.1415926))
#将"r="、2、",PI="、3.1415926分别按照字符串、整型、字符串、保留两位小数的浮点数类型格式化输出
r=2,PI=3.14
```

Python 中还可以使用内置函数 format()来格式化字符串，其使用方法类似于"%"，不同之处是 format()函数使用"{}"和"："来替代"%"，示例如下。

```
>>> print("{}{}" . format("hello ", "world"))
hello world
>>> print("{:.1f}" . format(3.14))    #以保留一位小数的形式格式化输出 3.14
3.1
```

format()函数还可以不按初始顺序格式化字符串，示例如下。

```
>>> print("{1}{0}" . format("hello ", "world"))
#依次索引字符串索引值为 1 和 0 的字符串并输出
worldhello
```

format()函数中的每一个字符串都有一个索引值，上面的第 1 个{}中的数字是 1，代表的是索引值为 1 的字符串"world"；第 2 个{}中的数字是 0，代表的是索引值为 0 的字符串"hello"。故最后输出的是"worldhello"。

format()函数还可以通过设置参数来格式化字符串，示例如下。

```
>>> print("My name is {name}" . format(name = "Jack"))
#将"name"置换为"Jack"后再输出
My name is Jack
```

2.4　Python 编辑器

前面列出的例子都是在 Python Shell 中完成的，代码的编辑和调试都很不方便。更令人烦恼的是在 Shell 中并不能很好地对项目文件进行管理，特别是当项目很大、有很多的文件的时候，管理起来更加麻烦。

俗话说"工欲善其事，必先利其器"。一款好的编辑器不仅能让程序员在开发项目时感到"赏心悦目"，还能大大提高项目开发的速度。下面介绍几种目前比较流行的 Python 编辑器，供读者自行选择。

1. Sublime Text

Sublime Text 是一款当下十分流行的编辑器，它于 2008 年被开发出来，是一个跨平台的编辑器，能流畅地运行在 Windows、Linux 和 macOS 中。Sublime Text 功能强大，这些功能包括但不限于：代码高亮、代码提示、错误提示、拼写检查、完整的 Python API、多窗口、支持多种语言开发。Sublime Text 的界面十分美观，并且具有代码缩略图，其界面如图 2-4 所示。

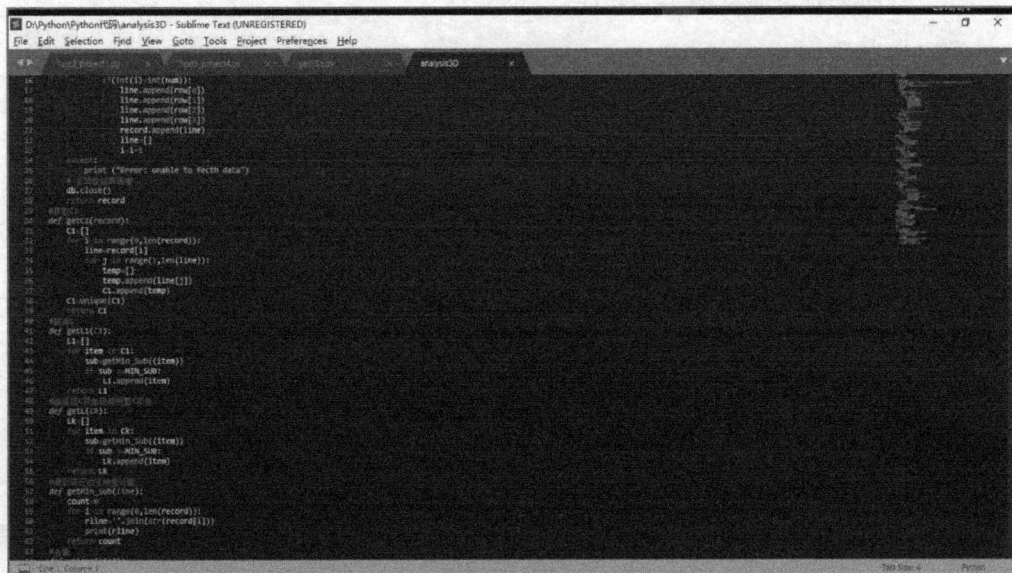

图 2-4　Sublime Text 界面

Sublime Text 可以在 Sublime Text 中文官网下载。

2. IDLE

IDLE 是 Windows 下的 Python 自带的一款编辑器，适合初学者使用。IDLE 具备语法高亮的功能，使用起来就像使用记事本程序，使用方法十分简单，其界面如图 2-5 所示。Windows 用户可以在开始菜单的 Python 3.x 文件夹下找到 IDLE。

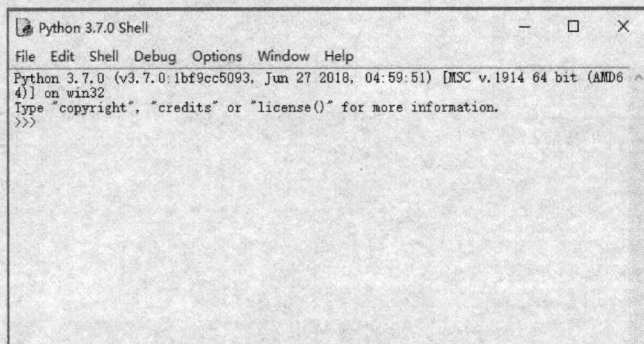

图 2-5　IDLE 界面

3. Vim

Vim 是 Linux 中常用的编辑器，它在 Vi 编辑器的基础上加以改进，使用起来比 Vi 编辑器更加方便。Vim 主要有代码高亮、自动补全、文件恢复、远程文件编辑等功能，其界面如图 2-6 所示。

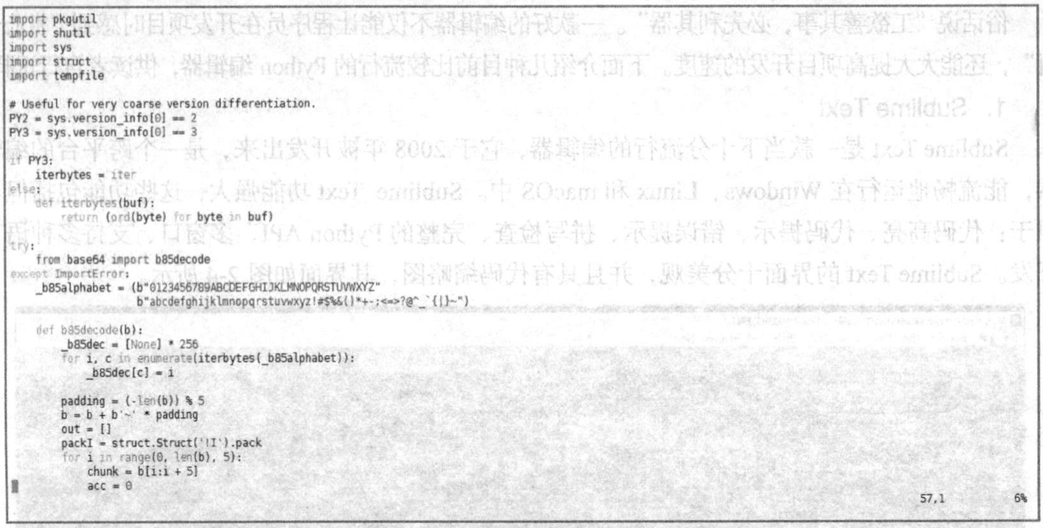

```
import pkgutil
import shutil
import sys
import struct
import tempfile

# Useful for very coarse version differentiation.
PY2 = sys.version_info[0] == 2
PY3 = sys.version_info[0] == 3

if PY3:
    iterbytes = iter
else:
    def iterbytes(buf):
        return (ord(byte) for byte in buf)
try:
    from base64 import b85decode
except ImportError:
    _b85alphabet = (b"0123456789ABCDEFGHIJKLMNOPQRSTUVWXYZ"
                    b"abcdefghijklmnopqrstuvwxyz!#$%&()*+-;<=>?@^_`{|}~")

    def b85decode(b):
        _b85dec = [None] * 256
        for i, c in enumerate(iterbytes(_b85alphabet)):
            _b85dec[c] = i

        padding = (-len(b)) % 5
        b = b + b'~' * padding
        out = []
        packI = struct.Struct('!I').pack
        for i in range(0, len(b), 5):
            chunk = b[i:i + 5]
            acc = 0
```

图 2-6　Vim 界面

在 Linux 中安装 Vim 可以使用 apt-get（Ubuntu 操作系统）或 yum（CentOS 操作系统）工具包进行安装。

在 CentOS 操作系统中安装 Vim 的方法如下。

```
[root@root ~]# yum install vim
```

在 Ubuntu 操作系统中安装 Vim 的方法如下。

```
root@localhost:/# apt-get install vim
```

4. PyCharm

PyCharm 是一款比较专业的 Python 编辑器，它具有完整的 Python 开发工具，其界面如图 2-7 所示。PyCharm 具有很强大的开发功能，如调试、项目管理、代码高亮、自动补全等。

图 2-7　PyCharm 界面

相比于前几个编辑器，PyCharm 更适合用来编写 Python 代码，因为它本身就是针对 Python 来设计的。如果想要对 Python 进行深入学习，建议使用 PyCharm。

习 题

一、选择题

1. Python 不支持的数据类型有（ ）。

 A. char B. int C. float D. str

2. 下面属于合法的整型常量的是（ ）。

 A. #100 B. 100 C. %100 D. &H100

3. round(10.6)的值为（ ）。

 A. 10 B. 11 C. 10.6 D. 11.0

4. 表达式 8*8/16–2**8/4%5//2 的值是（ ）。

 A. 5.0 B. 4.0 C. 2.0 D. 2

5. 下列运算符中优先级最高的为（ ）。

 A. / B. // C. ~ D. is

6. 有字符串 string='ahPcystnvo'，则 string[2]+ string[4]+ string[−4]+ string[1]+ string[−1]+ string[−3]的值为（ ）。

 A. hctavt B. hctaon C. Python D. Pythvt

7. 将字符串首字母更改为大写的函数为（ ）。

 A. capitalize() B. lower() C. upper() D. title()

8. print('I %s Python %.1f'%('am',3.6001))输出的内容为（ ）。

 A. I am Python 3.6 B. I am Python 3.6001

 C. I am Python 3 D. I Python 3.0

二、简答题与编程题

1. 说明 Python 的变量有哪些类型。

2. 怎样查看变量在内存中的存储地址？

3. 声明变量时需要注意哪些问题？

4. 定义变量 a、b、c，其中 a 为消费时间，数据类型为字符串；b 为消费金额，数据类型为浮点型，保留两位小数；c 为卡内余额，数据类型为浮点型，保留两位小数。

请分别使用 "%" 和 format()函数输出下列内容，其中 3 个××分别对应的是变量 a、b、c 的值。

您在××消费：××元。卡内余额：××元。

输出结果示例如下。

您在 2019 年 01 月 01 日消费：500.31 元。卡内余额：1200.88 元。

5. 对于如下变量 text，请按照要求实现每个功能。

text= " Python document "

（1）请输出 text 变量对应的值的前 5 个字符。

（2）移除 text 变量对应的值首尾的空格。

（3）请输出 text 变量对应的值的后 3 个字符。

（4）请输出 text 变量对应的值中"d"所在的索引位置。

（5）将 text 变量对应的值根据" o"分隔，并输出结果。

（6）将 text 变量对应的值中的" o"替换为" p"，并输出结果。

（7）将 text 变量对应的值变为全大写，并输出结果。

（8）将 text 变量对应的值变为全小写，并输出结果。

（9）判断 text 变量对应的值是否以"Py"开头，并输出结果。

（10）判断 text 变量对应的值是否以"c"结尾，并输出结果。

6. 阅读程序，写出执行结果。

```
>>> a="python shell"
>>> len(a)
>>> a[1]
>>> a[2:5]
>>> a[1:6:2]
>>> a + ' 3.6'
>>> a.split(' ')[0]
>>> a.find('y')
>>> a.rfind('h')
>>> a.index('n')
>>> a.rindex('o')
>>> a.replace('o', 'y')
>>> a.capitalize()
>>> a.title()
>>> a.upper()
>>> a.startswith('p')
>>> a.endswith('y')
```

第3章
Python 流程控制

第 1、2 章中提到的程序都是顺序结构，它们执行时没有分支，只能自上而下按顺序逐行执行，不能返回到已经执行过的语句。在这样的情况下，很多实际项目的大部分功能都无法实现，因此本章引入了流程控制的概念。本章内容有缩进的使用，标准输入/输出，输出字符串，if 语句、while 循环、for 循环的使用，break 和 continue 语句的使用。

3.1 缩进的使用

在学习 if 语句、While 循环和 for 循环之前，需要先学会使用缩进。Python 与其他语言最大的区别是 Python 的语句块不使用花括号"{}"来标识类、函数以及其他逻辑判断，而是用缩进来标识各个模块。

Python 中缩进的空格长度是可变的，一般采用单个制表符（Tab 键）或 2 个空格符或 4 个空格符作为缩进，本书推荐使用 4 个空格符作为缩进。需要注意的是，Python 中不同的缩进方法不能混用，一份代码文件中只能用一种缩进方法。

在第 1 章就讲到，使用缩进的时候要格外小心。有的时候因为一个空格符，程序可能就会报错，如下面的示例。

```
>>> print('Python')
  File "<stdin>", line 1
    print('Python')
    ^
IndentationError: unexpected indent
```

可以看出，上述程序中的 print 语句前多了一个空格符就产生了报错信息。

从上述示例可以看到，Python 中缩进的使用是十分严格的。那么究竟应该怎样使用缩进呢？请看下面的示例。

```
# indent_test.py
#!/usr/bin/env python3
a = 10
b = 5
if a > b:
    print("a 大于 b")      # 这里使用的是 4 个空格符作为缩进
else:
    print("a 小于 b")
print("比较结束")
```

程序的执行结果如下。

```
a 大于 b
比较结束
```

上面的示例是一个简单的比较大小的程序，其中的第一行是程序文件名称，读者可根据此名称在本书提供的网上资源中找到对应的程序，第二行设置程序使用 Python 3 的解释器。程序中使用到的 if-else 语句将在本书的 3.4 节详细介绍。可以看出，代码行"print("a 大于 b")"和"print("a 小于 b")"是两个不同的语句块，它们使用了 4 个空格符作为缩进来表示它们是分别属于 if 和 else 语句的执行内容，因为 a 的值大于 b，所以执行的是"print("a 大于 b")"语句。而"print("比较结束")"语句前并没有使用缩进，所以它并不受 else 语句的约束，在最后执行。

需要注意的是，上述程序如果直接在 Shell 里运行会报错，这是因为在 Shell 里运行和脚本运行不一样。在 Shell 里运行时，需要在"print("a 小于 b")"之后按 Enter 键来跳出 else 语句块。如无特殊说明，本书中程序前加有文件名的程序都使用脚本运行方式，即使用以下方式运行。

```
Python3 文件名
```

使用缩进让 Python 代码变得整洁规范、提高了可读性，并且在一定程度上提高了程序的可维护性。但是这有利也有弊，对于熟悉其他语言的程序员来说，可能还要适应一段时间，因为在其他语言中，缩进的作用只是让代码看起来更整洁而已，有无缩进都可以。但是 Python 的缩进却十分严格，如果错误地使用缩进，就会出现报错信息"unexpected indent"，甚至还会出现逻辑错误。如上面的"print("比较结束")"语句，如果在其前面使用缩进，程序运行时就不会执行它。

pass 语句表示程序不执行任何代码，一般用作占位语句，示例如下。

```
>>> a = 10
>>> if a == 10:
    pass        #执行 pass 语句，用于占位
else:
    print(a)
>>>
```

程序执行后不会输出任何内容，因为其执行的是 if 语句块中的 pass 语句。

除此之外，pass 语句还可以在循环、函数、类中使用，用于保持程序结构的完整性。

3.2 标准输入/输出

前面讲的例子都只具有输出功能，这样的程序是枯燥无味的，因为没有交互。本节将讲解如何使用 Python 读取从键盘输入的信息，并加以处理、输出结果，使程序具有基本的交互功能。

Python 3 提供了内置函数 input(str)来接收键盘输入的信息（不包括结尾的换行符），并以字符串的形式返回，其中参数 str 为输入提示信息，但可有可无。使用方法如下。

```
>>> num = input("please input num:")        #将读入的信息赋值给 num
please input num:10
>>> print(num)
10
```

可以看到上面的程序执行时，首先输出的是 input()函数内的提示信息，然后才开始接收从键盘输入的信息，并将其以字符串的形式赋给变量 num，这样获取的字符串没有结尾的换行符 "\n"（在输入完成后按 Enter 键生成的换行符）。那么 input()函数内部到底是怎么实现的呢？事实上，Python 在读取输入信息的时候首先调用 print 语句输出提示信息，然后调用标准输入（stdin）来获取输入信息，最后删除获取的信息结尾的换行符并赋值给变量 num。接下来本书将介绍 Python 的标准输入/输出。

3.2.1　标准输入

标准输入（stdin）可以获取从键盘输入的全部信息，包括结尾的换行符 "\n"，它的使用方法如下。

```
>>> import sys                        #导入 sys 模块
>>> sys.stdin.readline()              #包含换行符 "\n"
hello
'hello\n'
```

如果要删除标准输入读取的信息结尾的换行符，可以使用第 2 章中的 strip()函数或者使用索引，示例如下。

```
>>> import sys
>>> sys.stdin.readline().strip("\n")  #去掉字符串中的换行符 "\n"
hello
'hello'
>>> sys.stdin.readline()[:-1]         #取除最后一个字符（换行符 "\n"）外的内容
hello
'hello'
```

可以看出，使用 sys.stdin.readline()函数可以完成和 input()函数一样的功能，两者唯一的差别是 sys.stdin.readline()函数更加灵活，它可以获取输入信息结尾的换行符。另外，如果想去掉从键盘读取的字符串的空格符，也可以使用 strip()函数。

sys.stdin.readline()函数一次只能读取一行输入内容，如果需要一次读取多行输入内容，则可以使用 sys.stdin.readlines()函数，示例如下。

```
>>> sys.stdin.readlines()             #读取后面的多行内容直到按快捷键 Ctrl+Z+Enter
a
b
c
^Z
['a\n', 'b\n', 'c\n']
```

当使用 sys.stdin.readlines()函数读取输入时，按 Enter 键并不会结束输入，而是把 Enter 键以 "\n" 的方式读入。只有按快捷键 Ctrl+Z+Enter，输入才会停止。

3.2.2　标准输出

有标准输入就有标准输出。标准输出（stdout）类似于 Python 的 print 语句。从前面的例子可以看出，使用 print 语句输出文本内容时会自动换行，而标准输出则是先将文本内容输出到控制台，再换行，并输出文本内容的长度。事实上，print 语句就是用标准输出实现的，它们的示例如下。

```
print("hello")
sys.stdout.write("hello" + "\n")
```

程序的执行结果如下。

```
>>> print("hello")
hello
>>> sys.stdout.write("hello" + "\n")          #标准输出 "hello" 和 "\n"
hello
6
```

介绍了标准输入和输出，再来看本节最开始输入 num 的示例，其实它等价于下面的程序。

```
# input_num.py
#!/usr/bin/env python3
import sys
print("please input num:")
num = sys.stdin.readline().strip("\n")
#去掉换行符 "\n" 后，将读入内容的数量传递给 num

sys.stdout.write(num)          #标准输出 num
```

程序的执行结果如下。

```
please input num:
10
10
```

在计算机程序的开发过程中，随着程序代码越写越多，在一个文件里的代码就会越来越复杂，越来越不容易维护。为了编写易于维护的程序，我们可以把函数分组，将它们分别放到不同的文件里。这样，每个文件包含的代码就相对较少，很多编程语言都采用这种方式来组织代码。在 Python 中，通常把一个.py 文件称为一个模块（Module）。

Python 的标准输入/输出都基于 sys 模块。sys 模块是 Python 自带的模块，可以直接使用 import 语句引用。关于 import 语句的详细使用方法将在本书的第 5 章介绍，有兴趣的读者可以翻阅。

3.3　输出字符串

字符串的输出在前面已经使用过很多次，但是并没有系统地讲解如何使用它，因此本节将详细地讲解如何灵活地在屏幕上输出字符串。

在 3.2 节中讲到，在 Python 中输出字符串的方法有两种：使用 print 语句和标准输出 sys.stdout.write()函数。两者相比，标准输出 sys.stdout.write()函数更加灵活，但是 print 语句使用起来更加简单，因为它输出的内容已经包含了一个换行符。本节主要讲解使用 print 语句在显示器上输出字符串。

print 语句的部分使用方法已经在第 2 章做了简单介绍，如可以一次输出多个字符串，它们之间使用英文逗号分隔；如果多个字符串之间没有分隔符，则输出的字符串是连在一起的；也可以将多个字符串使用符号 "+" 连接在一起输出等。

print()的基本语法为：

```
print(*objects,sep="",end='\n',file=sys.stdout)
```

其中参数的含义：objects 表示可以一次输出多个对象，输出多个对象时，需要用逗号分隔；sep 用来分隔多个对象，默认值是一个空格符；end 用来设定以什么结尾，默认值是换行符 "\n"，也可以换成其他字符串；file 表示要写入的文件对象。注意 print()语句无返回值。

使用 print 语句输出多个字符串时，默认用一个空格符作为字符串的分隔符。如果要改变分隔符可以使用如下方法。

```
>>> print("how","are","you",sep="*")
#sep 为 separation 的缩写，用于设置 print 语句中分隔不同值的分隔符，此处为*
how*are*you
```

前面讲到 print 语句输出字符串时，默认在字符串结尾加入一个换行符，因此 print 语句在默认情况下不能在同一行输出字符串。要使输出的字符串不换行的话，可以使用如下方法。

```
#how_are_you.py
#!/usr/bin/env python3
print("how", "are", "you", end = " ")
#end 用于设置 print 语句输出结束时最后的字符形式，此处为空格符
print("I", "am", "fine", end = "")
```

程序的执行结果如下。

```
how are you I am fine
```

end 可以设置 print 语句输出结束时最后的字符形式。如设置 "end=" "" 即可达到删除输出字符串结尾的换行符的效果。同理，如果想多次换行，可以使用 "end="\n\n""。需要注意的是，这里如果只用一个换行符，输出的结果与不用 end 是一样的，如果想在字符串结尾加其他内容也可以使用 end，示例如下。

```
#how_are_you_1.py
#!/usr/bin/env python3
print("how", "are", "you", end = "\n")
print("how", "are", "you", end = "\n\n")
print("I", "am", "fine", end = "Thank you")
```

程序的执行结果如下。

```
how are you
how are you

I am fineThank you
```

3.4　if 判断语句

3.4.1　if 语句

if 语句的示例在 3.1 节中就已经简单地提到了。使用 if 语句能够改变程序的执行流程，使程序在运行时根据不同的条件执行不同的语句块。if 语句的执行流程如图 3-1 所示，如果条件判断表达式的值为真，则执行语句块；否则什么也不执行，直接退出。

使用 if 语句可以根据不同的条件输出不同的内容，如下面的登录程序。

```
# login_test_1.py
#!/usr/bin/env python3
user_name = input("请输入用户名: ")
```

```
if user_name == "admin":        #判断 user_name 是否为"admin"
    print("你好" + user_name)
```

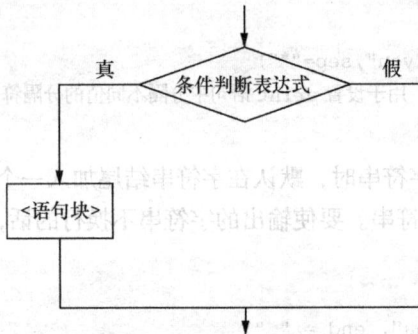

图 3-1 if 语句的执行流程

程序的执行结果如下。

请输入用户名：admin
你好 admin

需要注意的是，if 条件判断表达式后面的 "："不能省略，它被用于 if 语句、while 语句、for 语句之后，作为语句头的结束标识。另外，Python 中的 if 条件判断表达式可以不用括号括起来，但括起来也可以，所以上面的 if 语句等价于以下语句。

```
if (user_name == "admin"):
```

3.4.2 if–else 语句

在 3.4.1 小节的实例中，使用 if 语句不能判断用户不存在的情况。若要判断用户不存在的情况，就需要使用 if-else 语句。if-else 语句的执行流程如图 3-2 所示，如果条件判断表达式的值为真，则执行语句块 1，否则执行语句块 2。

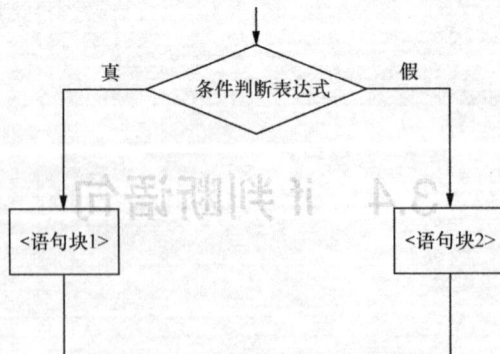

图 3-2 if-else 语句执行流程

有了 if-else 语句，就可以正常地判断用户是否存在了，示例如下。

```
# login_test_2.py
#!/usr/bin/env python3
user_name = input("请输入用户名：")
if user_name == "admin":
```

```
    print("你好" + user_name)
else:
    print("用户" + user_name + "不存在")
```

程序的执行结果如下。

```
请输入用户名：admin
你好 admin
```

3.4.3　if–elif–else 语句

在 3.4.2 小节中，通过 if-else 语句，我们已经能判断登录用户是否存在了，但是有的时候，用户名不能包含特殊字符，如不能包含下画线，这时可以使用 if-elif-else 语句来检查用户名。

if-elif-else 语句相比于 if-else 语句，其功能更加细致，使用 if-elif-else 语句能够根据多个不同的条件执行不同的语句块，其语法规则如下。

```
if 条件判断表达式 1：
    <语句块 1>
elif 条件判断表达式 2：
    <语句块 2>
else：
    <语句块 3>
```

if-elif-else 语句的执行流程如图 3-3 所示，如果条件判断表达式 1 的值为真，则执行语句块 1；否则判断条件判断表达式 2 的值，为真则执行语句块 2；否则判断条件判断表达式 3 的值，为真则执行语句块 3……否则判断条件判断表达式 n 的值，为真则执行语句块 n，为假则执行语句块 $n+1$。

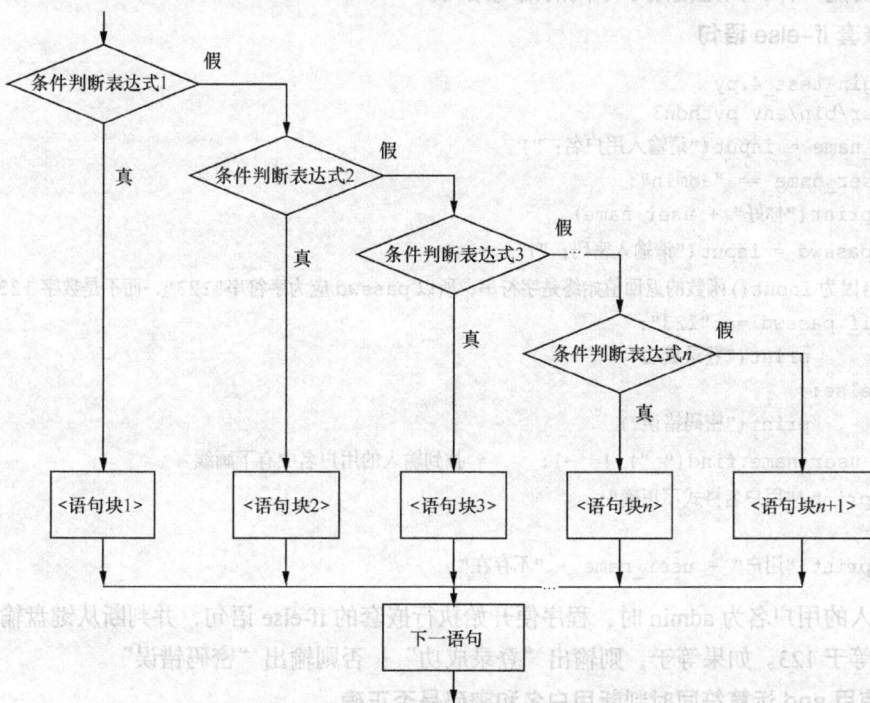

图 3-3　if-elif-else 语句执行流程

掌握了 if-elif-else 语句的执行方法之后，就可以开始编写能检查用户名的程序了。检查用户输入的用户名是否包含下画线，可以使用第 2 章中介绍过的 find() 函数，示例如下。

```
# login_test_3.py
#!/usr/bin/env python3
user_name = input("请输入用户名: ")
if user_name == "admin":
    print("你好" + user_name)
elif user_name.find("_") != -1:        # 找到输入的用户名中有下画线
    print("用户名格式不正确")
else:
    print("用户" + user_name + "不存在")
```

程序运行后，输入不同的用户名可以得到不同的结果，示例如下。

```
请输入用户名: ad_min
用户名格式不正确
请输入用户名: admin1
用户 admin1 不存在
请输入用户名: admin
你好 admin
```

需要注意的是，熟悉 C 语言或 Java 的读者很容易将 elif 写成 else if 或 elseif，这样写会出现报错信息 "SyntaxError: invalid syntax"。

登录程序的用户名检查完之后就可以开始检查密码了。检查密码可以使用两种方法：一种是使用嵌套 if-else 语句；另一种是使用 and 运算符同时判断用户名和密码是否正确。示例如下，这两个程序功能一样，只是使用了不同的语句结构。

1. 嵌套 if-else 语句

```
# login_test_4.py
#!/usr/bin/env python3
user_name = input("请输入用户名: ")
if user_name == "admin":
    print("你好" + user_name)
    passwd = input("请输入密码: ")
    #因为 input() 函数的返回值始终是字符串，所以 passwd 应为字符串"123"，而不是数字 123
    if passwd == "123":
        print("登录成功")
    else:
        print("密码错误")
elif user_name.find("_") != -1:        # 找到输入的用户名中有下画线
    print("用户名格式不正确")
else:
    print("用户" + user_name + "不存在")
```

当输入的用户名为 admin 时，程序便开始执行嵌套的 if-else 语句，并判断从键盘输入读取的密码是否等于 123。如果等于，则输出"登录成功"；否则输出"密码错误"。

2. 使用 and 运算符同时判断用户名和密码是否正确

```
# login_test_5.py
#!/usr/bin/env python3
```

```
user_name = input("请输入用户名: ")
passwd = input("请输入密码: ")
if user_name == "admin" and passwd == "123":
    print("你好" + user_name)
    print("登录成功")
elif user_name == "admin" and passwd != "123":
    print("密码错误")
elif user_name.find("_") != -1:         # 找到输入的用户名中有下画线
    print("用户名格式不正确")
else:
    print("用户" + user_name + "不存在")
```

可以看出，在使用 and 运算符同时判断用户名和密码是否正确时，还使用了一个 elif 语句来判断密码是否输入正确。

由于 Python 不支持 switch 语句，所以用多个条件判断时只能用 elif 语句来实现。如果需要多个条件同时判断，可以使用 or（或），表示两个条件有一个成立时，判断条件为真；使用 and（与）时，表示只有在两个条件同时成立的情况下，判断条件才为真。

3.4.4　if 语句条件表达式

下面通过一个简单的示例来讲解 if 语句的条件表达式。

```
# max_num.py
#!/usr/bin/env python3
num_a = float(input("请输入数字A: "))
num_b = float(input("请输入数字B: "))
max_num = num_a if num_a > num_b else num_b
#若 num_a>num_b，则将 num_a 值赋给 max_num，否则将 num_b 值赋给 max_num
print("max_num is:" + str(max_num))
#将 max_num 转换为字符串后再输出
```

上述程序是一个比较输入数字大小的程序，其中第 3、4 行用到了第 2 章中介绍过的 float()函数，作用是将 input()函数返回的字符串转换为浮点数。注意，input()函数返回的都是字符串。第 5 行中等号右边的表达式称为条件表达式，其表达的意思是如果 num_a 的值大于 num_b 的值，就将 num_a 的值赋给 max_num，否则将 num_b 的值赋给 max_num，因此上述第 5 行的代码也可写为如下形式

```
if num_a > num_b:
    max_num = num_a
else:
    max_num = num_b
```

程序的执行结果如下。

```
python max_num.py
请输入数字A: 2.5
请输入数字B: 3.3
max_num is:3.3
```

除了上述方式外，在 Python 中还可以使用下列方式比较两个数的大小。

```
max_num = [num_b, num_a][num_a > num_b]                   #第一种方式
max_num = (num_a > num_b and [num_a] or [num_b])[0]  #第二种方式
```

为了方便叙述，这里假定 num_a=2.5、num_b=3.3。故上述第一种方式实际是[num_b, num_a][False]，因为在 Python 中 False 的值为 0，所以[num_b, num_a][False] 也可以表示为[3.3,2.5][0]，也就是 3.3。

在第二种方式中，因为 ">" 的优先级高于 "and" 和 "or"，因此 Python 先运算 num_a > num_b，即 2.5>3.3，其值为 False；又因为表达式是从左往右计算的，所以下一步 Python 运算的是 False and [2.5]，其值为 False；之后运算 False or [3.3]，其值为[3.3]，因此最终结果为 3.3。

使用条件表达式在某些时候确实能减少代码量，但是如果 if-else 语句很复杂，再使用条件表达式就不是很现实了。因此建议初学者尽量少使用条件表达式，在熟练使用了 if-else 语句之后再尝试。

3.5 while 循环

if 语句能改变程序的执行流程，使程序根据不同的条件执行不同的代码，但是它并不能让程序返回到已执行过的语句。要让程序返回到已执行过的语句并再次执行，就必须使用循环来实现。Python 中有两种循环：while 循环和 for 循环。本节讲解的是 while 循环。

while 循环使用 while 作为关键字，其语法规则如下。

```
while 条件判断表达式:
    <语句块 1>
```

注意，在 while 的条件判断表达式后必须加一个英文冒号 ":"。

while 循环执行流程如图 3-4 所示，当条件判断表达式的布尔值为 True 时，程序会一直重复执行 while 语句内的语句块 1，直到该条件判断表达式的布尔值为 False 时，才跳出循环，执行语句块 2。另外，需要注意的是，在 Python 中没有 do...while 循环，也没有 C 语言中的 goto 语句。

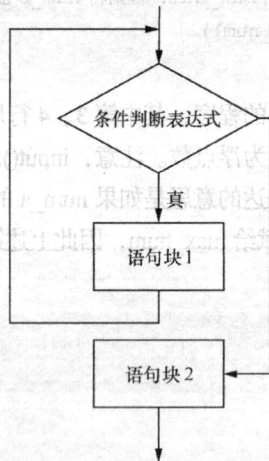

图 3-4 while 循环执行流程

下面通过一个计算 1+2+3+…+100 的示例来看 while 循环是如何使用的。

```
# calculate_1to100.py
#!/usr/bin/env python3
i = 1
sum = 0
while i <= 100:          #当 i 满足 i 小于等于 100 这一条件时，执行循环体中的语句
```

```
    sum = sum + i
    i += 1                    #i 进行自加运算, 每次加 1
print("1~100 之和为: %d" % sum)
```

程序的执行结果如下。

```
1~100 之和为: 5050
```

下面解释一下上述程序的运行步骤。

（1）第 3 行定义了一个整型变量 i，其值为 1，它表示计算时从 1 开始。

（2）第 4 行定义了一个整型变量 sum，它用来存储计算的结果。此时因为还没有进入循环并开始计算，故其值为 0。

（3）前面第 3、4 行的代码都在初始化变量，为 while 循环做准备。初始化完成之后程序便开始执行 while 循环，可以看到第 5 行代码中的条件判断表达式为 i<=100 ，它表示当 i<=100 时执行循环体中的语句，当 i 的值为 101 时则结束循环。

（4）第 6 行和第 7 行是 while 循环的循环体。第 6 行的作用是将 sum 变量的值与变量 i 的值相加，并将结果赋给变量 sum。如第一次进入循环时，执行的是 sum=0+1，第二次则为 sum=1+2，第二次的 1 就是第一次循环时程序赋给 sum 的值。第 6 行也可以用第 2 章中介绍过的 "+=" 运算符表示，示例如下。

```
sum += i        #sum 进行自加运算, 每次加 i
```

第 7 行的作用是使变量 i 的值自增 1，它也可以写为如下代码。

```
i = i + 1
```

（5）第 8 行的输出使用了第 2 章中介绍过的格式化字符串的方法，输出 1~100 之和为 5050。
整个程序的执行流程如图 3-5 所示。

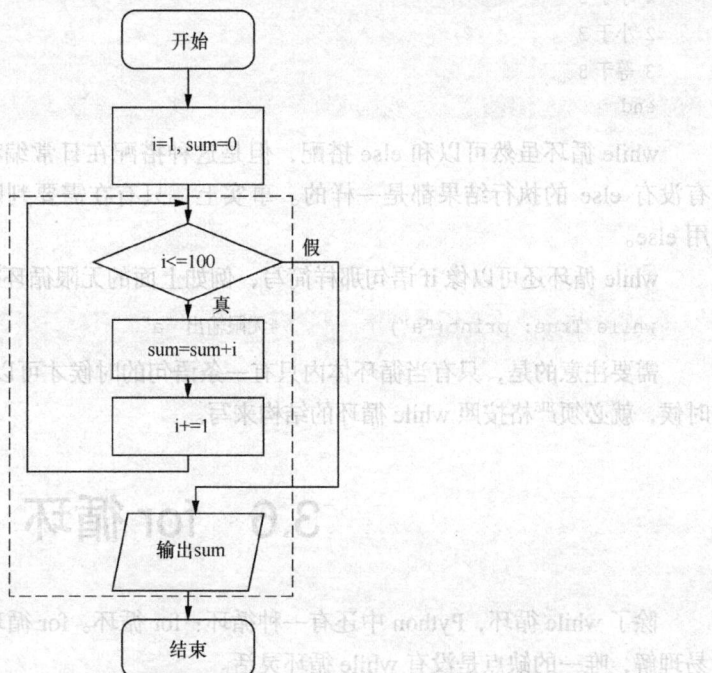

图 3-5　计算 1~100 的和的执行流程

从上面的示例可以看出，一个 while 循环应包括 3 部分：初始化语句、循环条件和循环体。其中初始化语句用来初始化循环需要用到的变量等信息，即上述程序的第 3、4 行；循环条件用来判断循环是否继续，即上述程序的第 5 行；循环体内包含了主体语句和递增语句，即上述程序的第 6、7 行。虽然几乎所有的 while 循环都需要上述 3 部分，但是在 Python 中这并不是严格要求的，while 循环也可以没有初始化语句和递增语句，示例如下。

```
while True:
    print("a")
```

可以看到上述程序没有初始化语句，也没有递增语句，程序的执行结果是无限地输出字符串 "a"，因此这样的循环也叫作无限循环。要退出无限循环可以使用快捷键 Ctrl+C。

有的时候，无限循环可以用作一种快速编写循环的方式。但是初学者尽量不要使用无限循环，因为它比有限循环更难理解，并且程序在执行的过程中也很难排查错误的位置。另外，使用无限循环如果不加跳出循环的条件，还可能会导致程序占用大量的内存，甚至导致操作系统崩溃。

while 循环还可以与 else 搭配，示例如下。

```
# while_else.py
#!/usr/bin/env python3
count = 0
while count < 3:
    print(count, "小于 3")
    count += 1
else:
    print(count, "等于 3")
```

程序的执行结果如下。

```
0 小于 3
1 小于 3
2 小于 3
3 等于 3
end
```

while 循环虽然可以和 else 搭配，但是这种搭配在日常编程中并不常用。因为有的时候，有没有 else 的执行结果都是一样的。事实上，只有在需要判断循环是否正常结束的时候才会用 else。

while 循环还可以像 if 语句那样简写，例如上面的无限循环就可以写作如下形式。

```
while True: print("a")           #无限输出 "a"
```

需要注意的是，只有当循环体内只有一条语句的时候才可以简写；当循环体内有多条语句的时候，就必须严格按照 while 循环的结构来写。

3.6 for 循环

除了 while 循环，Python 中还有一种循环：for 循环。for 循环相比于 while 循环更简单、更容易理解，唯一的缺点是没有 while 循环灵活。

for 循环使用 for 作为关键字，其语法规则如下。

```
for 循环变量 in 集合:
    <语句块>
```

其中的循环变量一般使用 i 或 item 作为变量名，但是当使用循环嵌套（即循环中还有循环）时，为了使内层循环的循环变量名不与外层循环的循环变量名相同，一般将 j 和 k 用作内层循环中的循环变量名。

for 循环的执行流程如图 3-6 所示。当没有遍历完所有元素时，程序会一直重复执行 for 语句内的语句块，直到遍历完所有元素，跳出循环。

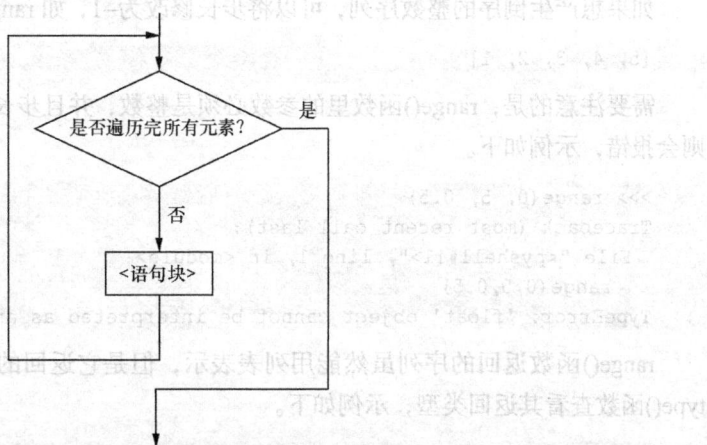

图 3-6　for 循环的执行流程

使用 for 循环可以遍历字符串里的所有字符，示例如下。

```
>>> for item in "Python":
#item 为变量名称，下面的 i 也是；遍历 "Python" 这一集合的所有元素
...     print(item)
...
P
y
t
h
o
n
```

还可以遍历整数序列，示例如下。

```
>>> for i in range(5):
...     print(i)
...
0
1
2
3
4
```

这里需要讲一下程序中使用到的 range() 函数，它可以返回一个指定范围的左闭右开的整数序列，一般用在 for 循环中，其语法规则如下。

```
range(start, end, step)
```

其中的 start 表示序列从 start 值开始生成，如果不填则默认为 0，如 range(5) 等价于 range(0,5)，用列表的形式表示如下。

```
[0, 1, 2, 3, 4]
```

end 为结束位置，但不包括 end，如 range(1,3)用列表的形式表示如下。

```
[1, 2]
```

step 为产生的序列的步长，默认为 1，如 range(0,5)等价于 range(0,5,1)，range(0,5,2)用列表的形式表示如下。

```
[0, 2, 4]
```

如果想产生倒序的整数序列，可以将步长修改为–1，如 range(5,0,–1)用列表的形式表示如下。

```
[5, 4, 3, 2, 1]
```

需要注意的是，range()函数里的参数必须是整数，并且步长不能为 0；如果参数使用浮点数，则会报错，示例如下。

```
>>> range(0, 5, 0.5)
Traceback (most recent call last):
  File "<pyshell#11>", line 1, in <module>
    range(0,5,0.5)
TypeError: 'float' object cannot be interpreted as an integer
```

range()函数返回的序列虽然能用列表表示，但是它返回的类型并不是列表。这里可以使用type()函数查看其返回类型，示例如下。

```
>>> type(range(0, 5))        #查看 range(0, 5)的类型
<class 'range'>
```

可以看到它返回的是一个整数序列的对象，而不是列表。但是在 Python 中可以使用 list()函数将其转换成列表，示例如下。

```
>>> list(range(0, 5))        #将 range(0, 5)转换为列表
[0, 1, 2, 3, 4]
```

关于列表的详细内容这里先不做介绍，有兴趣的读者可以翻阅本书的 4.1 节。

for 循环不仅能遍历字符串和整数序列，它还可以遍历列表、集合、元组等。事实上，它几乎可以遍历任何序列。

和 while 循环一样，for 循环也能和 else 搭配，示例如下。

```
# find_prime_num.py
#!/usr/bin/env python3
start = int(input("请输入起始位置："))
end = int(input("请输入结束位置："))
if start > 1:
    for i in range(start, end + 1):      # 循环 1
        for j in range(2, i):            # 循环 2
            if i % j == 0:               # 如果存在除了 1 和 i 自身外的其他因数
                break                    # 跳出循环 2
        else:
            print(i)                     # 输出素数
else:
    print('起始位置必须大于 1')
```

上述程序的功能是寻找指定范围内所有的素数，程序的执行结果如下。

```
请输入起始位置: 2
请输入结束位置: 10
2
3
5
7
```

只有当循环 2 正常结束时, 即没有执行 if 语句中的 break 语句时, 程序才会执行 else 中的 print 语句, 输出找到的素数。

for 循环虽然比 while 循环更简单、代码量更少, 但是它只适用于知道循环次数的情况。当不知道循环次数时, 必须使用 while 循环。示例如下。

```
# add_input.py
#!/usr/bin/env python3
num = int(input("请输入整数: "))
sum = 0
while num != -1:                    #直到输入-1时终止程序
    sum = sum + num
    num = int(input("请输入整数: "))
print("输入的所有整数之和为: %d" % sum)
```

上述程序的功能是不断接收从键盘输入的整数, 直到键盘输入-1时终止程序, 计算所有输入的整数之和并输出结果。程序的执行结果如下。

```
请输入整数: 1
请输入整数: 2
请输入整数: 3
请输入整数: -1
输入的所有整数之和为: 6
```

可以看到上述程序因为在开始输入之前, 并不知道要循环输入多少次整数, 所以这样的程序使用 for 循环是不能实现的。

3.7　break 和 continue 语句的使用

Python 中的 break 语句和 continue 语句与 C 语言中的一样, 都能用来跳出循环。break 语句和 continue 语句唯一的区别是 break 语句跳出的是当前所在的循环, 而 continue 语句跳出的是本次循环, 即循环体内 continue 以后的语句不执行。

3.7.1　break 语句

break 语句可以用在 for 循环和 while 循环中, 用来终止循环, 示例如下。

```
# break_for.py
#!/usr/bin/env python3
inpu_str = input("请输入字符串: ")
print("输入的字符串为: " + inpu_str)
for item in inpu_str:
    if item == "_":
        print("输入的字符串包含下画线")
        break
```

```
        else:
            print(item)
```

上述程序的功能是通过 for 循环遍历从键盘输入的字符串，判断字符串中是否含有下画线。如果有，则用 break 语句终止当前循环；如果没有，则输出当前遍历的元素。程序的执行结果如下。

```
请输入字符串: abs_cac
输入的字符串为: abs_ cac
a
b
s
输入的字符串包含下画线
```

需要注意的是，当 break 语句在嵌套的循环中使用的时候，终止的是 break 语句当前所在的循环，示例如下。

```
# break_for_while.py
#!/usr/bin/env python3
inpu_str = input("请输入字符串: ")
while inpu_str != "-1":          # 循环 1
    print("输入的字符串为: " + inpu_str)
    for item in inpu_str:        # 循环 2
        if item == "_":
            print("输入的字符串包含下画线")
            break
        else:
            print(item)
    inpu_str = input("请输入字符串: ")
```

上述程序执行后可以无限地接收从键盘输入的字符串，并判断输入的字符串是否含有下画线。当输入的字符串含有下画线时，执行 break 语句跳出循环 2；然后再次从键盘输入字符串，判断是否等于"-1"，如果等于，则结束循环 1，否则继续执行循环 1 和循环 2。从上述程序可以看出，执行 break 语句后，跳出的是 break 当前所在的循环，即循环 2，而不是循环 1。

3.7.2　continue 语句

continue 语句不像 break 语句那样，它只是终止本次循环，即直接跳过 continue 语句之后的语句，进入下一次循环，示例如下。

```
# continue.py
#!/usr/bin/env python3
for i in range(1, 11):    # 依次遍历 range (1,11)
    if i % 2 == 0:        # 当前遍历的数除以 2 余数为 0
        continue          # 仅终止本次循环
    print(i)
```

上述程序的功能为输出 1～10 的奇数。如果当前遍历的整数为偶数，则程序执行 continue 语句，跳过本次循环，不再执行语句 print(i)，然后进入下一次循环。如果当前遍历的整数为奇数，则程序不执行 continue 语句，而是执行 print(i)输出奇数。

continue 语句还可以起到一个删除的作用，它的存在是为了删除满足循环条件的某些不需要的成分，示例如下。

```
#delete_continue.py
#!/usr/bin/env python3
```

```
var = 10
while var > 0:
    var = var -1
    if var == 5 or var == 8:
        continue
    print ('当前值 :', var)
```

这里 continue 语句的作用是删除 5 和 8，执行结果如下。

```
当前值 : 9
当前值 : 7
当前值 : 6
当前值 : 4
当前值 : 3
当前值 : 2
当前值 : 1
当前值 : 0
```

习　题

一、选择题

1. 下列程序输出的结果是（　　　）。

```
x, y, z = 10, 20, 1
if x < y:
    if x > 10:
        z = 0
    else:
        z += 1
else:
    z -= 1
print(z)
```

    A. 3　　　　　　　　B. 2　　　　　　　　C. 1　　　　　　　　D. 0

2. 下列程序中 while 循环的循环次数为（　　　）。

```
k = 3
while k:
    k -= 1
    print(k)
```

    A. 3　　　　　　　　B. 2　　　　　　　　C. 1　　　　　　　　D. 0

3. 下列代码输出的结果是（　　　）。

```
print(list(range(1, 9, 2)))
```

    A.　[1,3,5,7,9]　　　　　　　　　　B.　[1,3,5,7]

    C.　[1,2,3,4,5,6,7,8,9]　　　　　　D.　[1,2,3,4,5,6,7,8]

4. 下列程序执行后，a 和 b 的值为（　　　）。

```
a, b = 10, 3
for i in range(1, 20):
    if i % b == 0:
```

```
        a += 1
    else:
        b += 1
```

A. a=10, b=21 　　　 B. a=11, b=22 　　　 C. a=10, b=22 　　　 D. a=11, b=21

5. 下列程序执行后，a 的值为（　　　）。

```
b = 1
for a in range(1, 101):
    if b >= 20:
        break
    if b % 3 == 1:
        b += 3
        continue
    b -= 5
```

A. 7　　　　　　　 B. 8　　　　　　　 C. 9　　　　　　　 D. 10

二、简答题与编程题

1. Python 的缩进有几种方式？

2. input()函数、sys.stdin.readline()函数、sys.stdin.readlines()函数有什么区别？

3. 编写程序，求列表[2,100]中的所有素数，并统计素数个数。

4. break 和 continue 语句有什么区别？

5. 请编写程序实现下列功能。

（1）判断输入的年份是否为闰年。

（2）编写一个登录程序，规定最多只能输错 3 次密码。

（3）计算整数 1、2、3、4 能组成多少个各位互不相同且不重复的三位数，并输出这些三位数。

（4）利用循环输出乘法表。

（5）利用循环输出下列内容。

```
*
**
***
****
***
**
*
```

6. 编写程序，判断用户输入的字符是数字、字母还是其他字符。

第4章
列表、元组、字典和集合

前面几章中讲到的各种数据类型，都只能单独地存储一种类型的数据，如整型只能存储整数，它们并不能很好地满足程序的需求。为了能存储更复杂的数据，并且更加方便、快捷地管理这些数据，Python 引入了 4 种功能更加强大的标准数据类型：列表（List）、元组（Tuple）、字典（Dict）和集合（Set）。它们能存储几乎所有类型的数据，还能将这些类型的数据组合到一起使用，构建更复杂的数据。

本章主要讲解列表、元组、字典、集合的创建和使用，列表、元组、字典、集合的函数的使用，列表解析，列表、元组、字典、集合 4 种数据类型的特性。

4.1 列　　表

列表是 Python 中使用最频繁的数据类型，第 3 章在讲解 range() 函数的时候，已经提到了怎样使用 list() 函数将 range() 函数生成的序列转换成列表。Python 的列表类似于 C 语言和 Java 中的数组，不同的是数组存储的数据类型必须一致，而列表可以存储不同的数据类型；另外，静态数组在定义的时候必须固定大小，而列表的大小是不固定的。需要注意的是，Python 中没有数组，只有与数组类似的列表和元组。

4.1.1　创建和使用列表

1. 创建列表
列表的创建方法和数组类似，都是使用"[]"将元素括起来，用","将元素分隔，示例如下。

```
>>> list_1 = ["a", "b", 1, 2, 3.14]          #创建列表 list_1 并初始化
>>> list_1                                    #输出 list_1
['a', 'b', 1, 2, 3.14]
>>> type(list_1)                              #通过 type() 函数查看变量类型是否为列表
<class 'list'>
```

在创建列表时，尽量不要使用字段 list 作为变量名，虽然在 Python 3 中这样做是合法的，但是可能造成变量名和函数名混淆，引起不必要的麻烦。跟字符串一样，列表也可以使用"+"或"*"拼接以生成新的列表，示例如下。

```
>>> list_1 = ["c", "d", 4, 5]
>>> list_1 + list_1                           #输出两次 list_1
```

```
['c', 'd', 4, 5, 'c', 'd', 4, 5]
>>> list_1 * 2                         #输出两次 list_1
['c', 'd', 4, 5, 'c', 'd', 4, 5]
```

从上面的示例可以看出，列表里面的元素是可以重复的。

使用 list()函数可以将字符串或 range()函数生成的序列转换成列表，示例如下。

```
>>> list("Python")                     #将字符串"Python"转换为列表
['P', 'y', 't', 'h', 'o', 'n']
>>> list(range(5))                     #将 range(5)产生的序列转换为列表
[0, 1, 2, 3, 4]
```

使用第 2 章中讲过的 split()函数也能将字符串转换成列表，只不过它是按照分隔符拆分字符串生成列表的，示例如下。

```
>>> string = "Hello Python"
>>> string.split()                     #默认分隔符为一个空格符
['Hello', 'Python']
>>> "Hello Python".split("o")          #将分隔符设置为字符"o"
['Hell', ' Pyth', 'n']
```

另外，使用第 3 章中讲过的循环也可以创建列表，示例如下。

```
# list_create.py
#!/usr/bin/env python3
a = []                                 #初始化 a 为一个空列表
for i in range(10):                    #遍历 range(10)产生的序列
    a.append(i)                        #向列表 a 的末尾添加元素，值为当前 i 的值
print(str(a))                          #将 a 转换为字符串后再输出
```

程序的执行结果为：

```
[0, 1, 2, 3, 4, 5, 6, 7, 8, 9]
```

上述程序中的 append()函数的功能是在列表末尾添加新的对象，其基本语法如下。

```
list.append(obj)
```

其中 list 为目标列表，obj 为添加到列表末尾的对象。append()函数修改的是目标列表，没有返回值。

以下示例展示了 append()函数的使用方法。

```
>>> aList = [123, 'xyz', 'zara', 'abc']
>>> aList.append(2009)                 #在 aList 这个列表末尾加上 2009 这一元素
>>> print("Updated List : ", aList)
Updated List :  [123, 'xyz', 'zara', 'abc', 2009]
```

如需知道列表有多少个元素，可以使用 len()函数，示例如下。

```
>>> list_1 = ["a", "b", 1, 2, 3.14]
>>> len(list_1)                        #返回 list_1 中元素的个数
5
```

2. 使用列表

（1）索引列表元素

和字符串一样，列表的元素也可以通过下标索引的方法来索引。下标索引的顺序从左到右为：

0, 1, 2, 3, …, len(list)–1。从右到左为：–1, –2, –3, …, –len(list)。示例如下。

```
>>> list_1 = ["Py", "on", "th", 3, 7, "."]
>>> print(list_1[0], list_1[2], list_1[1], list_1[-3], list_1[-1], list_1[-2], sep = "")
Python3.7
```

在使用下标索引的方法索引列表的元素时，必须注意越界问题。当索引值超出了范围的时候，会出现报错信息 "list index out of range"，示例如下。

```
>>> list_1[6]
Traceback (most recent call last):
  File "<stdin>", line 1, in <module>
IndexError: list index out of range
```

除了使用下标索引的方法来索引列表元素外，还可以使用循环来遍历列表的元素，示例如下。

```
# list_for_while.py
#!/usr/bin/env python3
list_1 = ["Py", "on", "th", 3, 7, "."]
for item in list_1:                    #使用 for 循环遍历列表
    print(item, end="")                #输出时结尾不要换行符
print()                                #换行
i = 0
while i < len(list_1):                 #使用 while 循环遍历列表
    print(list_1[i], end="")           #输出时结尾不要换行符
    i += 1
```

程序的执行结果如下。

```
Pyonth37.
Pyonth37.
```

需要注意的是，在使用循环遍历列表的同时，不能修改列表的元素，否则可能出现错误。

（2）对列表进行切片

列表也可以像字符串那样进行切片，切片方法如下。

```
list[start_index(包含):end_index(不包含):step]
```

其中，起始位置默认值为 0，结束位置默认值为列表的长度，切片步长默认值为 1，示例如下。

```
>>> list_1 = ["Py", "on", "th", 3, 7, "."]
>>> list_1[3:5]              #获取索引值为[3,5)的元素
[3, 7]
>>> list_1[0:5:2]                    #获取索引值为[0,5)、切片步长为 2 的元素
['Py', 'th', 7]
>>> list_1[:5]                       #获取索引值为[0,5)的元素
['Py', 'on', 'th', 3, 7]
>>> list_1[0:]                       #获取索引值为[0,6)的元素
['Py', 'on', 'th', 3, 7, '.']
```

此外，列表还可以像字符串那样逆置，示例如下。

```
>>> list_1 = ["Py", "on", "th", 3, 7, "."]
>>> list_1[::-1]                     #逆置列表
['.', 7, 3, 'th', 'on', 'Py']
```

（3）修改列表元素

列表与字符串、整型和浮点型不一样，它是可变的，列表元素的值可以通过索引值修改，示例如下。

```
>>> list_1 = ['Py', 'on', 'th', 3, 7, '.']
>>> list_1[4] = 6                    #修改索引值为 4 的元素的值
>>> list_1
['Py', 'on', 'th', 3, 6, '.']
>>> list_1[1:3] = ["th", "on"]       #修改索引值为[1,3)的元素的值
>>> list_1
['Py', 'th', 'on', 3, 6, '.']
```

需要注意的是，通过索引值修改列表元素的值的时候，只是将该元素重新指向另一个值。因此这里的元素类似于前面讲到的变量，它们的存储机制基本是一样的。如上面第 2 行代码的执行原理如图 4-1 所示。各项索引值均指向各自的值，索引值为 4 的元素的值在修改后，不再指向之前的值 7，而是指向修改后的值 6。

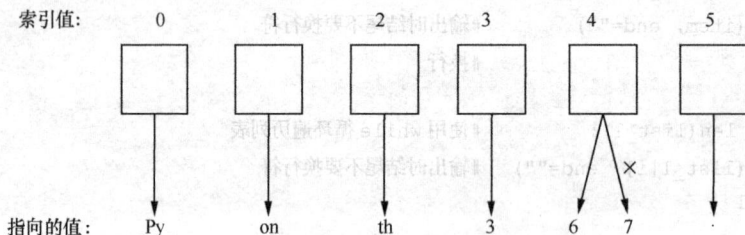

图 4-1　第 2 行代码的执行原理

列表里的元素也可以指向另外的列表，示例如下。

```
>>> list_1 = ['Py', 'th', 'on', 3, 6, '.']
>>> list_1[4] = ['.', 6]             #将列表 list_1 中索引值为 4 的元素更改为子列表['.', 6]
>>> list_1
['Py', 'th', 'on', 3, ['.', 6], '.']
```

此时，如果想访问上述列表 list_1 的子列表['.', 6]中的元素，可以使用如下方法。

```
>>> print(list_1[4])
['.', 6]
>>> print(list_1[4][0], list_1[4][1])    '''输出 list_1 中索引值为 4 的元素中索引值为 0 和 1 的
子元素'''
. 6
```

当列表中嵌套有多重列表时依此类推。另外，当列表里的元素指向列表本身时，并不会产生无限输出列表的情况，示例如下。

```
>>> list_1[5] = list_1
>>> list_1
['Py', 'th', 'on', 3, ['.', 6], [...]]
```

可以看到，在修改列表元素时，列表能够自动判断元素指向的是否是列表本身。如果是，则以 "[...]" 代替引用的列表。

（4）列表转换为字符串

要将列表转换为字符串可以使用 join()函数，具体的使用方法如下。

```
>>> list_1 = ["P", "y", "t", "h", "o", "n"]
>>> "".join(list_1)    #将 list_1 中的元素用空字符串连接，即可实现列表转换为字符串
'Python'
```

上述程序中第 2 行""中为字符串的分隔符，它可以是任何符号，如上述程序可使用 "/" 作为分隔符，示例如下。

```
>>> "/".join(list_1)   #将 list_1 中的元素以 "/" 分隔的方式转化为字符串
'P/y/t/h/o/n'
```

join()函数还能对字符串进行处理，如将字符串中的每个字符以分隔符 "-" 分隔，示例如下。

```
>>> '-'.join("abc")
'a-b-c'
```

4.1.2　列表进阶

4.1.1 小节讲到的内容只是列表的一些简单的使用方法。事实上，Python 中的列表还有许多其他的使用方法，本节将详细介绍。

1．添加元素

向列表里添加元素可以使用 list.append(obj)函数，该函数在前面已经简单地使用过，示例如下。

```
>>> a = ["abc", "123"]
>>> a.append("abc123")    #向列表 a 里添加元素 "abc123"
>>> a
['abc', '123', 'abc123']
```

使用 list.insert(i, obj)函数也能向列表里添加元素，它比 list.append(obj)函数更加灵活，能将元素 obj 添加到索引值为 i 的元素的前面，即添加后元素 obj 的索引为 i。list.insert(i, obj)函数的使用方法如下。

```
>>> a = ["abc", "123", "abc123"]
>>> a.insert(2, 3.14)      #在列表 a 里索引值为 2 的元素的前面添加元素 3.14
>>> a
['abc', '123', 3.14, 'abc123']
```

需要注意的是，当 i=0 时，添加的元素是添加到整个列表之前；当 i=len(list)时，添加的元素是添加到整个列表之后，相当于 list.append(obj)函数，示例如下。

```
>>> a = ['abc', '123', 3.14, 'abc123']
>>> a.insert(0, "start")          '''在列表 a 里索引值为 0 的元素的前面添加元素"start"，即在列表头部添加元素'''
>>> a.insert(len(a), "end")       '''在列表 a 里索引值为 len(a)的元素的前面添加元素"end"，即在列表尾部添加元素'''
>>> a
['start', 'abc', '123', 3.14, 'abc123', 'end']
```

当需要将一个列表里的所有元素都添加到另一个列表中时，可以使用 list.extend(L)函数，示例如下。

```
>>> a = ['start', 'abc', '123', 3.14, 'abc123', 'end']
>>> b = [1, 2]
>>> a.extend(b)                 #将列表 b 里的所有元素都添加到列表 a 里面
>>> a
['start', 'abc', '123', 3.14, 'abc123', 'end', 1, 2]
```

可以看到，上述程序利用 extend()函数成功地将列表 b 中的所有元素添加到了列表 a 中，并且此时添加的元素也是添加到列表 a 末尾的，相当于 a[len(a):]=b。

2．删除元素

要删除列表中的元素，可以使用 list.remove(obj)函数，它的功能是删除列表 list 中值为 obj 的第 1 个元素，如果没有元素 obj，则返回错误信息。其使用方法如下。

```
>>> a = ['start', 'abc', '123', 3.14, 'abc123', 'end', 1, 2]
>>> a.remove("123")          #删除列表a中的元素'123'
>>> a
['start', 'abc', 3.14, 'abc123', 'end', 1, 2]
```

使用 list.pop(i)函数也可以删除列表中的元素，它的功能是删除列表中索引值为 i 的元素，并返回删除的元素。与 list.remove(obj)函数相比，list.pop(i)函数显得更加灵活，其使用方法如下。

```
>>> a = ['start', 'abc', 3.14, 'abc123', 'end', 1, 2]
>>> a.pop(5)                 #删除列表a中索引值为5的元素
1                            #返回删除的元素
>>> a.pop(-1)                #删除列表a的最后一个元素
2
>>> a
['start', 'abc', 3.14, 'abc123', 'end']
```

另外，如果没有指定索引值，pop()函数删除的是列表的最后一个元素，示例如下。

```
>>> a = ['start', 'abc', 3.14, 'abc123', 'end']
>>> a.pop()                  #删除列表a的最后一个元素
'end'
>>> a
['start', 'abc', 3.14, 'abc123']
```

使用 list.pop(i)函数一次只能删除列表中的一个元素，要删除列表中的多个元素，可以使用 del 语句，其语法规则如下。

```
del list[i]
```

或

```
del list[start:end:step]
```

del 语句比 list.pop(i)函数更加灵活，其使用方法如下。

```
>>> a = ['start', 'abc', 3.14, 'abc123']
>>> del a[-1]                #删除列表a末尾的元素
>>> a
['start', 'abc', 3.14]
>>> del a[1:3]      #删除索引值为[1:3)的元素，即删除元素"abc"（索引值为1）和3.14（索引值为2）
>>> a
['start']
>>> del a[:]                 #清空列表a
>>> a
[]
```

del 语句不仅能清空列表，还能删除整个变量，示例如下。

```
>>> del a                    #删除变量a
>>> a
```

```
Traceback (most recent call last):
  File "<stdin>", line 1, in <module>
NameError: name 'a' is not defined
```

从以上示例可以看到，在删除列表变量 a 之后输出变量 a 时，就会返回一个报错信息 "name 'a' is not defined"，它表示变量 a 已经成功删除。

使用 list.clear() 函数也能清空列表，它相当于 del list[:]，示例如下。

```
>>> numList = [1, 2, 3, 4, 5]
>>> numList
[1, 2, 3, 4, 5]
>>> numList.clear()            #清空列表 numList
>>> numList
[]
```

3. 查找索引值

如需查找列表中某个值的索引值，可以使用 list.index(obj) 函数，它返回列表中第一个值为 obj 的元素的索引值；如果没有查找到，则返回一个错误信息，示例如下。

```
>>> b = [1, 2, 3, "a", "b", "b"]
>>> b.index("b")              #查找第 1 个值为"b"的元素的索引值
4
```

如需统计元素 obj 在列表 list 中出现的次数，可以使用 list.count(obj) 函数，示例如下。

```
>>> b = [1, 2, 3, "a", "b", "b"]
>>> b.count("b")              #查找值为"b"的元素出现的次数，返回 2
2
>>> b.count("c")              #查找值为"c"的元素出现的次数，返回 0
0
```

4. 列表逆置

如需逆置列表中的元素，可以使用 reverse() 函数，它相当于 4.1.1 节中介绍过的 list[::-1]，示例如下。

```
>>> b = [1, 2, 3, 'a', 'b', 'b']
>>> b.reverse()              #逆置列表 b
>>> b
['b', 'b', 'a', 3, 2, 1]
>>> b[::-1]                  #因列表 b 已逆置，再次逆置则恢复原有顺序
[1, 2, 3, 'a', 'b', 'b']
```

5. 列表排序

Python 提供了专门为列表排序的函数 sort()，它可以快速地将含有大量元素的列表按顺序排序，其基本语法如下。

```
list.sort(cmp=None, key=None, reverse=False)
```

其中，cmp 为可选参数，如果指定了该参数，则会使用该参数的方法进行排序。key 是用来进行比较的元素，用于指定可迭代对象中的一个元素来进行排序。reverse 为排序规则，当 reverse = True 时，按降序排序；当 reverse=False 时，按升序排序（默认）。sort() 函数的使用示例如下。

```
>>> c = [11, 8, 5, 6, 51, 20]
>>> c.sort()                 #按升序排序
>>> c
[5, 6, 8, 11, 20, 51]
```

```
>>> c.sort(reverse=True)          #按降序排序
>>> c
[51, 20, 11, 8, 6, 5]
```

sort()函数不仅能对数字列表进行排序，还能对字符串列表进行排序，示例如下。

```
>>> c = ["list", "int", "stirng", "AI", "Java", "JavaScript"]
>>> c.sort()                      #对字符串c按升序排序
>>> c
['AI', 'Java', 'JavaScript', 'int', 'list', 'stirng']
```

排序规则是按照 ASCII 码值进行排序的，当第一个字符的 ASCII 码值相等时，则比较第二个字符，以此类推。

6. 复制列表

如需复制列表，可以使用 copy()函数，它返回一个新的列表，类似于 list[:]，示例如下。

```
>>> a = [0, 1, 2, 3, 4, 5]
>>> b = a.copy()                  #复制列表a并赋值给变量b
>>> c = a[:]                      #复制列表a并赋值给变量c
>>> print("b=" + str(b) + "\nc=" + str(c))
b=[0, 1, 2, 3, 4, 5]
c=[0, 1, 2, 3, 4, 5]
```

这里需要说明一下，使用 copy()函数和直接使用 "=" 赋值的差别，示例如下。

```
>>> a = [0, 1, 2, 3, 4, 5]
>>> b = a.copy()
>>> c = a
>>> print("a=" + str(a) + "\nb=" + str(b) + "\nc=" + str(c))
a=[0, 1, 2, 3, 4, 5]
b=[0, 1, 2, 3, 4, 5]
c=[0, 1, 2, 3, 4, 5]
>>> b.remove(2)                   #删除列表b中值为2的元素
>>> print("a=" + str(a) + "\nb=" + str(b) + "\nc=" + str(c))
#以上语句的意思是，列表a不跟着列表b改变
a=[0, 1, 2, 3, 4, 5]
b=[0, 1, 3, 4, 5]
c=[0, 1, 2, 3, 4, 5]
>>> c.remove(3)                   #删除列表c中值为3的元素
>>> print("a=" + str(a) + "\nb=" + str(b) + "\nc=" + str(c))
#以上语句的意思是，列表a跟着列表c改变
a=[0, 1, 2, 4, 5]
b=[0, 1, 3, 4, 5]
c=[0, 1, 2, 4, 5]
```

可以看到，使用 "=" 赋值是引用赋值，更改一个列表的值，另外一个列表同样会改变，因此上述程序中的列表 c 改变之后，列表 a 也跟着改变了。而使用 list.copy()函数则是复制一个副本列表，并不会改变原列表的值，因此上述程序中的列表 b 改变之后，列表 a 并没有改变。

为方便读者查询列表的函数或语句，这里专门列出了一个表格供读者查阅，如表 4-1 所示。

表 4-1　　　　　　　　　　　　　　列表的函数或语句

序　号	函数或语句	功　　能
1	len(list)	返回列表元素个数
2	list.append(obj)	在列表 list 的最后一个元素后添加元素 obj
3	list.insert(i,obj)	将元素 obj 插入到索引值为 i 的元素的前面
4	list.extend(L)	将列表 L 内所有的元素添加到列表 list 末尾
5	list.remove(obj)	删除列表 list 中第一个值为 obj 的元素
6	list.pop(i)	删除并返回列表 list 中索引值为 i 的元素，当 pop() 中没有 i 时删除列表 list 的最后一个元素
7	del list[i]或 del list[start:end:step]	删除列表 list 中索引值为 i 的元素或删除索引值范围为[start,end]、步长为 step 的元素
8	del list	删除变量名为 list 的列表
9	list.clear() 或 del list[:]	清空列表
10	list.index(obj)	查找并返回列表 list 中第一个值为 obj 的元素的索引值
11	list.count(obj)	统计并返回元素 obj 在列表 list 中出现的次数
12	list.reverse() 或 list[::–1]	逆置列表元素
13	list.sort(cmp=None, key=None, reverse=False)	对列表元素进行排序
14	list.copy()或 list[:]	复制并返回一个同样的列表

4.1.3　列表解析

列表解析（List Comprehension）是一种快速创建列表的方法，它能够减少创建列表的代码量。本小节将详细讲解列表解析的使用方法。

1. 使用循环生成列表

在 4.1.1 节中讲到了怎样使用循环来生成列表，示例如下。

```
# list_square_1.py
#!/usr/bin/env python3
a = []                          #初始化一个列表a
for i in range(10):             #i 为 0～9 的整数
    a.append(i**2)              #将 i 的平方加在空列表a 里面
print(str(a))
```

上述程序使用 for 循环创建了一个 0～9 的平方组成的列表，生成列表的代码总共 3 行。

2. 使用列表解析创建列表

如果使用列表解析创建列表，则可将代码缩短至 1 行，示例如下。

```
# list_square_2.py
#!/usr/bin/env python3
b = [i**2 for i in range(10)]   #创建一个 0～9 的平方组成的列表
print(str(b))
```

上述两个程序的执行结果都为：

```
[0, 1, 4, 9, 16, 25, 36, 49, 64, 81]
```

可以看到，使用列表解析创建列表的代码比使用循环创建列表的代码更加简洁。

3. 嵌套使用列表解析生成列表

列表解析还可以嵌套使用，如使用列表解析生成一个二维列表，示例如下。

```
>>> a = [ [i for i in range(3)] for i in range(3)]
>>> a
[[0, 1, 2], [0, 1, 2], [0, 1, 2]]
```

列表解析也能将字符串转换成列表，示例如下。

```
>>> [item for item in "hello"]                    #将字符串转换为列表
['h', 'e', 'l', 'l', 'o']
>>> [item.upper() for item in "hello"]  '''在字符串转换为列表的时候，使用 upper() 函数将元素
转换成大写字母'''
['H', 'E', 'L', 'L', 'O']
```

4. 使用列表解析快速修改列表内容

另外，列表解析还可以按照某种方式快速修改列表的内容，如将列表中所有元素首字母改为大写，示例如下。

```
>>> language = ["java", "c", "python"]
>>> language = [item.capitalize() for item in language]  #将列表里的元素的首字母改为大写
>>> language
['Java', 'C', 'Python']
```

5. 使用列表解析筛选列表元素

列表解析还可以根据某种条件筛选出列表中的元素，这在某些时候是十分有用的，如下面这个找出列表 age 中大于 18 的元素的程序。

```
# list_find_adult_1.py
#!/usr/bin/env python3
age = [12, 6, 30, 52, 3, 42, 8, 18]
adult = [item for item in age if item >= 18]  #遍历 age 中的元素，取大于 18 的元素赋给 adult
adult.sort()                                   #对 adult 内的元素升序排序
print(adult)
```

程序的执行结果为：

```
[18, 30, 42, 52]
```

上述程序如果没有使用列表解析，则为：

```
# list_find_adult_2.py
#!/usr/bin/env python3
age = [12, 6, 30, 52, 3, 42, 8, 18]
adult = []
for item in age:
    if item >= 18:              #判断年龄是否大于等于 18
        adult.append(item)
adult.sort()
print(adult)
```

可以看到使用列表解析减少了代码量，并且代码变得更加简洁、易读。

列表解析还可以用来筛选字符串。如下面这个删除字符串中的数字的程序。

```
# list_delete_num.py
#!/usr/bin/env python3
```

```
num = '0123456789'
string = "vsfe86sf4g5rv14a5"
new_list = [item for item in list(string) if item not in num] '''将字符串 string 转换为
```
列表后，遍历其中元素，将不属于 num 的元素赋给 new_list，即删去数字'''
```
new_string = "".join(new_list) #列表转换为字符串
print(new_string)
```

程序的执行结果为：

```
vsfesfgrva
```

通过上面的一系列例子可以发现，列表解析在 Python 中是十分重要的，掌握了它可以在编程时达到事半功倍的效果。

4.2　元　　　组

元组是 Python 中与列表类似的一种数据结构，它也支持通过索引来访问、切片、存储任意元素。与列表不同的是，元组的元素是不可变的，在编程时它比列表更安全。这是元组和列表最大的差别，初次接触元组的读者需要特别注意。

4.2.1　创建和使用元组

1. 创建元组
创建元组和创建列表的方法类似，不同的是列表使用"[]"作为标识符，而元组使用"()"作为标识符，注意这里的括号是英文括号，示例如下。

```
>>> tuple_1 = ("Java", "Python", 3.7, 12)
>>> tuple_1
('Java', 'Python', 3.7, 12)
>>> type(tuple_1)       #使用 type()函数查看变量类型是否为元组
<class 'tuple'>
```

和列表不同的是，元组的"()"标识符在大多数情况下不是强制要求的，因此也可以使用下面的方法创建元组。

```
>>> tuple_1 = "Java", "Python", 3.7, 12
>>> tuple_1
('Java', 'Python', 3.7, 12)
>>> type(tuple_1)
<class 'tuple'>
```

在大多数情况下创建元组时可以省略"()"，但当元组为空时，如果省略"()"，则会报错。此时就必须使用"()"来创建元组，示例如下。

```
>>> tuple_1 =
  File "<stdin>", line 1
    tuple_1=
          ^
SyntaxError: invalid syntax
>>> tuple_1 = ()       #创建空元组
>>> type(tuple_1)
<class 'tuple'>
```

另外还有一种特殊情况，就是当创建只有一个元素的元组时，必须使用一种特殊的方法，示例如下。

```
>>> tuple_1 = (1,)              #创建只有一个元素的元组
>>> tuple_1
(1,)
>>> type(tuple_1)
<class 'tuple'>
```

如果按照原来的方法创建，创建出的则是一个整型变量。示例如下。

```
>>> tuple_1 = (1)
>>> tuple_1
1
>>> type(tuple_1)
<class 'int'>
```

此时的"()"是可以省略的，因此也可以使用下面的方法创建元组。

```
>>> tuple_1 = 1,
>>> tuple_1
(1,)
>>> type(tuple_1)
<class 'tuple'>
```

元组也可以使用"+"和"*"拼接，示例如下。

```
>>> tuple_1=(1,2)
>>> tuple_1 + tuple_1
(1, 2, 1, 2)
>>> tuple_1 * 2
(1, 2, 1, 2)
```

可以看到，元组和列表一样，它的元素也可以重复。

如果需要将字符串或 range 类型的数据转换成元组，可以使用 tuple()函数，示例如下。

```
>>> tuple("Tuple")              #将字符串"Tuple"转换为元组
('T', 'u', 'p', 'l', 'e')
>>> tuple(range(5))             #将 range 类型的数据转换为元组
(0, 1, 2, 3, 4)
```

元组创建成功后，可以使用 len()函数查看元素个数，示例如下。

```
>>> tuple_1 = (1, 2)
>>> len(tuple_1)                #查看元组内的元素个数
2
```

2. 使用元组

（1）索引元组元素

元组的元素虽然是不可变的，但是还是可以通过索引去访问。访问的方法跟列表是一样的，示例如下。

```
# tuple_for_while.py
#!/usr/bin/env python3
tuple_1 = ("Python", "Java", "C")
print(tuple_1[0] + " " + tuple_1[1] + " " + tuple_1[2])
for item in tuple_1:            #使用 for 循环遍历元组
```

```
    print(item, end=" ")          #输出时结尾不要换行符
print()
i = 0
while i < len(tuple_1):           #使用while循环遍历元组
    print(tuple_1[i], end=" ")
    i += 1
```

程序的执行结果如下。

```
Python Java C
Python Java C
Python Java C
```

在 C 语言和 Java 语言中，函数的返回值只能为一个值，有的时候，这并不能满足程序的需求。Python 解决了这个问题，在 Python 中可以使用元组作为返回值，从而实现一次返回多个值的效果，示例如下。

```
# tuple_return.py
#!/usr/bin/env python3
def tuple_return():               #定义一个函数
    a = 'Hello'
    b = 'Python'
    return a, b                   #返回一个包含变量 a 和变量 b 的元组
nums = tuple_return()             #接收返回值
print(nums[0] + " " + nums[1])    #输出返回的多个值
```

程序的执行结果如下。

```
Hello Python
```

（2）对元组进行切片和逆置
元组也可以使用与列表类似的方法进行切片和逆置，示例如下。

```
>>> tuple_1 = ("Py", "on", "th", 3, 7, ".")
>>> tuple_1[3:5]                  #获取索引值为[3,5)的元素
(3, 7)
>>> tuple_1[0:5:2]                #获取索引值为[0,5)、切片步长为2的元素
('Py', 'th', 7)
>>> tuple_1[:5]                   #获取索引值为[0,5)的元素
('Py', 'on', 'th', 3, 7)
>>> tuple_1[0:]                   #获取索引值为[0,6)的元素
('Py', 'on', 'th', 3, 7, '.')
>>> tuple_1[::-1]                 #逆置元组
('.', 7, 3, 'th', 'on', 'Py')
```

可以看到元组切片和逆置的方法与列表的方法是完全一样的。
（3）修改元组
前面讲到，元组的元素是不可变的，因此使用如下的方法来修改元组的元素是错误的。

```
>>> tuple_1 = (1, 2, 3)
>>> tuple_1[0] = 0
Traceback (most recent call last):
  File "<stdin>", line 1, in <module>
TypeError: 'tuple' object does not support item assignment
```

元组的元素虽然不可修改，但如果元组中包含了可变的数据类型时，该可变数据类型的内部是可以修改的，示例如下。

```
>>> tuple_1 = (1, 2, 3, [4, 5])
>>> tuple_1[3][0] = "a"      #修改元组内索引值为3的元素中索引值为0的元素
>>> tuple_1[3][1] = "b"      #修改元组内索引值为3的元素中索引值为1的元素
>>> tuple_1
(1, 2, 3, ['a', 'b'])
```

上述程序虽然看似修改了元组的元素，但其实修改的只是列表的元素而已，元组内的元素并没有改变，其执行原理如图 4-2 所示。改变元组内某元素的内部索引值所指向的内容，实际修改的是列表内的元素而非元组内的元素。

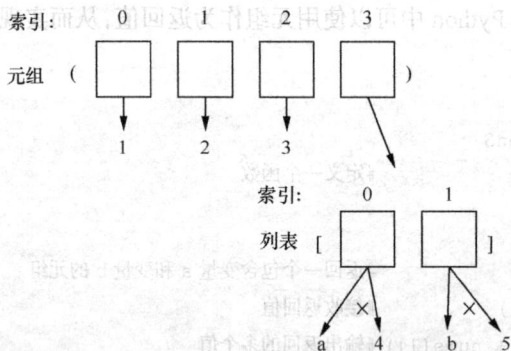

图 4-2　修改元组中列表的元素的执行原理

元组中的元素值是不允许修改的，但可以对元组进行切片和连接，从而达到增、删、查、改的目的，示例如下。

```
>>> temp=(1,2,3,4,5)
>>> temp=temp[:2]+temp[3:]      #删除索引值为2的元素
>>> temp
(1, 2, 4, 5)
>>> temp=temp[:2]+('a',)+temp[2:]    #添加元素'a'，索引值为2
>>> temp
(1, 2, 'a', 4, 5)
```

（4）删除元组

元组的元素是不可删除的，但可以通过 del 语句删除整个元组，示例如下。

```
>>> tuple_1 = (1, 2, 3)
>>> tuple_1
(1, 2, 3)
>>> del tuple_1                #删除元组
>>> tuple_1
Traceback (most recent call last):
  File "<stdin>", line 1, in <module>
NameError: name 'tuple_1' is not defined    #元组被删除后，再输出元组会显示异常信息
```

使用切片也可以达到类似于删除元组元素的效果，示例如下。

```
>>> tuple_1 = (1, 2, 3, 4)
>>> tuple_1 = tuple_1[1:]      #删除元素1
>>> tuple_1
```

```
(2, 3, 4)
>>> tuple_1 = tuple_1[0::2]        #删除元素 3
>>> tuple_1
(2, 4)
>>> tuple_1 = tuple_1[:1]          #删除元素 4
>>> tuple_1
(2,)
```

4.2.2　元组进阶

跟列表一样，Python 也提供了一些内置函数供元组使用，但是元组的函数相比于列表较少，本节将介绍怎样使用这些函数。

如果需要查找一个元素在元组中的位置，可以使用 index()函数，示例如下。

```
>>> tuple_2 = (1, 23, 43, 12, 5, 23)
>>> tuple_2.index(12)              #查找元组内元素 12 的索引值
3
```

如果需要统计某个元素在元组中出现的次数，可以使用 count()函数，示例如下。

```
>>> tuple_2 = (1, 23, 43, 12, 5, 23)
>>> tuple_2.count(23)              #统计元素 23 在元组中出现的次数
2
```

当元组中元素的数据类型全是整型或浮点型时，可以使用 max()函数和 min()函数查找出元组中元素的最大值和最小值，示例如下。

```
>>> tuple_2 = (1, 23, 43, 12, 5, 23)
>>> max(tuple_2)                  #查找元组中元素的最大值
43
>>> min(tuple_2)                  #查找元组中元素的最小值
1
```

元组和列表之间可以使用 list()函数和 tuple()函数相互转换，示例如下。

```
>>> tuple_2 = (1, 23, 43, 12, 5, 23)
>>> list(tuple_2)                 #元组转换为列表
[1, 23, 43, 12, 5, 23]
>>> tuple(tuple_2)                #列表转换为元组
(1, 23, 43, 12, 5, 23)
```

元组的函数如表 4-2 所示。

表 4-2　　　　　　　　　　　　　　　　　元组的函数

序　号	函　数	功　能
1	len(tuple)	返回元组元素的个数
2	tuple.index(obj)	返回元组中值为 obj 的元素的索引位置
3	tuple.count(obj)	返回元组中值为 obj 的元素的出现次数
4	max(tuple)	返回元组中元素的最大值
5	min(tuple)	返回元组中元素的最小值
6	list(tuple)	将元组转换为列表
7	tuple(list)	将列表转换为元组

4.3 字 典

字典是 Python 中另一种可变的数据结构，它和列表、元组一样，也能存储任意类型的数据。不同的是，字典使用键值对（key-value）的形式来存储数据，这类似于 Java 中的 Map。

4.3.1 创建和使用字典

1. 创建字典

字典使用花括号 "{}" 作为标识符，键和值之间使用英文冒号 ":" 分隔，每个键值对之间使用英文逗号 "," 分隔，示例如下。

```
>>> dict_1 = {'name':'Jack', 'age':20, 'sex':'Male'}        #创建字典dict_1并初始化
>>> dict_1
{'name': 'Jack', 'age': 20, 'sex': 'Male'}
```

上述程序创建的字典 dict_1 中包含了 3 个键值对，分别存储了姓名、年龄、性别。这里以键值对 "'name':'Jack'" 为例，其中的'name'为键名, 'Jack'为键值。注意，这里的键名是字符串类型，必须使用英文单引号括起来，并且字典中的键名不能重复，示例如下。

```
>>> dict_1 = {'name':'Jack', 'name':'Mike', 'age':20, 'sex':'Male'}
>>> dict_1
{'name': 'Mike', 'age': 20, 'sex': 'Male'}
```

可以看到，当一个字典中有两个或多个相同的键名时，Python 只会存储最后一个，因此字典中的键名必须是唯一的。

需要注意的是，字典的键值可以是任何 Python 对象（包括标准的对象和用户定义的对象），但键名必须是不可变的数据类型，如字符串、浮点型或元组，示例如下。

```
>>> dict_1 = {'Python':'Python', 3.7:3.7, (1,2):(1,2)}
#以上键名中的'Python'、3.7及(1,2)为不可变数据类型，注意与后面相应的值区别开
>>> dict_1
{'Python': 'Python', 3.7: 3.7, (1, 2): (1, 2)}
```

字典的不可重复性使得它不能像列表或元组那样使用 "+" 和 "*" 进行拼接，如强行使用则会报错，示例如下。

```
>>> dict_1 = {'name':'Jerry', 'age':20, 'sex':'Male'}
>>> dict_2 = {'height':170}
>>> dict_1+dict_2                #使用 "+" 拼接会报错
Traceback (most recent call last):
  File "<stdin>", line 1, in <module>
TypeError: unsupported operand type(s) for +: 'dict' and 'dict'
>>> dict_1 * 2                  #使用 "*" 拼接会报错
Traceback (most recent call last):
  File "<stdin>", line 1, in <module>
TypeError: unsupported operand type(s) for *: 'dict' and 'int'
```

字典还可以动态地创建，示例如下。

```
>>> dict_1 = {}
>>> dict_1['name'] = 'Jack'      #新建一个键名为'name'，键值为'Jack'的键值对
```

```
>>> dict_1['age'] = 20
>>> dict_1['sex'] = 'Male'
>>> dict_1
{'name': 'Jack', 'age': 20, 'sex': 'Male'}
```

字典创建成功之后，同样可以使用 len()函数查看键值对的个数，示例如下。

```
>>> dict_1 = {'name':'Jack', 'age':20, 'sex':'Male'}
>>> len(dict_1)          #查看字典中键值对的个数
3
```

2. 使用字典

（1）索引字典元素

字典和列表、元组不一样，它使用键名作为索引。因此要索引一个字典，可以使用下面的方法。

```
>>> dict_1 = {'name':'Jerry', 'age':20, 'sex':'Male'}
>>> dict_1
{'name': 'Jerry', 'age': 20, 'sex': 'Male'}
>>> dict_1['name']
'Jerry'
>>> dict_1['age']
20
>>> dict_1['sex']
'Male'
```

在访问字典里的键值的时候，如果直接用[key]访问（即只用键名查找），那么在没有找到对应键名的情况下就会报错，示例如下。

```
>>> dict_1['height']
Traceback (most recent call last):
  File "<stdin>", line 1, in <module>
KeyError: 'height'
```

一个更好的替代方案是使用字典内置的 get()函数来获取键值，使用它，即使键名不存在也不会报错，示例如下。

```
>>> test = {'key1':'value1','key2':'value2'}
>>> test['key3']                    #会报错
Traceback (most recent call last):
  File "<stdin>", line 1, in <module>
KeyError: 'key3'
>>> test.get('key3')                #获取键值'key3'
>>> test.get('key3')==None          #键值不存在时返回 None
True
>>> test.get('key3','value3')       #键值不存在时返回默认值 value3
'value3'
```

键值对的存储方式极大地提高了字典的使用效率，就像汉语字典一样，Python 中的字典在索引的时候会根据键名自动找出键值对的位置，从而快速地从成千上万的键值对中查找所需的信息。

如果需要判断字典中是否存在某个键值对，可以使用 "in"，示例如下。

```
>>> dict_1 = {'name':'Jack', 'age':20, 'sex':'Male'}
>>> 'name' in dict_1                #判断键'name'是否存在字典 dict_1 中
True
>>> 'height' in dict_1              #判断键'height'是否存在字典 dict_1 中
False
```

另外，字典也可以使用循环来遍历，不过它和列表、元组不一样，它只能使用 for 循环遍历，示例如下。

```
# dict_for_1.py
#!/usr/bin/env python3
dict_1 = {'name': 'Jerry', 'age': 20, 'sex': 'Male'}
for key in dict_1:
    print(key + ":" + str(dict_1[key]))
#以上的 dict_1[key]是指索引为 key 的键值，key 是指索引为 key 的键名
```

程序的执行结果为：

```
name:Jerry
age:20
sex:Male
```

（2）修改字典的键值对

字典是可变的，字典的键值对可直接根据索引修改，示例如下。

```
>>> dict_1
{'name': 'Jack', 'age': 20, 'sex': 'Male'}
>>> dict_1['name'] = 'Jerry'          #修改姓名
>>> dict_1
{'name': 'Jerry', 'age': 20, 'sex': 'Male'}
```

（3）删除字典的键值对

删除字典的键值对可以使用 del 语句，其使用方法如下。

```
>>> dict_1 = {'name':'Jack', 'age':20, 'sex':'Male'}
>>> del dict_1['sex']                 #删除键为'sex'的键值对
>>> dict_1
{'name': 'Jack', 'age': 20}
```

使用 del 语句也能将整个字典删除，示例如下。

```
>>> dict_1 = {'name':'Jack', 'age':20, 'sex':'Male'}
>>> dict_1
{'name': 'Jack', 'age': 20, 'sex': 'Male'}
>>> del dict_1                        #将整个字典删除
>>> dict_1
Traceback (most recent call last):
  File "<stdin>", line 1, in <module>
NameError: name 'dict_1' is not defined
```

删除后的字典不能再使用，除非重新创建。

4.3.2 字典进阶

前面简单介绍了字典的定义和使用方法，但这是远远不够的。Python 提供了许多内置函数供字典使用，本节将详细地讲解这些函数的使用方法。

1. 使用函数创建字典

Python 内置了一些快速创建字典的函数，这些函数极大地提高了字典的创建速度。使用 dict() 函数创建字典类似于 4.3.1 小节中讲到的创建字典的方法，不过这样创建的字典的键名必须为字符串，示例如下。

```
>>> dict_2 = dict(name='Jack', age=20, sex='Male')    #使用dict()函数创建字典
>>> dict_2
{'name': 'Jack', 'age': 20, 'sex': 'Male'}
```

注意，这里使用 dict()函数创建字典时，键名不需要再用单引号括起来。

使用 dict()函数能直接将存储键值对的列表转换成字典，示例如下。

```
>>> dict_2 = dict([('name','Jack'), ('age',20), ('sex','Male')])
>>> dict_2
{'name': 'Jack', 'age': 20, 'sex': 'Male'}
```

如果已经有存储键名的列表或元组，还可以使用 dict.fromkeys(keys,values)函数来快速生成字典。这里的 keys 为存储键名的列表或元组，values 为存储键值的变量，它的默认值为 None。dict.fromkeys(keys,values)函数的使用方法如下。

```
# fromkeys_1.py
#!/usr/bin/env python3
keys = ['Apple', 'Orange', 'Breed']
dict_1 = dict.fromkeys(keys)            #没有 values 参数
dict_2 = dict.fromkeys(keys, 8)         #有 values 参数
print(dict_1)
print(dict_2)
```

程序的执行结果为：

```
{'Apple': None, 'Orange': None, 'Breed': None}
{'Apple': 8, 'Orange': 8, 'Breed': 8}
```

需要注意的是，如果 values 参数为存储键值的列表或元组时，Python 并不会自动把键名和键值对应起来，而是让键名对应整个列表或元组，示例如下。

```
# fromkeys_2.py
#!/usr/bin/env python3
keys = ['name', 'age', 'sex']
values = ['Jack', 20, 'Male']
dict_2 = dict.fromkeys(keys, values)    #让键名列表 keys 里的元素对应整个 values 列表
print(dict_2)
```

程序的执行结果为：

```
{'name':['Jack', 20, 'Male'], 'age':['Jack', 20, 'Male'], 'sex':['Jack', 20, 'Male']}
```

2. 使用函数获取字典元素

Python 为字典提供了 3 个基本的函数：items()、keys()、values()。分别用来获取键值对、键名和键值组成的视图，它们的使用方法如下。

```
>>> dict_2 = {'name':'Jack', 'age':20, 'sex':'Male'}
>>> dict_2
{'name': 'Jack', 'age': 20, 'sex': 'Male'}
>>> dict_2.items()                          #获取字典 dict_2 的键值对组成的视图
dict_items([('name', 'Jack'), ('age', 20), ('sex', 'Male')])
>>> dict_2.keys()                           #获取字典 dict_2 的键组成的视图
dict_keys(['name', 'age', 'sex'])
>>> dict_2.values()                         #获取字典 dict_2 的值组成的视图
dict_values(['Jack', 20, 'Male'])
```

使用上述程序得到的视图，可以很轻松地遍历字典的键名和键值，示例如下。

```
# dict_for_2.py
#!/usr/bin/env python3
dict_2 = {'name': 'Jack', 'age': 20, 'sex': 'Male'}
print("key-value:")
for key, value in dict_2.items():            #同时遍历键名和键值
    print(key + ":" + str(value), end=",")   #输出时以","结束
print("\nkeys:")
for key in dict_2.keys():                    #遍历键名
    print(key, end=" ")
print("\nvalues:")
for value in dict_2.values():                #遍历键值
    print(value, end=" ")
```

程序的执行结果如下。

```
key-value:
name:Jack,age:20,sex:Male,
keys:
name age sex
values:
Jack 20 Male
```

如果需要判断字典中是否存在或不存在某个键名，可以使用第 2 章中讲解过的 "in" 运算符和 "not in" 运算符，示例如下。

```
>>> dict_2 = {'Name': 'Zara', 'Age': 7}
>>> 'Height' in dict_2                        #判断'Height'这个键名是否存在于字典中
False
>>> 'Age' in dict_2
True
>>> 'Gender' not in dict_2
True
```

如果需要将不存在的键值对插入字典，则可以使用 dict.setdefault(key,value)函数，示例如下。

```
>>> dict_2 = {'name':'Jack', 'age':20, 'sex':'Male'}
>>> dict_2.setdefault('name')        #如果该键值对存在，则返回键值
'Jack'
>>> dict_2.setdefault('height')      #如果不存在，则插入该键值对，value 的默认值为 None
>>> dict_2
{'name': 'Jack', 'age': 20, 'sex': 'Male', 'height': None}
>>> dict_2.setdefault('id','01')     #插入键值不为 None 的键值对
'01'
>>> dict_2
{'name': 'Jack', 'age': 20, 'sex': 'Male', 'height': None, 'id': '01'}
```

3. 使用函数操作字典元素

前面讲到要删除一个字典的键值对时，可以使用 del 语句。在 Python 中使用函数也可以删除字典的键值对，Python 专门为字典提供了一个用来删除键值对的 dict.pop(key)函数，它在删除键值对后会返回对应的键值，示例如下。

```
>>> dict_2 = {'name':'Jack', 'age':20, 'sex':'Male'}
>>> dict_2
```

```
{'name': 'Jack', 'age': 20, 'sex': 'Male'}
>>> dict_2.pop('sex')        #删除键名为'sex'的键值对
'Male'
>>> dict_2
{'name': 'Jack', 'age': 20}
```

dict.pop(key)函数不仅能删除键值对，还能用来修改键名，示例如下。

```
>>> dict_2 = {'name':'Jack', 'age':20, 'sex':'Male'}
>>> dict_2['height'] = dict_2.pop('sex')
#以上是将'sex'键名修改为'height'键名
>>> dict_2
{'name': 'Jack', 'age': 20, 'height': 'Male'}
```

如果要批量删除键值对，则需要用到 popitem()函数，它能从字典的末尾开始删除字典的键值对，并且返回删除的键值对，示例如下。

```
>>> dict_2 = {'name':'Jack', 'age':20, 'sex':'Male'}
>>> dict_2.popitem()        #删除字典末尾的键值对，并且返回删除的键值对，下同
('sex', 'Male')
>>> dict_2.popitem()
('age', 20)
>>> dict_2.popitem()
('name', 'Jack')
>>> dict_2.popitem()
Traceback (most recent call last):
  File "<stdin>", line 1, in <module>
KeyError: 'popitem(): dictionary is empty'
```

如果要清空字典的键值对，则可以使用 clear()函数，示例如下。

```
>>> dict_2 = {'name':'Jack', 'age':20, 'sex':'Male'}
>>> dict_2.clear()              #清空字典的键值对
>>> dict_2
{}
```

另外，字典也能像列表那样使用 copy()函数进行复制，示例如下。

```
>>> dict_1 = {'name':'Jack', 'age':20, 'sex':'Male'}
>>> dict_2 = dict_1.copy()      #将 dict_1 中的内容复制到 dict_2
>>> dict_2
{'name': 'Jack', 'age': 20, 'sex': 'Male'}
```

如果需要将两个字典合并在一起，则可以使用 dict.update(D)函数，示例如下。

```
>>> dict_1 = {'name':'Jack', 'age':20}
>>> dict_2 = {'sex':'Male'}
>>> dict_1.update(dict_2)        #将 dict_1 和 dict_2 中的内容合并到一起
>>> dict_1
{'name': 'Jack', 'age': 20, 'sex': 'Male'}
```

dict.update(D)函数中的 D 可以是字典，也可以是存储键值对的列表，示例如下。

```
>>> dict_1 = {'name':'Jack', 'age':20}
>>> dict_2 = [('sex','Male')]
>>> dict_1.update(dict_2)
>>> dict_1
{'name': 'Jack', 'age': 20, 'sex': 'Male'}
```

字典拥有较多的函数，因此这里列出了一张表供读者查阅，如表 4-3 所示。

表 4-3   字典的函数

序 号	函 数	功 能
1	len(dict)	查看键值对个数
2	dict(e)	创建一个字典，其中的 e 可以是赋值序列，也可以是键值对列表
3	dict.fromkeys(keys, values)	创建一个字典，其中的键名来自 keys，键值来自 values，values 的默认值为 None
4	dict.items()	返回键值对视图，一般用在遍历字典时
5	dict.keys()	返回键名视图，一般用在遍历字典时
6	dict.values()	返回键值视图，一般用在遍历字典时
7	dict.get(key)	返回与 key 对应的键值
8	dict.setdefault(key,value)	返回与 key 对应的键值，如果不存在则将查找的键值对插入字典
9	dict.pop(key)	根据键名删除键值对
10	dict.popitem()	从字典末尾删除键值对
11	dict.clear()	清空字典
12	dict.update(D)	将 D 合并到 dict 中，其中的 D 可以是字典，也可以是存储键值对的列表

4.4 集　　合

Python 中的集合类似于前面讲到的字典，都是不可重复的。但是集合只有键，没有相应的值，它在 Python 中用得最多的情景是去重。需要注意的是，集合是不可变的，并且它的元素不能通过索引去访问。

4.4.1 创建和使用集合

1. 创建集合
集合使用 "{}" 作为标识符，创建它的方法和前面讲到的列表、元组、字典是一样的，示例如下。

```
>>> set_1 = {1, 2, 3}
>>> set_1
{1, 2, 3}
```

如果创建时加入相同的元素，集合会自动删除重复的元素，示例如下。

```
>>> set_1 = {1, 1, 2, 2, 3, 3}      #初始化集合时，有相同的元素1、2、3
>>> set_1
{1, 2, 3}
```

需要注意的是，如果需要创建空集合，只能使用 set() 函数来创建，示例如下。

```
>>> set_1 = set()      #创建空集合
>>> set_1
set()
```

```
>>> type(set_1)                #查看 set_1 的类型
<class 'set'>
>>> set_1 = {}                 #创建的是空字典
>>> set_1
{}
>>> type(set_1)
<class 'dict'>
```

set()函数也能将字符串转换成集合，从而快速删除字符串中重复的字母，示例如下。

```
>>> set_1 = set('hello')    #将字符串'hello'转换成集合
>>> set_1
{'o', 'h', 'l', 'e'}
```

set()函数还能快速地将列表、元组、字典转换成集合，示例如下。

```
>>> list_1 = [1, 2, 3]
>>> tuple_1 = (1, 2, 3)
>>> dict_1 = {'key1':1, 'key2':2, 'key3':3}
>>> set_1 = set(list_1)
>>> set_2 = set(tuple_1)
>>> set_3 = set(dict_1)
>>> set_1
{1, 2, 3}
>>> set_2
{1, 2, 3}
>>> set_3
{'key2', 'key1', 'key3'}
```

2. 使用集合

前面讲到，集合是不可变的，并且它的元素不能通过索引去访问，但是 Python 中的集合和数学中的集合一样，是可以运算的。Python 为集合提供了一些运算符，供集合运算使用，这些运算符的使用方法如下。

```
>>> set_1 = {1, 2, 3}
>>> set_2 = {3, 4, 5}
>>> set_1&set_2              #求 set_1 和 set_2 的交集
{3}
>>> set_1 | set_2           #求 set_1 和 set_2 的并集
{1, 2, 3, 4, 5}
>>> set_2-set_1             #求 set_1 和 set_2 的补集
{4, 5}
>>> set_1 ^ set_2           #找到不同时存在于 set_1 和 set_2 中的元素，即求 set_1 和 set_2 的差集
{1, 2, 4, 5}
>>> tmp = set_1.difference(set_2)  #找到 set_1 中存在，但 set_2 中不存在的元素，生成新集合并返回
>>> tmp
{1, 2}
>>> set_1
{1, 2, 3}
>>> tmp = set_1.difference_update(set_2)    '''找到 set_1 中存在，但 set_2 中不存在的元素，覆盖 set_1 集合，并返回 None'''
>>> tmp
>>> set_1
{1, 2}
```

需要注意的是，"&""|""-""^"在集合中的功能是求交集、求并集、求补集和求差集，而在数字的位运算里，"&""|""^"的功能分别是按位与运算、按位或运算和按位异或运算，

相同的符号在不同场景下的作用不同。

4.4.2 集合进阶

1. 新增元素

集合的不可变主要体现在不能修改集合中元素的值，但可以向集合中插入指定元素。如果需要向集合中插入元素，可以使用 set.add(obj)函数，示例如下。

```
>>> set_2 = {1, 2}
>>> set_2.add(3)              #把元素 3 加到集合 set_2 中
>>> set_2
{1, 2, 3}
```

如果需要一次添加多个元素，则可以使用 set.update(s)函数，其中 s 可以为列表、元组、字典等，示例如下。

```
>>> set_2 = {1, 2}
>>> list_2 = [3, 4]
>>> tuble_2 = (5, 6)
>>> dict_2 = {'key1':7, 'key2':8}
>>> set_2.update(list_2)    #添加列表
>>> set_2
{1, 2, 3, 4}
>>> set_2.update(tuble_2)   #添加元组
>>> set_2
{1, 2, 3, 4, 5, 6}
>>> set_2.update(dict_2)    #添加字典
>>> set_2
{1, 2, 3, 4, 5, 6, 'key2', 'key1'}
```

2. 删除元素

Python 为集合提供了 3 个函数用来删除元素：set.discard(obj)、set.remove(obj)、set.pop()。它们的使用方法如下。

```
>>> set_2 = {1,2,3}
>>> set_2.discard(2)         #删除存在的元素 2
>>> set_2.discard(4)         #删除不存在的元素时不会报错
>>> set_2
{1, 3}
>>> set_2 = {1, 2, 3}
>>> set_2.remove(2)          #删除存在的元素 2
>>> set_2.remove(4)          #删除不存在的元素时会报错，此即 remove()和 discard()的区别
Traceback (most recent call last):
  File "<stdin>", line 1, in <module>
KeyError: 4
>>> set_2
{1, 3}
>>> set_2 = {1, 2, 3}
>>> set_2.pop()              #随机删除一个元素，并返回删除的元素
1
>>> set_2
{2, 3}
```

另外，如果需要清空集合的元素，则可以使用 set.clear()函数，示例如下。

```
>>> set_2 = {1, 2, 3}
>>> set_2.clear()        #清空集合的元素
>>> set_2
set()
```

集合还有很多的用法，由于这些用法并不常见，因此这里就不再讲解，有兴趣的读者可自行查阅相关资料。

关于集合的函数和运算符，如表 4-4 所示。

表 4-4　　　　　　　　　　　　　集合的函数和运算符

序　　号	函数或运算符	功　　能
1	set()	创建空集合或将其他类型的数据转换成集合
2	|、&、-、^	集合运算符：求集合的并集、交集、补集、差集
3	set1.difference(set2)	找到 set1 中存在，但 set2 中不存在的元素，生成新集合并返回
4	set1.difference_update(set2)	找到 set1 中存在，但 set2 中不存在的元素，覆盖 set1 集合，并返回 None
5	set.add(obj)	将元素 obj 添加到集合 set 中
6	set.update(s)	将 s 添加到集合 set 中，s 可以为列表、元组、字典等
7	set.discard(obj)	删除集合 set 中的 obj 元素，元素不存在时不报错
8	set.remove(obj)	删除集合 set 中的 obj 元素，元素不存在时报错
9	set.pop()	随机删除集合 set 中的一个元素
10	set.clear()	清空集合 set

习　题

一、选择题

1. 下面哪个选项不是 Python 的数据类型。（　　　）
   A. 元组　　　　　　　B. 数组　　　　　　　C. 字典　　　　　　　D. 列表

2. 由 "[i**i for i in range(1,4)]" 生成的列表为（　　　）。
   A. [1,4,27]　　　B. [1,4,27,256]　　　C. [1,4,9]　　　D. [1,4,9,16]

3. 下面哪种方法创建元组是错误的。（　　　）
   A. tuple1=()　　　B. tuple2=(1)　　　C. tuple3=(1,)　　　D. tuple4=({1},2)

4. 下面代码的输出结果是（　　　）。

```
d ={"大海":"蓝色", "天空":"灰色", "大地":"黑色"}
print(d["大地"], d.get("大地", "黄色"))
```

   A. 黑色 黄色　　　B. 黑色 黑色　　　C. 黑的 灰色　　　D. 黑色 蓝色

5. 执行代码 "set1={1,2,2,3,3,'1',2}" 后，set1 的值为（　　　）。
   A. {1,2,3}　　　B. {1,2,3,1}　　　C. {1,2,3,'1'}　　　D. {1,2,2,3,3,'1',2}

二、简答题与编程题

1. 列表、元组、字典、集合哪些可变，哪些不可变？

2. 怎样创建空列表、空元组、空字典、空集合？怎样创建只有一个元素的元组？

3. 设有列表 a=[12,51,15,4,5]，编写程序完成下列操作。

（1）把字符串 5 插入列表的开头。

（2）在元素 15 后面插入浮点数 5.2。

（3）把元素 51 修改成 15。

（4）找出元素中第一个 15 的位置。

（5）判断元素 21 是否在列表中。

（6）统计列表中 4 出现的次数。

（7）将列表 b=[1,4,13]合并到列表 a 中。

（8）将列表倒序排序。

（9）分别使用 for 循环和 while 循环遍历列表并输出所有的元素。

（10）删除元素 12。

（11）删除索引值为[2,4]的元素。

（12）清空列表，然后删除列表变量 a。

4. 使用列表解析输出九九乘法表。

5. 设有元组 b=(1,52,7,4,7)，试按顺序完成下列操作。

（1）将字符串 Jack 转换成元组并加入元组 b 中。

（2）遍历输出元组 b 中所有的元素。

（3）获取索引值为[1,3]的元素。

（4）找出元素 4 在元组 b 中的索引位置。

（5）统计元组 b 中 7 出现的次数。

（6）将元组 b 转换成列表。

6. 有字典 c={'k1':'v1','k2':'v2','k3':'v3'}，编写程序完成下列操作。

（1）遍历输出所有的键名和键值。

（2）在字典 c 中新增一个键值对'k4':'v4'，输出添加后的字典。

（3）将字典 c 中键名'k1'对应的键值修改为'1'。

（4）将字典 c 中的键名'k4'修改为' k5'。

（5）将字典 d={'k6':'v6'}和字典 c 合并。

（6）删除键名为'k1'的键值对。

（7）清空字典并删除字典变量 c。

7. 有字符串"aasvewnvnwui"，请用集合删除该字符串中重复的字母。

第 5 章
函数与模块

函数，在数学中表示一个变量随着另一个变量的变化而变化；在计算机科学中，函数是可重复使用的，是用来实现单一或关联功能的一段程序。在前面几章中已经简单地使用过函数，如第 2 章中的 round() 函数。Python 中的函数带有唯一的入口和出口。这里的入口是指传递到函数的参数，而出口则是指函数的返回值。

模块，是一个包含所有已定义的函数和变量的文件，其本质是一个以.py 结尾的 Python 文件。Python 之所以这么强大，就是因为有许多可以轻松获取的开源模块。

本章最重要的内容是：函数的定义和调用、内置函数的使用、函数参数及返回值的使用、高阶函数的使用、变量的作用域、模块的安装和使用。

5.1 定义和调用函数

函数可以用来拆分一个程序的功能，从而使代码更易读，Python 中定义函数的方法如下。

```
def func_name(arg1,arg2,...,argn):        #自定义函数 func_name()格式
    func_body
    return expression
```

其中，def 为固定的关键字；func_name 为函数名，由用户自定义，但不能为 Python 自带的关键字及内置函数名；arg1, arg2, ..., argn 为零个、一个或多个传入函数的参数；func_body 为函数体，其内容为函数执行的代码；return expression 为函数的返回语句，它会将 expression 的值返回给调用函数的语句块。在自定义函数时要注意以下规则：函数语句块以 def 关键词开头，后接函数标识符名称和英文圆括号 "( )"；任何传入的参数和自变量必须放在圆括号中；函数的第 1 行语句可以选择性地使用文档字符串，用于存放函数说明；函数内容以冒号起始，并且有缩进；return expression 可用于结束函数，可把返回值传给调用方。

函数定义完成之后，只需要使用如下语句即可调用并执行函数，其中 arg1, arg2, ..., argn 为传入函数的参数，示例如下。

```
func_name(arg1,arg2,...,argn)
```

一个定义和调用函数的示例如下。

```
# def_func.py
#!/usr/bin/env python3
```

```
#下面定义函数
def say_hello():        #自定义的函数名为 say_hello，且无传入函数的参数
    #函数体起始
    print('hello function!')
    #函数体结束


#下面调用函数，且调用函数前要空一行
say_hello()
```

程序的执行结果如下。

```
hello function!
```

上述示例定义了一个名为 say_hello 的函数，并成功调用 say_hello()函数，执行了函数中的"print('hello function!')"语句。

需要注意的是，在 Python 中，函数的定义必须在调用之前，否则程序会报错。示例如下。

```
#def_func.py
#!/usr/bin/env python3

#调用函数
say_hello()

#定义函数
def say_hello():
    #函数体起始
    print('hello function!')
    #函数体结束
```

上述程序执行后，会抛出一个报错信息，提示 say_hello()函数未定义，示例如下。

```
NameError: name 'say_hello' is not defined
```

当一个项目需要使用很多函数时，可以先将函数定义好，再慢慢地编写函数体。这就跟画画时先画好框架，再补充细节一样。为了方便后续的讲解，这里暂时将这种函数称为空函数。

定义一个空函数需要用到第 3 章中讲到的 pass 语句，pass 语句通常被视为一个占位符来使用，示例如下。

```
#none_func.py
#!/usr/bin/env python3

#定义空函数
def none_func():
    pass        #占位语句

#调用空函数
none_func()
```

上述示例定义了一个名为 none_func 的函数，其函数体为 pass 语句，表示什么也不执行，因此无输出。

5.2 内置函数

Python 强大的原因之一是它拥有许多内置函数，这些内置函数无须定义，直接调用即可。它们一般可以分为 3 类：数学计算、类型转换、数据处理。本节将分别介绍它们所对应的内置函数。

5.2.1 数学计算函数

Python 3 中有一些常用于数学计算的函数。常用数学计算函数及其说明如表 5-1 所示。

表 5-1　　　　　　　　　　　常用数学计算函数及其说明

序号	函　　数	说　　明
1	abs(a)	求整数 a 的绝对值
2	max(seq)	求序列 seq 中的最大值，这里的序列可以是列表、元组和集合
3	min(seq)	求序列 seq 中的最小值，这里的序列可以是列表、元组和集合
4	sum(seq)	求序列 seq 中所有元素的和，这里的序列可以是列表、元组和集合
5	sorted(seq)	对序列 seq 进行排序，返回结果为一个列表，这里的序列可以是列表、元组和集合
6	divmod(a,b)	返回 a/b 的商和余数，返回结果为一个有两个元素的元组，第一个元素为商，第二个元素为余数，如 divmod(5,2)的返回结果为(2, 1)
7	pow(a,b)	返回 a 的 b 次方的计算结果，如 pow(2,3)的结果为 8
8	round(a,b)	采用四舍五入的方式对浮点数 a 保留 b 位小数，如 round(1.215,2)的结果为 1.22

上面的函数只是一些简单的数学计算函数，如需实现其他功能，可使用 math 模块内的其他函数。

5.2.2 类型转换函数

类型转换函数常用来转换数据的类型，如 int()、str()、float()、dict()、list()、set()、tuple()等，上述类型转换函数在前面几章中已经简单介绍过，这里就不再一一介绍。关于其他的类型转换函数及其说明如表 5-2 所示。

表 5-2　　　　　　　　　　　部分类型转换函数及其说明

序号	函　　数	说　　明
1	bool(a)	将整数 a 转换成布尔值，当 a 为 0 时转换成 False，否则转换成 True
2	bytes(string,encode_way)	将字符串 string 按照 encode_way 方式进行编码，如 bytes('hello','utf-8')返回的值为"b'hello'"
3	iter(seq)	将序列 seq 转换成一个可迭代对象，如 iter((1,2,3))返回的值为"<tuple_iterator object at 0x00000127A34C9CC0>"，其遍历输出的值分别为：1、2、3
4	enumerate（seq）	将序列 seq 转换成一个枚举对象，如 enumerate((1,2,3))返回的值为"<enumerate object at 0x00000127A34DEC18>"，其遍历输出的值分别为：(0, 1)、(1, 2)、(2, 3)
5	chr(int)	将整型数字转换成对应的 ASCII 值，如 chr(65)返回的值为"A"
6	ord(str)	将字符 str 转换对应的 ASCII 值，如 ord('a')返回的值为"97"

5.2.3　数据处理函数

Python 拥有一些功能强大的用于数据处理的函数，使用它们可以减少一定的代码量。常用数据处理函数及其说明如表 5-3 所示。

表 5-3　　　　　　　　　　　　　　　　常用数据处理函数及其说明

序号	函　　数	说　　明
1	eval(expression)	求字符串表达式 expression 的值，如 eval('1+2')的值为 "3"
2	exec(code)	执行 Python 代码 code，如 exec('print("Python")')输出的值为"Python"
3	filter(func, seq)	使用函数 func()筛选序列 seq 的元素
4	map(func,seq1,seq2,…)	将函数 func()的执行内容应用于序列 seq1, seq2, …的每一个元素
5	zip(seq1,seq2,…)	将序列 seq1, seq2, …合并为一个 zip 对象，如 zip([1,2,3],[1,2])返回的值为<zip object at 0x00000127A34E1508>，其使用列表的形式为：[(1, 1), (2, 2)]
6	hash(obj)	返回对象 obj 的哈希值，相同值的对象的哈希值也相同
7	help(func)	返回内置函数 func()的帮助信息
8	isinstance(obj,type)	判断对象 obj 是否是 type 类型，如 isinstance(1,int)返回的值为 True

5.3　函　数　参　数

函数参数是定义函数最重要的步骤之一，参数确定好，函数的接口定义便完成了。在调用函数时，只需要传入对应的参数。Python 的函数可以有几种参数：普通参数、缺省参数、关键字参数、不定长参数。本节将分别讲解这几种函数参数的定义和使用方法。

5.3.1　普通参数

普通参数是一种常见的函数参数，它放置在紧跟函数名的一对英文括号中，并通过英文逗号分隔。函数的参数可以有一个或多个，也可以一个都没有。一个简单的示例如下。

```
# func_args_1.py
#!/usr/bin/env python3

def print_string(string):        #传入函数的参数为 string
    print(string)

print_string('hello world')
```

函数的执行结果如下。

```
hello world
```

上述函数的功能是输出传入函数的字符串，其参数 string 就是一个普通参数，可以看到 print_string()函数成功地将传入的字符串 "hello world" 输出了。

普通参数对应的值可以在函数内修改，但是其值只会在函数内修改，函数执行后其值并不会改变，示例如下。

```
#func_args_2.py
#!/usr/bin/env python3

def modify_num(num):
    print('修改前,num=', num)
    num += 1        #num 进行自加运算
    print('修改后,num=', num)

num = 1
modify_num(num)
print('执行函数后,num=', num)
```

函数的执行结果如下。

```
修改前,num= 1
修改后,num= 2
执行函数后,num= 1
```

从上述示例可以看到，变量 num 的值在执行 modify_num()函数之前为 1，执行 modify_num()
函数时为 2，执行 modify_num()函数后又变成了 1。

函数还可以有多个普通参数，示例如下。

```
#func_args_3.py
#!/usr/bin/env python3

def calculate_xy(x, y):
    print('x + y = {}'.format(x + y))   '''利用 format()函数格式化字符串'x + y = {}'，即
将 x+y 的结果放在字符串末尾'''

    print('x - y = {}'.format(x - y))   '''利用 format()函数格式化字符串'x - y = {}'，即
将 x-y 的结果放在字符串末尾'''

    print('x * y = {}'.format(x * y))   '''利用 format()函数格式化字符串'x * y = {}'，即
将 x*y 的结果放在字符串末尾'''


calculate_xy(1, 1)
```

程序的执行结果如下。

```
x + y = 2
x - y = 0
x * y = 1
```

上述程序的功能是依次输出两个参数 x、y 的和、差、积，其中 x、y 传入的值都为 1。可以
看到程序成功地输出了结果。

需要注意的是，在传递多个普通参数时，函数定义了几个参数，调用时就必须传入几个值，
否则会报错，示例如下。

```
#func_args_3.py
#!/usr/bin/env python3

def calculate_xy(x, y):
    print('x + y = {}'.format(x + y))
    print('x - y = {}'.format(x - y))
    print('x * y = {}'.format(x * y))

calculate_xy(1)
```

程序执行后的提示如下。

```
calculate_xy() missing 1 required positional argument: 'y'
```

因此，在调用函数时请务必按照定义函数时的参数的个数及类型来传入值。

函数的参数还可以是另一个函数。因为在 Python 中，一切皆对象，函数本身也是对象，所以函数也可以作为参数传入另一个函数并调用，示例如下。

```python
#func_args_4.py
#!/usr/bin/env python3

def func_a(x, func):    #该函数的两个参数分别为 x 和 func，而 func 本身是一个函数
    func(x)

def func_b(x):
    print(x)

func_a('hello world', func_b)  #在调用函数 func_a()时，分别传入了'hello world'和 func_b
```

程序的执行结果如下。

```
hello world
```

在上述示例中，函数 func_a()有两个参数：x 和 func。在调用函数 func_a()时，分别传入了'hello world'和 func_b。其中 func_b 为函数，当函数 func_a()调用 func()函数时，函数 func_a()将参数 x 传入了函数 func_b()，最终输出了字符串"hello world"。

5.3.2 缺省参数

5.3.1 小节讲到，普通函数在调用时要根据函数参数的个数传入值，但是这并不是必需的。在某些情况下，函数的参数还可以是缺省的，这里将这样的参数称为缺省参数。缺省参数的定义方式是直接在定义参数时，对其赋一个默认值，示例如下。

```python
# func_args_5.py
#!/usr/bin/env python3

def print_string(string='hello world'):
    print(string)

#不传入值，此时输出默认值
print_string()
#传入值，此时输出传入的值
print_string('I am Python 3')
```

程序的执行结果如下。

```
hello world
I am Python 3
```

从上述示例可以看出，调用 print_string()函数时，如果不传入值，函数会输出默认的值'hello world'；而当传入值'I am Python 3'时，函数输出的则是传入的值。

需要注意的是，如果一个函数的参数中含有缺省参数，则这个缺省参数后的所有参数都必须是缺省参数，否则程序会报错，示例如下。

```
#func_args_6.py
#!/usr/bin/env python3
```

```
def print_string(string='hello world', a):      #第1个参数是缺省参数，第2个参数是普通参数
    print(a, string)
```

程序执行后会报错，示例如下。

```
non-default argument follows default argument
```

5.3.3　关键字参数

5.3.2 小节讲到的缺省参数在传入时必须遵循正确的顺序，这显得不是很灵活。关键字参数便能很好地解决这个问题。关键字参数允许函数调用时，参数的顺序与定义时的顺序不一致，这是因为 Python 解释器能够用参数名匹配参数值。

一个简单的关键字参数示例如下。

```
#func_args_7.py
#!/usr/bin/env python3

def average_score(A=59, B=59, C=59):
    print('小明 3 科的平均分是%.2f' % ((A + B + C) / 3))

#不传入参数
average_score()
#传入参数
average_score(59, 59, 100)
#传入指定参数
average_score(C=100)
```

程序的执行结果如下。

```
小明 3 科的平均分是 59.00
小明 3 科的平均分是 72.67
小明 3 科的平均分是 72.67
```

可以看到，上述示例在 average_score()函数不传入参数时，函数将使用 A、B、C 的默认值，因此小明的平均分是 59.00；当 average_score()函数传入所有的参数，函数使用了传入的 A、B、C 的值，因此小明的平均分是 72.67；当 average_score()函数只传入 C 的值时，函数中的 A 和 B 使用的是默认值，而 C 使用的是传入值，因此小明的平均分也是 72.67。

上述示例中的方法看似没有太大的意义，但是当一个函数有多个参数时，这无疑是能降低代码复杂度的好办法。

另外，如果使用关键字参数，函数在调用时，传入的参数还可以不按照参数的顺序传入，如上述示例中也可以使用下列方法调用。

```
average_score(C=100, A=59, B=59)
```

其输出的结果如下。

```
小明 3 科的平均分是 72.67
```

需要注意的是，在没指定参数默认值的情况下使用关键字参数时，调用函数仍然需要传入指定个数的参数。只有关键字参数和缺省参数搭配起来使用时，它的优点才能被发挥出来。

5.3.4　不定长参数

前面介绍的各种参数使用场景中，函数参数的个数都是已知的，而日常编程中可能还会遇到在调用函数时不知道函数参数个数的情况。与其他语言相比，Python 的优点在这里就体现出来了，它的函数的参数可以是不定长的。

Python 中有两种使用不定长参数的方式，分别是在参数前加 "*" 和 "**"。在参数前加 "*" 时，函数的参数传入的是一个元组，示例如下。

```python
#func_args_8.py
#!/usr/bin/env python3

def calculate_sum(*numbers):
    print('传入的参数', numbers)
    print('sum =', sum(numbers))          #利用 sum()函数对传入 calculate_sum()的参数求和

calculate_sum(1, 2, 3, 4, 5)
```

程序的执行结果如下。

```
传入的参数 (1, 2, 3, 4, 5)
sum = 15
```

从上述程序可以看到，程序在调用 calculate_sum()函数时，传入了 5 个参数：1、2、3、4、5。其在 calculate_sum()函数内表现为一个元组。

在参数前加 "**" 时，传入的参数是一个字典。这里传入的参数必须以关键字参数的形式表示，示例如下。

```python
#func_args_9.py
#!/usr/bin/env python3

def print_kv(**args):
    print('传入的参数', args)
    for key, value in args.items():       #字典里的键值对是从 args 参数里面遍历得到的
        print('%s=%d' % (key, value))     #格式化输出

print_kv(num1=1, num2=2, num3=3, num4=4, num5=5)
```

程序的执行结果如下。

```
传入的参数 {'num1': 1, 'num2': 2, 'num3': 3, 'num4': 4, 'num5': 5}
num1=1
num2=2
num3=3
num4=4
num5=5
```

可以看到，程序在调用 print_kv()函数时，同样传入了 5 个关键字参数：num1=1、num2=2、num3=3、num4=4、num5=5。其在 print_kv()函数内表现为一个字典。

5.3.5　函数返回值

前面的示例都是将参数处理后的结果直接输出。但在实际使用中，函数的结果常常以返回值

的形式出现。Python 3 的返回值有 4 种形式：None、一个值、多个值、yield 语句。

1．None

None 是函数没有返回值时默认的返回值，其可以用在逻辑判断中，作用和 False 类似，示例如下。

```
#return_none.py
#!/usr/bin/env python3

def return_none():
    pass

data = return_none()    #调用函数后，将值传递给 data
print(data)
if data:
    print(1)
else:
    print(2)
```

程序的执行结果如下。

```
None
2
```

可以看到，程序调用 return_none()函数后，将其返回值 None 赋给了变量 data，并用其进行逻辑判断，最终程序执行了 else 中的语句块。

2．一个值

返回一个值的函数是最常见的函数，返回一个值的使用方法如下。

```
return expression
```

其中 return 为固定的关键字，expression 可以为一个变量、常量或表达式。

一个返回字符串的示例如下。

```
#return_one.py
#!/usr/bin/env python3

def return_one():
    return 'hello world'

string = return_one()
print(string)
```

程序的执行结果如下。

```
hello world
```

可以看到，程序执行时，先调用了 return_one()函数，并将返回值赋给了变量 string，然后输出了 return_one()函数的返回值"hello world"。

3．多个值

和 C 语言、Java 语言不同的是，Python 的函数可以有多个返回值，其语法规则如下。

```
return expression1, expression2,…
```

其中 return 为固定的关键字，expression1, expression2, …为多个返回的值。

需要注意的是，return 返回的多个值在调用的语句块处表现为一个元组，即当函数返回多个值时，等价于返回了一个元组。

一个返回多个值的示例如下。

```
#return_many.py
#!/usr/bin/env python3

def return_many():
    #返回多个值
    return 1, 2.1, 'hello world'

data = return_many()
print(type(data))
for item in data:
    print(item)
```

程序的执行结果如下。

```
<class 'tuple'>
1
2.1
hello world
```

从上述示例可以看到，return_many()函数返回的值为一个元组，其元素为 1、2.1、hello world。

4. yield 语句

除了 return 语句外，Python 还有一种特殊的用于返回值的语句——yield 语句。其语法规则与返回一个值的 return 语句类似。和 return 语句不同的是，yield 语句返回的是一个迭代器对象，带有 yield 语句的函数在 Python 中被称为生成器（generator）。下面通过一个简单的示例来讲解一下 yield 语句的使用。

```
#yield.py
#!/usr/bin/env python3

def return_num():
    for i in range(5):
        yield i

#data 为迭代器，由返回的生成器实现
data = return_num()
print(type(data))
#输出下一个迭代元素
print('next', next(data))
#遍历输出元素
for i in data:
    print(i)
```

程序的执行结果如下。

```
<class 'generator'>
next 0
1
2
3
4
```

可以看到，使用 yield 语句的函数，返回的是一个 generator 对象。其中 return_num()函数的功

能类似于如下函数。

```
def return_num():
    data=[]
    for i in range(5):
        data.append(i)      #将 range(5)加到空列表 data 中
    return data
```

使用上述方式虽然也可以达到类似的效果，但是当列表 data 的元素越来越多时，内存的消耗也会越来越大，这时就需要使用 yield 语句。使用 yield 语句可以极大地减小内存的消耗，这是因为 yield 语句返回的是一个迭代器对象。程序在遍历迭代器时，每次会从迭代器中读取一条数据，将其加载进内存，使用完数据就将其销毁，不会出现一次性将大量数据加载进内存、造成内存溢出的现象。因此，在处理大量数据的时候，如读取大文件时，应尽量使用 yield 语句来替代 return 语句。

5.4 高 阶 函 数

高阶函数是 Python 中特有的一种函数，常见的高阶函数有 filter()、map()和 reduce()，它们常和 lambda 表达式搭配使用。本节将讲解 filter()函数、map()函数、reduce()函数及 lambda 表达式的作用及使用方法。

5.4.1 filter()函数

在 Python 中，filter()函数可以用来删除序列中的特定元素，其基本语法如下。

```
filter(func_name,seq)
```

其中，func_name 为自定义的函数名，seq 为待过滤的序列。
func_name()的定义方式如下。

```
func_name(x):
    函数体
    return bool
```

其中，x 为序列 seq 中的某个元素，函数体负责逻辑处理及判断，return bool 表示函数必须返回一个布尔值，如果为 True 则保留 x，否则不保留 x。

filter()函数返回的是一个 filter 对象，为了使其能更直观地表示出来，通常需要使用 list()函数将其转换成列表来处理。

使用 filter()函数删除列表中的浮点数的示例如下。

```
#delete_num.py
#!/usr/bin/env python3

def delete_num(x):
    #如果当前元素不是浮点数
    return not isinstance(x, float) #isinstance()函数判断 x 是否为 float 类型，若不是则作为返回值传递

l = [1, 1.5, 2, 2.5, 3]
print(list(filter(delete_num, l))) #将序列 l 中的浮点数"过滤"掉
```

程序的执行结果如下。

```
[1, 2, 3]
```

filter()函数还可以用来删除列表中的 None 值，示例如下。

```
#delete_none.py
#!/usr/bin/env python3

l = [1, 2, None, 3, None, 4]
print(list(filter(None, l)))              #删除序列 l 中的 None 值
```

程序的执行结果如下。

```
[1, 2, 3, 4]
```

可以看到使用 filter()函数删除 None 值时，并不需要单独定义一个函数来处理，这也体现了 Python 代码的优美。

5.4.2　map()函数

在 Python 中，map()函数可以对序列的每一个元素进行处理，生成一个新的序列，其基本语法如下。

```
map(func_name,seq)
```

其中，func_name 为自定义的函数名，seq 为待处理的序列。
func_name()的定义方式如下。

```
func_name(x):
    函数体
    return new_x
```

其中，x 为序列 seq 中的某个元素，函数体负责逻辑处理及判断，return new_x 表示函数返回的是一个新的值，用于替换原有的 x。
一个将列表元素自乘的示例如下。

```
#map_square.py
#!/usr/bin/env python3

def square(x):
    return x**2              #返回值为原值的平方

l = [1, 2, 3]
print(list(map(square, l)))
```

程序的执行结果如下。

```
[1, 4, 9]
```

5.4.3　reduce()函数

在 Python 中，reduce()函数可以对序列的值进行累积，其基本语法如下。

```
reduce(func_name,seq)
```

其中，func_name 为自定义的函数名，seq 为待累积的序列。

func_name()的定义方式如下。

```
func_name(x,y):
    函数体
    return expression
```

其中，x 为序列 seq 中的当前元素，y 为序列中的下一个元素，函数体负责逻辑处理及判断，return expression 表示函数返回的是一个表达式，用于累积结果。

需要注意的是，Python 3 中的 reduce()函数不是一个内置函数，要使用它必须从 functools 模块中引用。

一个求列表所有元素和的示例如下。

```
#reduce_sum.py
#!/usr/bin/env python3
from functools import reduce    #导入functools模块中的reduce()函数

def list_sum(x, y):
    return x + y

l = [1, 2, 3]
print((reduce(list_sum, l)))
```

程序的执行结果如下。

```
6
```

5.4.4　lambda 表达式

Python 使用 lambda 表达式来创建匿名函数。匿名指不再使用 def 语句这样的标准形式定义函数。lambda 表达式有以下特点：lambda 只是一个表达式，函数体比 def 语句简单很多；lambda 的主体是一个表达式，而不是一个语句块，仅能在 lambda 表达式中封装有限的逻辑；lambda 表达式拥有自己的命名空间，且不能访问自己参数列表之外或全局命名空间里的参数；lambda 表达式不等同于 C 或 C++的内联函数，后者是为了在调用函数时不占用栈内存，从而提高执行效率。

lambda 表达式的基本语法如下。

```
lambda *args: expression
```

其中，*args 为一个或多个函数参数，expression 为函数的返回值。

lambda 表达式又等价于以下代码。

```
def func(*args):
    return expression
```

示例如下。

```
sum = lambda arg1,arg2: arg1 + arg2              #调用sum()函数
print("相加后的值为：",sum(10,20))
print("相加后的值为：",sum(20,20))
```

以上示例输出结果如下。

```
相加后的值为：30
相加后的值为：40
```

lambda 表达式常和 filter()、map()、reduce() 3 个高阶函数搭配在一起使用，示例如下。

```
#lambda.py
#!/usr/bin/env python3
from functools import reduce                    #导入 functools 模块中的 reduce()函数

l = [1, 1.5, 2, 3]
print(list(filter(lambda x: isinstance(x, float), l)))    #筛选列表中的浮点数元素
print(list(map(lambda x: x**2, l)))             #将列表元素自乘
print(reduce(lambda x, y: x + y, l))            #对列表元素求和
```

程序的执行结果如下。

```
[1.5]
[1, 2.25, 4, 9]
7.5
```

可以看到，上述程序中的 filter()函数、map()函数、reduce()函数都使用了 lambda 表达式来完成 5.4.1～5.4.3 小节中的示例的功能，省去了函数定义的步骤，极大地减少了代码量。

5.5 作 用 域

一个程序中的变量并不是在任意位置都可以访问的，变量的定义位置决定了其在程序中的访问权限。在 Python 中，一个变量可以使用的范围称为这个变量的作用域。要学会灵活地使用 Python 中的变量，就必须知道一个变量的作用域。Python 中的变量根据作用域来区分，可以分为两类：局部变量和全局变量。

5.5.1 局部变量

当在一个函数的函数体中定义变量时，程序在执行完函数后会将其回收，这里的变量就是一种局部变量。当然不仅在函数内的变量是局部变量，只要是有范围限定的变量都是局部变量，其他形式的局部变量将在第 7 章介绍。下面先用一个例子说明局部变量的作用范围。

```
#local_variable.py
#!/usr/bin/env python3

def func():
    num = 10        #定义局部变量 num 并赋值为 10
    print(num)

func()
print(num)
```

程序执行后会输出 10，然后报错，例如如下的结果。

```
NameError: name 'num' is not define
```

该执行结果提示变量 num 未定义。可以看到，当程序试图在 func()函数外使用 num 变量时，并不能获取 num 变量的值，这里 func()函数内的 num 变量就是一个局部变量。

在 5.3 节中讲过，当一个参数传递给函数时，其对应的值在函数内改变，但并不会改变其在函数外的值，示例如下。

```
#local_variable_2.py
#!/usr/bin/env python3

def change_or_not(x):
    print('初始 x 的值为', x)
    x = 7
    print('改变 x 的值为', x)
    x = 1

change_or_not(x)
print('函数执行完, x 的值为', x)
```

程序的执行结果如下。

```
初始 x 的值为 1
改变 x 的值为 7
函数执行完, x 的值为 1
```

5.5.2　全局变量

5.5.1 小节讲到局部变量会受到作用域的限制，无法随意访问；而与之对应的全局变量可以在整个程序范围内被访问。Python 的全局变量通常是定义在程序最外部的变量，其可以在整个代码文件中使用，示例如下。

```
#global_variable_1.py
#!/usr/bin/env python3

x = 1              #定义全局变量 x, 并赋值为 1
def print_x():
    print('函数内 x=', x)

print_x()
print('函数外 x=', x)
```

程序的执行结果如下。

```
函数内 x= 1
函数外 x= 1
```

如果需要在函数中修改全局变量，必须要先使用 global 关键字声明变量，示例如下。

```
#global_variable_2.py
#!/usr/bin/env python3

x = 1
def change_x():
    global x          #声明变量 x
    print('函数内改变前 x =', x)
    x = 7
    print('函数内改变后 x =', x)

change_x()
print('执行函数后 x =', x)
```

程序的执行结果如下。

```
函数内改变前 x = 1
函数内改变后 x = 7
执行函数后 x = 7
```

如上述两个示例所示，合理使用全局变量可以打破变量作用域的限制。

5.6 模 块

前面讲到，函数可以很好地解决代码复用的问题，但这仅针对是同一代码文件内的解决办法。当程序需要使用其他代码文件中的函数时，就需要使用模块。Python 中的模块是处理一类问题的集合，它由一系列变量、函数和类组成。在某些地方，它也被称为库。如果读者学过 Java，在这里可以将其看作 Java 中的 Package。

Python 中的模块分为 3 种：内置模块、自定义模块和第三方模块。内置模块是 Python 自带的模块，基本能满足日常的简单开发需求；自定义模块是用户自己编写的模块，它可以增强代码的可维护性和复用性；第三方模块是其他用户编写的开源模块，在使用之前必须先下载并安装它们。

5.6.1 内置模块

内置模块是 Python 自带的模块，在使用它们之前直接导入即可，如前面提到的 math 模块。当尝试直接调用三角函数 sin() 来计算弧度值对应的正弦值时，Python 会报错，示例如下，提示 sin() 函数未定义。

```
>>> sin(1)
Traceback (most recent call last):
  File "<pyshell#19>", line 1, in <module>
    sin(1)
NameError: name 'sin' is not defined
```

这是因为 sin() 函数属于 math 模块，所以使用前需要先导入 math 模块。
下面使用 import 语句导入 math 模块。

```
>>> import math              #导入 math 模块
>>> sin(1)
Traceback (most recent call last):
  File "<pyshell#21>", line 1, in <module>
    sin(1)
NameError: name 'sin' is not defined
```

Python 仍然给出了未定义的报错信息，这是因为 sin() 函数的使用方法不正确。单纯使用 import 语句导入模块时，模块内的函数或变量需要以模块名为前缀来调用。这是为了保证安全而设计的，否则模块内的内容可能会与模块外的内容出现重复命名的问题，示例如下。

```
>>> import math
>>> math.sin(1)              #三角函数
0.8414709848078965
>>> math.e                   #自然常数
2.718281828459045
```

```
>>> math.fabs(-99.99)        #求绝对值
99.99
```

使用 import 语句导入模块后，使用模块中的函数之前，必须在函数名前加上模块名。如果希望每次使用这些函数时简单一些，可以使用另一种方式导入模块，示例如下。

```
>>> from math import sin
>>> sin(1)
0.8414709848078965
```

使用上述方式并没有将 math 模块中的所有函数导入，只是导入了 math 模块中的 sin()函数，因此，如果此时再使用 math 模块中的其他函数，程序会报错，示例如下。

```
>>> fabs(-99)
Traceback (most recent call last):
  File "<stdin>", line 1, in <module>
NameError: name 'fabs' is not defined
```

当需要一次导入一个模块的多个函数时，可以将上述导入方式修改如下。

```
>>> from math import sin,fabs
>>> sin(1)
0.8414709848078965
>>> fabs(-99.99)
99.99
```

上述导入方式一次性导入了 math 模块中的 sin()函数和 fabs()函数。

如果想要一次性导入模块内的所有内容，可以使用下列方式。

```
>>> from math import *          #导入math模块中的所有内容
>>> sin(1)
0.8414709848078965
>>> fabs(-99.99)
99.99
>>> e
2.718281828459045
```

除此之外，当导入的模块中的函数名太长时，还可以将长函数名简写，示例如下。

```
>>> from math import sin as s          #导入math模块的sin()函数并将其简写为s
>>> s(1)
0.8414709848078965
```

上述示例在导入 math 模块中的 sin()函数时，将其简写为了 s，所以 s(1)函数的值和 sin(1)函数的值一样。

5.6.2　自定义模块

在编写程序时，我们还可以编写自己的模块，即自定义模块。Python 自定义模块的导入分为相同文件夹导入和不同文件夹导入。

1. 相同文件夹导入

相同文件夹导入模块是最简单的，直接使用"import 模块名"即可导入模块。如在当前目录下创建一个 module.py 文件，其内容如下。

```
# module.py
#!/usr/bin/env python3
```

```
def print_string():
    print('hello world')
```

之后，再在当前目录下创建一个 import_module_1.py 文件用于导入 module 模块，其内容如下。

```
# import_module_1.py
#!/usr/bin/env python3
import module                 #导入 module 模块
module.print_string()         #调用 module 模块内的 print_string()函数
```

执行 import_module_1.py 之后，程序的输出结果如下。

```
hello world
```

可以看到 import_module_1.py 成功地导入了 module.py 中的 print_string()函数。

在某些时候，导入的模块中可能含有和当前文件中的代码有冲突的代码。为了解决这个问题，可以将导入的模块中冲突的代码用下列方法编写。

```
if __name__ == "__main__":
    语句块
```

上述的 module.py 文件可以改为如下形式。

```
# module.py
#!/usr/bin/env python3

def print_string(form_file):
    print(form_file, 'hello world')

print_string('module1.py')

if __name__ == "__main__":
    print_string('module2.py')
```

import_module_1.py 文件调整如下。

```
#import_module_1.py
#!/usr/bin/env python3
import module
module.print_string('import_module_1.py')
```

执行 import_module_1.py 文件后的结果如下。

```
module1.py hello world
import_module_1.py hello world
```

可以看到 import_module_1.py 文件在导入 module 模块时，执行了 module 模块中的 print_string('module1.py')语句，而没有执行 print_string('module2.py')语句。print_string('module2.py')语句只有在直接运行 module.py 文件时才会执行。

2. 不同文件夹导入

前面讲到的相同文件夹下导入模块的情况并不是很常见。在很多时候，需要使用的是其他文件夹下的代码文件中的函数，这时就需要使用不同文件夹下导入模块的方法。

为了方便讲解，这里需要在当前目录下创建一个 module 文件夹，然后在 module 文件夹内创建一个 dir_module.py 文件，其内容如下。

```
#dir_module.py
#!/usr/bin/env python3
```

```
def print_string():
    print('Python3')
```

然后创建一个和 module 文件夹同级的 import_module_2.py 文件，其内容如下。

```
#import_module_2.py
#!/usr/bin/env python3
from module import dir_module
dir_module.print_string()
```

创建后的目录树如下。

```
D:.
├──module
│    └──dir_module.py
└──import_module_2.py
```

之后执行 import_module_2.py 文件，程序会报如下错误信息。

```
ImportError: cannot import name 'dir_module'
```

提示信息显示不能导入模块 dir_module。这是因为此时的 module 文件夹中的 dir_module 模块还不是一个对外开放的模块，如果需要使用该模块，必须在 module 目录下创建一个内容为空的 __init__.py 文件，用于初始化模块。创建空文件后的目录树如下。

```
D:.
├──module
│    └── __init__.py
│    └──dir_module.py
└──import_module_2.py
```

之后再运行 import_module_2.py 文件的结果如下。

```
Python3
```

5.6.3 安装第三方模块

对于 Linux 用户和 macOS 用户而言，安装第三方模块比较轻松。前面已经提到，库是相关功能模块的集合，所以只需要知道第三方库的名字，在终端中使用命令"pip3 install"紧接库名即可安装第三方库（在 Python 2 中使用的是"pip install"），示例如下。

```
$ pip3 install tornado
$ pip3 install numpy
```

而对于 Windows 用户，只需要多做一个步骤：安装包管理工具 pip。

可在控制台输入 pip 命令安装包管理工具，示例如下，之后便可以使用"pip3 install"命令安装需要的第三方模块了。

```
easy_install pip3
```

习 题

一、选择题

1. 下列哪个函数可用于求整数的绝对值（　　　）。
   A. abs( )　　　　　　B. pow( )　　　　　　C. divmod( )　　　　　　D. eval( )

2. 代码 "eval('15//4+7%3+2**8/8')" 的值为（　　　）。

    A. 36　　　　　　　B. 36.0　　　　　　　C. 6　　　　　　　D. 6.0

3. 下面代码执行的结果为（　　　）。

```
def fact(n):
    if n == 0:
        return 1
    else:
        return n * fact(n - 1)

print(fact(3))
```

    A. 2　　　　　　　B. 4　　　　　　　C. 6　　　　　　　D. 8

4. 下列定义函数的方式错误的是（　　　）。

    A. def func(*a,b):　　　　　　　　　B. def func(a,b):

    C. def func(a,*b):　　　　　　　　　D. def func(a,b=2):

5. 下列程序的执行结果为（　　　）。

```
from functools import reduce
print(reduce(lambda x, y: x + y, map(lambda x: x + 1,
list(filter(lambda x: x % 2 == 0, [1, 2, 3, 4, 5])))))
```

    A. 4　　　　　　　B. 6　　　　　　　C. 8　　　　　　　D. 10

6. Python 安装第三方模块的命令为（　　　）。

    A. apt　　　　　　　B. get　　　　　　　C. pip　　　　　　　D. install

二、简答题与编程题

1. 说明 Python 定义一个函数需要哪些步骤。

2. 说明普通参数、缺省参数、关键字参数、不定长参数的特点。

3. yield 语句有什么作用？

4. 编写一个函数，实现如下功能：输入正整数 n，然后以列表的形式返回斐波那契数列的前 n 项。

5. 编写一个函数，实现如下功能：输入一个正整数 n，计算 n 的阶乘。

6. 编写一个函数，实现如下功能：传入 n 个数，返回字典{'max':最大值, 'min':最小值}。

7. 通过搜索等方式自行了解 Python 3 中的 random 模块，学习其中的函数并完成以下内容。

（1）编写一个函数，随机生成 100 次 1～10 的整数，统计出现 7 的次数。

（2）编写一个函数，传入一个列表，返回由其中的元素随机打乱后组成的新的列表。

第6章
文件 I/O

前面几章讲到的示例，都是在程序执行完成之后就销毁了所有的数据，程序在下次执行时无法使用上次执行时的数据。而在实际编程中，经常需要将程序中的数据保存在文件中，供下次执行时调用。文件 I/O 即文件的输入（Input）和输出（Output），就是向文件里写数据和从文件里读数据。Python 拥有一套相对较完整的操作文件的应用程序接口，本章将分别从文件路径、文件的打开和关闭、读文件和写文件这 4 个方面来介绍它们的使用方法。

6.1　文件路径

要想写文件和读文件，首先需要知道文件的路径。不论是 Linux 操作系统、macOS 还是 Windows 操作系统，文件总有一个"归属地"，这里将其称为文件路径。有了文件路径，便可以定位文件。Python 能够识别两种文件路径：绝对路径和相对路径。本节将简单介绍这两种不同的文件路径表示方式。

6.1.1　绝对路径

绝对路径是指文件在硬盘上从根目录开始的完整路径，它简单易懂，用户基本上不需要其他任何信息就可以根据绝对路径判断出文件的位置。

在 Windows 操作系统中，绝对路径的表示方式是从盘符开始的，示例如下。

```
C:\windows\system32\cmd.exe
```

盘符与冒号后的部分以符号"\"作为分隔，每一个分隔符号前后的两个文件夹（或文件）存在包含关系，如文件夹 system32 放在文件夹 windows 中，而文件 cmd.exe 放在文件夹 system32 中。需要注意的是，当使用 Windows 操作系统编写 Python 代码时，绝对路径的分隔符应尽量使用"\\"，否则可能出现找不到文件的错误。

在 Linux 操作系统中，绝对路径是从根目录开始的，示例如下。

```
/usr/local/mysql
```

Linux 操作系统的文件路径分隔符使用的是"/"而不是"\"，第一个符号"/"表示根目录，Linux 操作系统的文件结构更像是一棵树，根目录代表整个 Linux 操作系统的最顶层。在上述示例中，usr 文件夹与根目录直接相连，而文件夹 local 则与文件夹 usr 直接相连，与根目录间接相连。根目录就像是树根，文件夹 usr 是树根的子树，而文件夹 local 是树根的子树的子树。这里的

mysql 是一个文件，它在绝对路径末尾，就像是一棵树的末端。

绝对路径虽然简单易懂，但它能在一定程度上影响 Python 程序的可移植性。因为同一文件在不同的计算机操作系统中可能路径不相同，要使程序能在不同的计算机操作系统上运行，就必须修改绝对路径的位置。因此，绝对路径在编程中不常用。

6.1.2 相对路径

与绝对路径对应的是相对路径，相对路径更像是一种路径关系。它表示文件相对于当前所在路径的位置。在使用相对路径之前，需要先知道 Python 中相对路径的如下两种表示方式。

（1）"./" 表示当前所在的路径。

（2）"../" 表示当前所在路径的上一层路径。

假设文件 test.py 当前所在的绝对路径如下。

```
D:\test\test.py
```

其目录树表示如下。

```
D:.
├──test
│    └──test.py
│    └──file_1.txt
└──file_2.txt
```

在 test.py 文件中访问 file_1.txt 可以使用如下相对路径。

```
./file_1.txt
```

访问 file_2.txt 可以使用如下相对路径。

```
../file_2.txt
```

在使用 Python 解释器时，由于没有具体的脚本文件目录作为当前位置参照，因此如果在解释器下使用相对路径，就相当于使用 Python 解释器的当前目录（默认是打开 Python 解释器的路径）。如果需要查看当前程序所在的路径，则可以使用 os 模块中的 getcwd() 函数，示例如下。

```
>>> import os              #导入 os 模块
>>> os.getcwd()            #使用 os 模块中的 getcwd() 函数
'C:\\Users\\Administrator'
```

另外，在不同的操作系统中文件路径的分隔符是不同的，编写需要在多个操作系统上运行的程序时，尤其需要注意这个问题。在 Python 中可以使用 os 模块中的 os.sep 属性来获取当前操作系统的文件路径分隔符，示例如下。

```
>>> import os
>>> os.sep             #Windows 操作系统文件路径分隔符
'\\'
>>> os.sep             #Linux 操作系统文件路径分隔符
'/'
>>> os.sep             #macOS 文件路径分隔符
'/'
```

在实际编程中，相对路径比绝对路径更有优势，使用相对路径的程序有很好的可移植性。如无特殊说明，本章中的程序使用的都是相对路径。

6.2 文件打开和关闭

同其他语言一样，Python 在读取文件时也必须执行打开文件和关闭文件的操作。只有打开文件之后才能对文件内容进行读取，并且读取后必须将文件关闭，否则会出现其他程序无法访问该文件的情况。

6.2.1 open()函数

在 Python 中，打开文件用 open()函数，其定义如下。

```
file= open(file_name, mode = r, encoding = 'cp936')
```

其中 file 为打开的文件对象，后续对文件的操作都需要使用它；file_name 为文件名；mode 为文件访问模式；encoding 为读/写文件时的编码，其在 Windows 操作系统中默认值为 cp936，即 GB2312 编码方式，常用编码方式还有 UTF-8、GBK、ASCII 等。文件访问模式如表 6-1 所示。

表 6-1   文件访问模式

序号	访问模式	说　　明
1	r	以只读方式打开文件，文件的指针将会放在文件的开头，为文件打开的默认方式
2	r+	以读/写方式打开文件，文件指针将会放在文件的开头
3	rb	以二进制格式打开一个文件，用于只读，文件指针将会放在文件的开头
4	rb+	以二进制格式打开一个文件，用于读/写，文件指针将会放在文件的开头
5	w	以只写方式打开文件，如果文件存在则从头开始写文件，原有内容会被删除；如果文件不存在则创建文件
6	w+	以读/写方式打开文件，如果文件存在则从头开始写文件，原有内容会被删除；如果文件不存在则创建文件
7	wb	以二进制格式打开一个文件，用于只写，如果文件存在则从头开始写文件，原有内容会被删除；如果文件不存在则创建文件
8	wb+	以二进制格式打开一个文件，用于读/写，如果文件存在则从头开始写文件，原有内容会被删除；如果文件不存在则创建文件
9	a	打开一个文件，用于向文件末尾追加数据，如果文件不存在则创建文件
10	a+	打开一个文件，用于读数据和向文件末尾追加数据，如果文件不存在则创建文件
11	ab	以二进制格式打开一个文件，用于向文件末尾追加数据，如果文件不存在则创建文件
12	ab+	以二进制格式打开一个文件，用于读数据和向文件末尾追加数据，如果文件不存在则创建文件

有打开文件就有关闭文件。在 Python 中，关闭一个文件只需要调用 file 对象的 close()函数，示例如下。

```
file.close()        #关闭文件
```

需要注意的是，在程序未结束且未关闭文件时，其他程序不能对当前被读/写的文件进行操作。以前面讲到的相对路径中的文件为例，在当前目录下创建文件夹 test 和文件 file_2.txt，在 test 文件夹中创建文件 test.py 和 file_1.txt，其中 test.py 用于打开和关闭文件 file_1.txt 和 file_2.txt，创建
完成后的目录树如下。

```
D:.
├──test
│   ├──test.py
│   └──file_1.txt
└──file_2.txt
```

其中 test.py 的内容如下。

```
#f_open_close.py
#!/usr/bin/env python3

f1 = open('file_1.txt')              #打开当前目录的 file_1.txt 文件
f2 = open('./file_1.txt')            #打开当前目录的 file_1.txt 文件
f3 = open('../file_2.txt')           #打开上一层目录的 file_2.txt 文件
print(f1)
print(f2)
print(f3)
f1.close()                           #关闭文件
f2.close()                           #关闭文件
f3.close()                           #关闭文件
```

文件 test.py 的执行结果如下。

```
<_io.TextIOWrapper name='file_1.txt' mode='r' encoding='cp936'>
<_io.TextIOWrapper name='./file_1.txt' mode='r' encoding='cp936'>
<_io.TextIOWrapper name='../file_2.txt' mode='r' encoding='cp936'>
```

可以看到，程序成功地打开和关闭了文件 file_1.txt 和 file_2.txt，并输出了文件的打开信息。

6.2.2 with open

除了 open()函数，在 Python 中还有一种更具特色的方式可以打开文件，其语法格式如下。

```
with open(file_name, mode = r, encoding = 'cp936') as file:
    <语句块>
```

其中，with 和 as 为固定的关键字，open 后括号中参数的作用同 6.2.1 小节讲到的 open()函数
参数作用基本一致。

与 open()函数相比，使用 with open 方式打开文件更加可靠，因为它会在文件打开出错时自动
关闭文件，示例如下。

```
# with_open.py
#!/usr/bin/env python3

with open('file_1.txt') as f:        #打开文件 file_1.txt
    print(f)
```

程序的执行结果如下。

```
<_io.TextIOWrapper name='file_1.txt' mode='r' encoding='cp936'>
```

上述程序如果使用 open()函数实现，则为如下形式。

```
try:                          #正常运行时的处理方法
    f = open('file_1.txt')
    print(f)
except Exception as e:        #异常发生时的处理方法
    print(e)
finally:        #finally 语句中的代码是肯定会执行的，不管是否有异常，但是 finally 语句是可选的
    if f:
        f.close()
```

其执行结果同上述程序完全一致。其中，try-except-finally 的作用主要是监听打开文件时的异常，这将会在第 8 章中讲解。

6.3　读 文 件

在学会打开和关闭文件之后，就可以对文件内容进行读取了。Python 为文件提供了一些函数以便用户对文件进行读取，本节将以示例的方式来讲解这些函数。

6.3.1　read()函数

read()函数能够一次性读取文件的全部内容。当以访问模式 r 打开文件时，read()函数会从头开始读取文件内容，直到文件结束。read()函数将读取的文件内容以一个字符串对象的形式保存在内存中，并将其作为返回值返回。

本节中使用的文件为 6.2.1 小节中的 file_2.txt 文件。为了方便读取，这里需要先在文件内添加如下内容。

```
I am file_2.txt
hello
how are you
```

然后在 file_2.txt 文件所在的目录下创建 read_1.py 文件，用于读取文件，其内容如下。

```
#read_1.py
#!/usr/bin/env python3


file = open('file_2.txt', 'r')
print(file.read())            #读取全部内容
file.close()
```

程序的执行结果如下。

```
I am file_2.txt
hello
how are you
```

上述示例调用了 file 对象的 read()函数读取文件中的所有内容，并将这些内容输出，可以发现输出内容与 file_2.txt 文件中存放的内容完全一致。最后，在结束对文件的读取操作后，要记得使用 close()函数关闭文件。

虽然 read()函数简单快捷，但有时并不需要读取文件的全部内容，又或者是文件实在太大，

全部读取将会超出计算机的内存上限（read()函数读取的内容都将存放在内存中）。考虑到这些问题，read()函数还设置了一个 size 参数，表示一次从文件中读取的字节数。当用户只想读取 file_2.txt 文件的部分内容时，就可以利用 read()函数的 size 参数了，如从 file_2.txt 文件中一次性读取 6 字节数的内容的示例如下。

```
#read_2.py
#!/usr/bin/env python3

file = open('file_2.txt', 'r')
print(file.read(6))          #读取 6 字节数的内容
file.close()
```

程序的执行结果如下。

```
I am f
```

在计算机中，1 英文字符占 1 字节，1 空格符也占 1 字节。所以上述程序最终是输出了 6 个字符。需要注意的是，在 Python 中，换行符也占 1 字节，因此在按字节数读取文件时必须要考虑到换行符的问题。

如果不小心给了 read()函数一个负数作为参数，它将会读取文件的所有内容，因此，下面两条调用 read()函数的语句得到的结果是相同的。

```
print(file.read(-1))         #读取全部内容
print(file1.read())          #读取全部内容
```

需要注意的是，在读取文件时应尽量使用异常处理监听读取错误，否则文件可能无法正常关闭。关于异常处理的使用方法，将在第 8 章中讲解，有兴趣的读者请自行翻阅。

6.3.2 readline()函数

虽然 read()函数配合其参数使用可以读取指定字节数的文件内容，但在不知道文件内容的情况下，很难准确地通过字节数读取想要的文件内容。于是 Python 提供了一种更简捷的文件读取操作：readline()函数。readline()函数一次性仅返回文件的一行内容，示例如下。

```
# readline_1.py
#!/usr/bin/env python3

file = open('file_2.txt', 'r')
print(file.readline())       #读取第一行
print(file.readline())       #读取第二行
file.close()
```

程序的执行结果如下。

```
I am file_2.txt

hello
```

上述程序调用了 readline()函数读取 file_2.txt 文件中的一行内容，由于读取的内容本身带有换行符，print 语句在输出内容时又会自动添加一个换行符，所以最终输出了两个换行符。

有的时候，我们需要的是文件中的全部内容而不是一行内容。因此，在 Python 中，还可以使用 for 循环遍历获取文件中的内容，每遍历一次就输出一行内容，示例如下。

```
#readline_2.py
#!/usr/bin/env python3

file = open('file_2.txt', 'r')
for line in file:         #遍历文件中的每一行内容
    print(line)
file.(losel)
```

程序的执行结果如下。

```
I am file_2.txt

hello

how are you
```

上述函数在实际编程中经常会用到，因为它将文件内容当作一个序列来遍历，程序可直接从序列中读取文件中的内容。

6.3.3 readlines()函数

readline()函数一次性只能读取一行内容，Python 还提供了一个一次性读取多行内容的函数——readlines()函数。readlines()函数能够逐行读取文件的内容，直到文件末尾，并将读取的内容以列表的形式返回，列表的一个元素为文件中的一行内容，示例如下。

```
#readlines.py
#!/usr/bin/env python3

file = open('file_2.txt', 'r')
lines = file.readlines()          #读取文件中的所有内容，并以列表的形式返回
print(lines)
for line in lines:
    print(line)
file.close()
```

程序的执行结果为：

```
['I am file_2.txt\n', 'hello\n', 'how are you']
I am file_2.txt

hello

how are you
```

可以看到，readlines()函数读取文件时确实是一次性读取文件中的所有内容，并将文件中的每一行内容封装成列表后返回。

6.3.4 大文件读取

读取大文件是一个很难处理的问题，好在 Python 提供了一个读取大文件的工具——yield 生成器。yield 生成器的使用方法在第 5 章中已经介绍过了，这里不再阐述。下面看一个读取大文件的示例。

```
# yield_line.py
#!/usr/bin/env python3

def read_data():                             #自定义函数 read_data()
    with open('file_2.txt', 'r') as f:       #读取文件 file_2.txt
        for line in f:
            yield line                       #以生成器的方式返回一行内容


for line in read_data():
    print(line)
f.close()
```

程序的执行结果如下。

```
I am file_2.txt

hello

how are you
```

上述程序中，read_data()函数的功能是一次性读取文件的所有内容，并以生成器的方式返回每一行内容，供主程序调用。最终程序输出了 file_2.txt 文件中的所有内容。

上述程序中的 read_data()函数类似于如下函数。

```
def read_data_list():
    data = []
    with open('file_2.txt', 'r') as f:
        for line in f:
            data.append(line)
    return data
```

使用 read_data_list()函数读取文件的结果和使用 read_data()函数读取文件的结果是类似的，它们的区别就是 read_data()函数可以用来读取大文件。比如读取一个比计算机内存的容量还大的文件，read_data()函数在遍历时使用的是遍历一次将一行内容加载到内存中的方法；而 read_data_list()函数则会将文件的所有内容加载到内存中，由于文件过大可能会造成系统内存溢出。

6.3.5 文件指针

从 6.3.2 小节可以看出 readline()函数十分便捷，不过它也有个问题：既然 readline()函数只读取一行文件内容，那么 Python 如何确定用户需要返回哪一行的内容呢？

这里就需要引入一个新名词——文件指针。前面讲到访问模式"r"代表从头开始读取文件，Python 能够正确找到文件开始的位置，一定是根据某种位置标记判断的，这种标记就是文件指针。在使用访问模式"r"创建文件对象后，文件指针便指向文件内容的起始位置，于是当文件对象第一次使用 readline()函数时，文件指针就为 readline()函数指明了正确的起始位置。而调用了 readline()函数后，文件指针便会更新自身位置，由于 readline()函数的作用是读取一行文本内容，那么很容易推断出文件指针更新到了下一行。当文件指针更新到文件末尾时，如果想要再次从头读取文件内容，可以使用 seek()函数将文件指针重置到文件起始位置，示例如下。

```
#seek.py
#!/usr/bin/env python3

file = open('file_2.txt', 'r')
print(file.readline())                    #读取第一行
print(file.readline())                    #读取第二行
file.seek(0)                              #将指针移到第一行
print(file.readline())                    #读取第一行
print(file.readline())                    #读取第二行
file.close()
```

程序的执行结果如下。

```
I am file_2.txt

hello

I am file_2.txt

hello
```

可以发现，上述示例使用 seek()函数时，为其传递了一个参数 0。seek()函数的参数代表从文件内容的初始位置开始所移动的字节数，这个参数必须是一个整数。也就是说 seek()函数将文件指针重置到与文件起始位置距离参数值个字节的地方。所以在上述示例中传递参数 0 相当于重置文件指针到与初始位置相距 0 个字节的位置，也就是重置文件指针到文件的初始位置。之后，再次调用 readline()函数就又可以从头开始读取文件内容了。

6.4 写 文 件

通过 6.3 节的学习，读者已经了解读取文本文件的方法。而对应于读文件的操作当然是写文件，本节将介绍日常编程时常见的对文件的覆盖写和追加写操作。

6.4.1 覆盖写

覆盖写的访问模式为"w"，表 6-1 中对访问模式"w"的定义为：以只写方式打开文件，如果文件存在则从头开始写文件，原有内容会被删除；如果文件不存在则创建文件。从定义可以看出，"w"访问模式有一个数据的安全隐患：当使用访问模式"w"创建文件对象后，即使打开文件后不做任何操作就关闭文件，文件内容也会被清空。

下面创建一个 file_3.txt 文件，其初始内容如下。

```
Hello Python
```

然后编写一个 write_w.py 文件，其内容如下。

```
# write_w.py
#!/usr/bin/env python3

file = open('file_3.txt', 'w')          #以只写方式打开文件 file_3.txt
file.write('hello pig\n')               #将'hello pig\n'写入文件
```

```
file.write('hello dog')          #将'hello dog'写入文件
file.close()
```

程序执行后，file_3.txt 文件的内容为：

```
hello dog
```

可以看到文件 file_3.txt 原有的内容被删除了，取而代之的是新写入的内容。

6.4.2　追加写

覆盖写在很多时候并不会用到，因为它会将文件原有的内容删除，在日常编程中常用到的是以追加写的方式写文件。追加写的访问模式为"a"，表 6-1 中对访问模式"a"的定义为：打开一个文件，用于向文件末尾追加数据，如果文件不存在则创建文件。仍以前面的 file_3.txt 文件为例，先将其内容设置如下。

```
Hello Python
```

然后创建一个 write_a.py 文件，其内容如下。

```
# write_a.py
#!/usr/bin/env python3

file = open('file_3.txt', 'a')          #以追加写的访问模式打开文件 file_3.txt
file.write('\nhello pig\n')
file.write('hello dog')
file.close()
```

程序执行后，file_3.txt 文件的内容如下。

```
Hello Python
hello pig
hello dog
```

可以看到文件 file_3.txt 原有的内容设有被删除，新写入的内容加在了文件原有内容之后。

习　题

一、选择题
1. 使用下列哪种方式可以获取当前目录的绝对路径。（　　）
    A. os.sep　　　　　　B. os.getcwd()　　　C. file.read()　　　D. file.readline()
2. Python 打开文件的函数名为（　　）。
    A. create　　　　　　B. file　　　　　　　C. open　　　　　　D. File
3. 以只写方式打开文件时，其 mode 值应为（　　）。
    A. w　　　　　　　　B. a　　　　　　　　C. w+　　　　　　　D. a+
4. 打开一个文件，然后在文件的末尾添加数据，其 mode 值应为（　　）。
    A. r　　　　　　　　B. w　　　　　　　　C. a　　　　　　　　D. w+
5. 以下列哪种方式打开文件，文件不存在时，不会自动创建文件。（　　）
    A. r　　　　　　　　B. w　　　　　　　　C. a　　　　　　　　D. ab

6. 设 file 为文本文件对象，下列选项中，哪种方式可以读取文件中的一行内容。（　　）

    A．file.read()　　　　B．file.read(200)　　C．file.readline()　　D．file.readlines()

二、简答题与编程题

1. 如果打开文件后不关闭，会出现什么问题？

2. 请列举打开文件时的访问模式，并说明其功能。

3. read()函数、readline()函数和 readlines()函数有什么差别？

4. 读取文件部分内容后如何再读取文件起始位置的内容？

5. 编写一个函数，将要访问的文本文件名作为参数传递给函数，以列表的方式返回文本文件中的内容，列表中的一个元素为文件内容中的一行。

6. 编写一个函数，向函数传递两个文件名，将第二个文件中的内容追加到第一个文件中。

7. 修改第 6 题中的代码，以 yield 生成器的方式返回文件中的内容。

第7章
面向对象编程

在前面的学习中，读者已经学会了使用列表等容器收集并存放数据，也学会了使用函数收集若干代码以构成一个反复使用的单元。对象是这种"收集"思想的集大成者。此前学习的所有内容都属于面向过程编程，也就是分析解决问题所需要的步骤，然后用函数把这些步骤一步一步实现，使用的时候依次调用就可以了。在引入对象的概念之后，本章将介绍面向对象编程的程序设计思想。

7.1　什么是类与对象

在现实中，对象是指一个事物。对于一个事物而言，它一定具有一些特征，它也一定能用来做某些事情。如键盘，我们可以用它来打字、输密码，这些能用它来做的事情，在 Python 中称为方法。同时读者能够用颜色、键位数来描述一个键盘，这些特征就是属性。在 Python 中，对象便是由其属性和方法组成的。如要将一个键盘（Keyboard）设计为 Python 中的对象，它需要具备一些属性：颜色（Color）、键位数（Number of keyboard keys）、重量（Weight）等。对于某个键盘而言，这些属性是确定的：该键盘是黑色的（Keyboard. Color=black），它有 87 个键位（Keyboard. Number of keyboard keys=87），重量为 1kg（Keyboard. Weight=1kg）。看着这些对键盘的描述，你是否觉得似曾相识？没错，这些对对象的描述在 Python 中就是以变量的形式存在的。对象的属性由变量表示，而对每个属性的具体描述就是变量的值。在对象名与属性名之间的符号是点运算符。在第 5 章中，调用模块中封装好的变量和函数时就用到了点运算符，点运算符便于区分变量和函数的归属模块；同样地，点运算符便于我们区分属性的归属对象，如键盘和鼠标都是黑色的，如果没有点运算符，就无法区分键盘的黑色（Keyboard. Color=black）和鼠标的黑色（Mouse. Color=black）了。在 Python 中，对象内的变量代表其属性，对象能做的事情则可以用方法来表示。如键盘可以用来打字，在 Python 中就可以这样描述：Keyboard.Type()。点运算符指明了 Type()方法归属于键盘，而括号说明了 Type 是一个方法。综上所述，要将键盘变成 Python 中的对象，我们需要给它定义一些变量并赋予值，还需要为它设计一些方法，这些方法在大多数情况下都是对对象中的变量进行操作，所以一个对象实际上由数据和操作数据的方法组成。特别说明：面向对象编程中的函数一般都称为方法，本书后续在不引起混淆的情况下，在文中可能存在函数与方法混用的现象。

在理解了什么是对象之后，读者可以尝试如下操作：分别将两个键盘设计为 Python 中的对象。在设计一个个变量和方法的过程中，读者可能会觉得这两个键盘对象有很多的相似之处，它们似乎有相同的属性，只是这些属性的值有所不同；而它们的相同功能也导致了它们被设计为 Python 对象后具有相同的方法。很明显，两个键盘之间具有高度的相似性，即使增加到三个键盘、四个键盘、更多键盘也同样如此。因为它们都是键盘，无论它的颜色有多丰富，有多轻巧，都无法改变它是键盘的事实。而名词"键盘"，实际上代表了各种各样的键盘，这便是类。类是用来描述具有相同属性和方法的对象的集合，它定义了该集合中每个对象所共有的属性和方法。也就是说，类只负责定义这些属性和方法；而对象实际上是类的一个实例：一个类可以引申出多个不同的对象，而每个对象为类所定义的内容赋予各自的值。同一个类的各个对象看起来十分相似，实际上却各不相同。

7.2　使用类与对象

通过 7.1 节的学习，读者已经了解了类与对象之间的关系。依据此关系，进行面向对象编程时，首先需要创建类，然后通过这个类来创建真正的对象。接下来将一步一步为读者讲解从创建类到创建对象的过程。

创建类需要使用关键字"class"，示例如下。

```
>>> class Keyboard:          #创建一个类 Keyboard
...     class_suit           #类体
```

关键字 class 后的字段就是所创建类的名字，冒号后是类的内容，class_suit 由类成员、方法、数据属性组成，接下来会对其一一讲解。

7.2.1　类方法

由一个类创建的对象具有相同的方法，可以在 Keyboard 类中添加一些函数，这些函数就是对象的方法。

不论设计多么特别，键盘都有满足人们打字需求的功能，所以，定义的 type()方法属于每一个由 Keyboard 类创建的对象，示例如下。

```
>>> class Keyboard:          #创建类 Keyboard
...     def type(self):      #自定义函数 type()，参数为 self
...         print('I can be used to type')
```

细心的读者已经发现了，type()方法带有一个名为 self 的参数，然而在方法中并没有使用到它。这就是类中定义的方法与一般方法的不同之处，类方法拥有一个额外的参数变量 self，这个参数是指类创建的对象本身。读者暂时只需要记住，在 Python 中定义类方法时，都应该将 self 设置为第一个参数就可以了。

虽然类方法是通用的，但是属性不是。键盘都能够打字，可是世界上找不到两个一模一样的键盘，所以即使键盘之间有许多共同之处，它们也一定有各自的特殊之处，作为 Python 的对象亦是如此。如每个键盘的颜色、重量不可能完全相同，但是每个键盘在出厂时的使用时间一定为 0。像键盘出厂时间这样无差别的对象属性被称为类变量，而每个键盘特有的颜色、重量等对象属性被称为实例变量，因为它们仅描述了单个具体对象的属性。

7.2.2　类变量

定义类变量的方式类似函数定义局部变量，示例如下。

```
>>> class Keyboard:
...     def type(self):
...         print('I can be used to type')
...
...     usage_time=0
```

由于类变量是共享的，上述示例中的 usage_time 可以被属于 Keyboard 类的所有对象访问，并且它只拥有一个副本，所以只要任何一个对象对类变量做出改变，所有 Keyboard 类对象中的类变量都会改变。

7.2.3　类的实例——对象

在之后的内容中，我们将由类创建出来的具体对象称为对象实例，它既是一个对象，也是类的一个实例。

创建一个对象实例可以采用下面的方法。

```
>>> Keyboard1=Keyboard()    #创建对象实例 Keyboard1
>>> Keyboard2=Keyboard()    #创建对象实例 Keyboard2
```

其中 Keyboard1 和 Keyboard2 分别代表了两个不同的对象实例，它们都是由 Keyboard 类实例化得来的，就目前的设计来看，这两个对象实例具有相同的类变量和相同的类方法。无论类有多么复杂，实例化后的对象实例都具有相同的类变量和类方法。

调用一个对象实例的类变量和类方法需要使用点运算符，示例如下。

```
>>> print(Keyboard1.usage_time)
0
>>> print(Keyboard2.usage_time)
0
>>> Keyboard1.type()    #调用对象实例 Keyboard1 的类变量和类方法
I can be used to type
>>> Keyboard2.type()    #调用对象实例 Keyboard2 的类变量和类方法
I can be used to type
```

可以看到，两个不同对象实例 Keyboard1 和 Keyboard2 的类变量和类方法都是相同的。值得注意的是，前面提到在定义类方法时需要加上 self 参数，然而在调用类方法时并没有传递这一参数。关于 self 参数的详细内容将放在 7.2.5 小节介绍。

7.2.4　实例变量

对象实例之间的差异性，需要由实例变量来体现。在实际运用中，可以将实例变量分为两种。

1. 第一种实例变量

第一种实例变量用于在类中定义共同的属性，然后对每一个对象实例的属性分别赋值。

使用 Python 描述键盘的颜色时，采用类变量当然不行。虽然每一个键盘的颜色都属于"颜色"这一属性，但是键盘的颜色不可能是一成不变的，于是现在我们需要键盘类有"颜色"这个属性，但不能像类变量那样直接为其赋予具体的颜色。

为实现这个功能，需要使用特定的方法：__init__()方法。init 前后各有两条下画线，总共是
4 条下画线。它取自英文单词"initializing"，表示初始化，这个方法会在类创建对象实例时率先
执行，而且是自动执行，无须用户调用。所以通常将它写在类的起始位置，示例如下。

```
>>> class Keyboard:                #创建一个 Keyboard 类
...     def __init__(self,color):  #给 self 参数传递 color 属性
...         self.color=color
...
...     def type(self):
...         print('I can be used to type')
...
...     usage_time=0
```

使用类创建对象实例的时候可以给变量赋值，示例如下。

```
>>> Keyboard3=Keyboard('black')    #使用类创建对象实例，并传递参数
>>> Keyboard4=Keyboard('blue')
```

所创建的 Keyboard3 和 Keyboard4 都没有出现错误，并且注意，为它们传递的参数是__init__()
方法的第二个参数 color，并不需要为对象实例传递 self 参数。接下来补充介绍一下 self 参数的作
用。前面已经提到，self 参数代表当前的对象实例，那么在__init__()方法中出现的 self.color 就可
以理解为当前对象实例的 color 变量，而等号之后的 color 代表的是__init__()方法的 color 参数。
所以对于 Keyboard3 对象实例而言，创建时将字符串 black 作为参数传递给__init__()方法，然后
将参数值 black 传递给 Keyboard3 自身的实例变量 color。

再换一个方式帮助读者理解。既然实例变量是每个对象实例特有的，若不使用 self 约束，那
Python 如何确定实例变量 color 属于哪一个对象实例呢。若不区分每个实例变量所属的对象实例，
那实例变量就和类变量没有区别了。

再以 Keyboard4 对象实例的创建过程为例进行讲解。在创建对象实例时自动调用__init__()
方法，字符串 blue 作为参数值传递给 Keyboard4 对象实例的实例变量 color。至此，使用__init__()
方法初始化对象实例的实例变量过程结束。接下来可以测试一下对象实例中的类变量、实例变量
和类方法是否与我们的预期一致，示例如下。

```
>>> print(Keyboard3.color)         #实例变量
black
>>> print(Keyboard4.color)         #实例变量
Blue

>>> print(Keyboard3.usage_time)    #类变量
0
>>> print(Keyboard4.usage_time)    #类变量
0

>>> Keyboard3.type()               #类方法
I can be used to type
>>> Keyboard4.type()               #类方法
I can be used to type
```

实际情况中，一个对象实例可以拥有不止一个实例变量，所以__init__()方法也可以拥有不止一个参数。示例如下。

```
>>> class Keyboard:
...     def __init__(self,color,weight):
...         self.color=color
...         self.weight=weight

>>> Keyboard5=Keyboard('red')
Traceback (most recent call last):
  File "<pyshell#30>", line 1, in <module>
    Keyboard5=Keyboard('red')
TypeError: __init__() missing 1 required positional argument: 'weight'
>>> Keyboard5=Keyboard('red','1kg')
>>> print(Keyboard5.color)
red
>>> print(Keyboard5.weight)
1kg
```

使用__init__()方法的目的在于初始化属性，这些属性都是类中所有对象实例所拥有的，但其实际值不同，正如每个键盘都有颜色属性，但并不是所有键盘都有相同的颜色。所以一旦使用__init__()方法定义了实例变量，那么在创建对象实例时就必须为其传递相应的参数，否则 Python 将会给出参数缺失的错误提示。

2. 第二种实例变量

在介绍第二种实例变量之前，先总结一下第一种实例变量和类变量：第一种实例变量用于描述同一个类的对象实例都具有的属性，而这些属性的实际值对于每个对象实例而言又是不同的；而类变量用于描述同一个类的对象实例具有的共同的属性，并且所有对象实例拥有相同的属性值。那么再以 Keyboard 类为例，想一想它可能还会有什么属性？

随着人们生活质量的提高，人们对键盘的需求不再仅限于打字。各类追求手感、具有灯光特效的键盘逐渐出现，可是并不是每一个键盘都带有背光、音量键等。这些属性既然不能作为类变量，那么它们只有可能是实例变量。若使用__init__()方法初始化这些实例变量，那么一旦要定义不带这些功能的键盘对象实例，由于不传递相应的参数，Python 就会报告错误信息。所以这些属性虽然是实例变量，但是并不能使用__init__()方法初始化。这便是第二种实例变量。

第二种实例变量会在创建对象实例之后，使用对象实例名和点运算符为实例变量指明归属对象实例，而实例变量的值可以直接传递。示例如下。

```
>>> Keyboard6=Keyboard('green','3kg')
>>> Keyboard6.Backlight='RGB'
>>> print(Keyboard6.Backlight)
RGB
>>> print(Keyboard6.color)
green
>>> print(Keyboard6.weight)
3kg
```

虽然上述两种实例变量的定义方式有所不同，但由于实例变量的作用范围是在对象实例内部，所以无论使用哪一种方式定义变量，都不会影响其他对象实例的实例变量。需要注意的一点是，只要不是每个对象实例都具备的属性，就不应在类中使用__init__()方法定义，而是应该在对象实例创建后单独定义，否则那些没有该属性的对象实例就无法正常创建。

7.2.5 再谈 self 参数

除了在__init__()方法中使用了 self 参数，前面所定义的 type()方法也同样使用了它。实际上，所有类方法都应当设置这个参数，并且无须在调用时为它赋值。self 参数代表当前对象实例本身，所以在各种自定义的类方法中，它也能发挥作用，示例如下。

```
>>> class Keyboard:
...     def __init__(self,color,weight):
...         self.color=color
...         self.weight=weight
...
...     def type(self):
...         print('I can be used to type')
...
...     usage_time=0
...     def describe(self):
...         print('''I am a keyboard.\nMy color is {0}.\
\nMy weight is {1}'''.format(self.color,self.weight))
...         self.type()                    #格式化输出
...

>>> Keyboard7=Keyboard('white','2kg') #将'white'和'2kg'这两个值传递给color和weight两个实例变量

>>> Keyboard7.describe()               #输出 Keyboard7 信息
I am a keyboard.
My color is white.
My weight is 2kg
I can be used to type
```

上面的程序重新设计了 Keyboard 类，为其新增了一个 describe()方法，与 type()方法类似，它也只有唯一的参数——self。我们知道，实例变量 color 和 weight 的值都是在创建对象实例时传递的，每一个对象实例都拥有各自的实例变量 color 和 weight，对象实例之间的实例变量是独立不相关的。在 describe()方法中，self 参数指明了 color 和 weight 属于当前的对象实例，于是 Python 正确地输出了 Keyboard7 对象实例的颜色和重量。即使调用的类方法都是相同的，但仍然需要使用 self 参数，使得对象实例调用的是属于自身对象实例的类方法。

有趣的是，self 在 Python 中并不是关键字，甚至可以使用其他名字代替这个在类中必须第一个定义的参数。但是使用 self 这一名字已经成了 Python 程序员约定俗成的事情，所以强烈建议读者遵循这个约定。

7.3 私 有 变 量

通过前面的学习，读者了解到一个类可以有类方法、类变量和实例变量。类能让这些变量和

方法建立联系，并且类与类之间相互独立。对于已经定义的类变量和实例变量，它们的值能够被轻易修改，并且类变量的值一旦在一处有修改，所有的对象实例中相应的类变量都会被修改。这样看来，即使类将这些变量进行了封装，就像是把它们装到一个"盒子"中，但外部代码仍然能直接打开"盒子"，这造成了极大的安全隐患。

要解决这种安全隐患，最简单有效的方法是对类中的变量设置访问权限，使得外部代码无法访问它们。Python 也正是这么设计的：为那些不应被外部代码直接访问的类变量、实例变量设置访问权限，使得只有类中的代码能够访问它们。而要实现访问限制，仅需要在定义的变量名称前加两个下画线就可以了，这样以双下画线为前缀定义的变量称为私有变量。

接下来将 Keyboard 类的类变量和实例变量都改为私有变量，示例如下。

```
>>> class Keyboard:
...     def __init__(self,color,weight):
...         self.__color=color
...         self.__weight=weight
...
...     def type(self):
...         print('I can be used to type')
...
...     __usage_time=0
...     def describe(self):
...         print('''I am a keyboard.\nMy color is {0}.\
\nMy weight is {1}'''.format(self.__color,self.__weight))
...         self.type()          #格式化输出
```

需要注意的是，__init__()方法中的参数并不需要设置为私有变量，因为它们的作用是初始化真正的私有变量，当该方法结束时，这些参数也就消失了。由于将这些变量改为了私有变量，那么在类方法调用变量的时候就需要使用私有变量的新名字。使用私有变量后，Keyboard 类的一个对象实例示例如下。

```
>>> Keyboard8=Keyboard('pink','8kg')
>>> Keyboard8.describe()
I am a keyboard.
My color is pink.
My weight is 8kg
I can be used to type
```

将变量改为私有变量后，类方法正常使用并调用了正确的私有变量。但是，若尝试直接调用私有变量，程序将会报错，示例如下。

```
>>> Keyboard8.__color       #直接调用私有变量
Traceback (most recent call last):
  File "<pyshell#3>", line 1, in <module>
    Keyboard8.__color
AttributeError: 'Keyboard' object has no attribute '__color'
```

私有变量的设置确保了外部代码不能随意修改对象实例内部的状态。这种访问限制的保护使得对象实例中的数据更安全，增强了程序的鲁棒性。

如果需要从外部获取私有变量的值该怎么办呢？从前面的示例中的 describe()方法可以看出，类方法是能够访问私有变量的。于是，可以分别为私有变量设置一个方法专门用于获取其值，示例如下。

```
>>> class Keyboard:
...     def __init__(self,color,weight):
...         self.__color=color
...         self.__weight=weight
...
...
...
...     def get_color(self):
...         return self.__color          #类方法访问私有变量
...
...     def get_weight(self):
...         return self.__weight          #类方法访问私有变量
...
>>> print(Keyboard8.get_color())
pink
>>> print(Keyboard8.get_weight())
8kg
```

分别为私有变量__color 和__weight 设置了访问的类方法。通过各自的类方法就能够正确访问它们了。但是问题又来了，如果要对私有变量进行修改该怎么办？答案还是增加一个类方法，专门用于修改私有变量的值，示例如下。

```
>>> class Keyboard:
...     def __init__(self,color,weight):
...         self.__color=color
...         self.__weight=weight
...
...
...
...     def get_color(self):
...         return self.__color
...
...     def get_weight(self):
...         return self.__weight
...
...     def set_color(self,color):
...         self.__color=color            #对私有变量进行修改
...
...     def set_weight(self,weight):
...         self.__weight=weight          #对私有变量进行修改
...
>>> print(Keyboard8.get_color())
pink
>>> print(Keyboard8.get_weight())
8kg
```

分别设置 set_color()和 set_weight()方法用于修改私有变量的值，即为类方法传入新修改的值，通过类方法在内部对私有变量进行修改，示例如下。

```
>>> Keyboard8.set_color('black')
>>> Keyboard8.set_weight('1kg')
>>> print(Keyboard8.get_color())
```

```
black
>>> print(Keyboard8.get_weight())
1kg
```

当然，并没有规定一个类方法只能修改一个私有变量，完全可以将 set_color()和 set_weight() 方法改写为一个方法，示例如下。

```
def set_all(self,color,weight):        #向一个类方法中传递两个参数
    self.__color=color
    self.__weight=weight
```

调用该类方法只需要传递两个参数到一个类方法中，完全可以得到相同的结果。使用哪种形式，关键只在于是否需要同时修改这些私有变量。Python 只是提供了解决问题的方法，更重要的是分析问题、使用合适方法的能力，这一点需要读者不断学习慢慢掌握。

如果使用私有变量，那么对私有变量的操作就必须使用类方法实现。在前面的内容中，将实例变量划分为两种，第一种实例变量是在定义类的时候在__init__()方法中定义的，所以在定义类方法时能够直接使用这种实例变量。第二种实例变量是在对象实例创建之后定义的，所以在定义类方法时没有这种实例变量存在，也就无法对它进行良好的封装。所以建议读者更多使用第一种实例变量，在定义类时就对实例变量进行定义，并为每个实例变量封装有关其操作的类方法。这有助于构建类的结构，也让代码更具有逻辑性。

7.4 继 承

通过 7.3 节的学习，读者了解到应该在定义类时就将实例变量设置好。所以若要定义台式计算机 Keyboard 类和笔记本计算机 Keyboard 类，就应当定义两个不同的类，可是这两个类具有极大的相似度，分别定义会有大量代码重复。为了解决这个问题，就需要用到接下来要学习的继承机制了。面向对象编程的优势之一是代码的重用，实现这种重用的方法之一是采用继承机制。

7.4.1 属性继承

首先，继承针对的目标是两个类，而这两个类是具有一定联系的，可以理解为它们不完全相同。如对于同一所大学中的老师和学生而言，他们具有很高的相似度，都属于人这个物种，并且处于相同的社会环境下。但是，如果说老师和学生属于同一类群体又是不妥的。如果以学校为考察范围，先考虑老师和学生相似的地方，如姓名、性别、年龄等信息，可以把老师和学生都放到同一个类中，示例如下。

```
>>> class School_Member:   #定义了 School_Member 类（老师和学生共同组成的学校成员）
...     def __init__(self,name,sex,age):
...         self.name=name
...         self.sex=sex
...         self.age=age
...
...     def describe(self):
...         print('''I am a member of the school.\nMy name is {}.\
```

```
\nMy sex is {1}\nMy age is {2}'''.format(self.name,self.sex,self.age)#格式化输出
...
... def who_am_i(self):
...     print('I am a member of the school.')
...
>>> School_Member1=School_Member('Uzi','male',20)
>>> School_Member1.describe()
I am a member of the school.
My name is Uzi.
My sex is male
My age is 20
```

以上定义了 School_Member 类，很显然，老师和学生都属于这个类。但是老师和学生又有各自的特点，以老师为例，除了上述 School_Member 类中的属性和方法外，Teacher 类还应该定义薪水、职称等信息，使用继承机制，就无须重新定义所有的属性和方法，而是可以借助已经定义的 School_Member 类，在其基础上添加 Teacher 类独有的属性和方法。这样 Teacher 类就继承了 School_Member 类，继承的类称为子类或派生类，而被继承的类称为父类或基类。判断一个类是否是子类只需要看它在定义时有没有参数，父类会通过参数的形式传递给子类以进行继承，如下例所示，Teacher 类的参数就是 School_Member 类。

```
>>> class Teacher(School_Member):                #Teacher 类继承于 School_Member 类
...     def __init__(self,name,sex,age,salary):
...         School_Member.__init__(self,name,sex,age)  #显式调用
...         self.salary=salary
```

先来看一看子类中的__init__()方法有何变化，因为它关系到实例变量的定义。从上述示例中可以发现出现了两次__init__()方法，一次是在 Teacher 类中使用初始化方法，还有一次是调用 School_member 类的初始化方法。通常情况下类的方法无须调用，Python 自动为我们调用了它，这称为隐式调用。而在定义子类时，以父类名和点运算符调用__init__()方法被称为显式调用。因为当子类和父类都拥有初始化方法时，Python 就无法判断应该隐式调用哪一个初始化方法。所以，Python 只会隐式调用当前类的初始化方法，父类的初始化方法就需要进行显式调用。而子类新增加的实例变量就以正常方式定义在子类的__init__()方法之中。子类的对象实例示例如下。

```
>>> Teacher1=Teacher('Albert','male',50,8000)        #子类新增加的实例变量值为 8000
>>> print(Teacher1.name)
Albert
>>> print(Teacher1.sex)
male
>>> print(Teacher1.age)
50
>>> print(Teacher1.salary)
8000
```

7.4.2　方法重写

在类的继承中，由于实例变量需要使用__init__()方法进行初始化操作，所以显得较为特别：子类新增的实例变量需要在子类的初始化方法中定义，而父类与子类相同的实例变量需要在子类的初始化方法中调用父类的初始化方法来进行定义。但是对于方法而言，继承就显得较为简单了。

子类若要使用父类的方法，无须进行方法定义或方法调用。在 7.4.1 小节中，Teacher 类中只定义了自己的 __init__()方法，以继承 School_Member 类的实例变量和新建自己的实例变量。然而，看似简单的 Teacher 类其实在继承父类时就拥有了父类的所有方法，示例如下。

```
>>> class Teacher(School_Member):     #Teacher 类继承于 School_Member 类
...     def __init__(self,name,sex,age,salary):
...         School_Member.__init__(self,name,sex,age)
...         self.salary=salary
...
>>> Teacher1=Teacher('Albert','male',50,8000)
>>> Teacher1.describe()
I am a member of the school.
My name is Albert.
My sex is male
My age is 50
>>> Teacher1.who_am_i()
I am a member of the school.
```

以上示例并没有在子类中定义方法，但是仍然能够使用父类的方法，这便是方法的继承。如果在子类中新增了其他方法，一般情况下，只需要正常定义新增的方法就可以了。如在 Teacher 类中增加一个方法，为老师提高薪水，示例如下。

```
>>> class Teacher(School_Member):  #Teacher 类继承于 School_Member 类
...     def __init__(self,name,sex,age,salary):
...         School_Member.__init__(self,name,sex,age)
...         self.salary=salary
...     def Raise_salary(self,Magnification):
...         print('The previous salary was {0}'.format(self.salary))
...         self.salary=self.salary*Magnification #薪水乘以 "放大率" 即得到提高后的薪水
...         print('The current salary is {0} ¥'.format(self.salary))
...
>>> Teacher2=Teacher('Newton','male',60,10000)
>>> Teacher2.describe()
I am a member of the school.
My name is Newton.
My sex is male
My age is 60
>>> Teacher2.Raise_salary(1.5)
The previous salary was 10000 ¥
The current salary is 15000.0 ¥
```

可以看到，子类中新定义的方法与继承于父类的方法能够共存。但是，这仅限于子类与父类之间不存在同名的新增方法的情况。

还有一种情况是子类的新增与父类的方法名相同，这就需要进行方法重写。如在 School_Member 类中有一个函数，示例如下。

```
def who_am_i(self):
    print('I am a member of the school.')
```

但是在 Teacher 类中，还有必要用 who_am_i()方法说明自己是学校的老师，所以父类的 who_am_i()方法就有些不妥了。子类的新方法与父类的方法同名，直接将父类的方法重写就可以，示例如下。

```
>>> class Teacher(School_Member):
...     def __init__(self,name,sex,age,salary):
...         School_Member.__init__(self,name,sex,age)
...         self.salary=salary
...
...     def Raise_salary(self,Magnification):
...         print('The previous salary was{0}'.format(self.salary))
...         self.salary=self.salary*Magnification
...         print('The current salary is{0}'.format(self.salary))
...
...     def who_am_i(self):
...         School_Member.who_am_i(self)
...         print('I am a teacher of the school.')
```

可以看到在 Teacher 类中又定义了一次 who_am_i()方法，这与初始化实例变量时是类似的，先使用父类名和点运算符在子类的方法中调用父类方法中的内容，然后执行子类新写入方法的内容。当然，子类的方法怎么写，需不需要调用父类同一个方法的内容都是由用户决定的，这里只是为了举一个较为全面的示例而已。进行方法重写后 Teacher 类的一个对象实例示例如下。

```
>>> Teacher3=Teacher('Edward','male',30,5000)
>>> Teacher3.who_am_i()
I am a member of the school.#因为在子类中重写方法时调用了父类，所以会执行父类who_am_i()中的内容
I am a teacher of the school.
```

Python 并不会在方法重写时主动将父类同名方法的内容继承下来，假如在子类的 who_am_i()方法中删去对父类方法的调用，只保留新增内容，那么它的执行结果也就只有在子类中新写入的内容了，示例如下。

```
>>> class Teacher(School_Member):
...     def __init__(self,name,sex,age,salary):
...         School_Member.__init__(self,name,sex,age)
...         self.salary=salary
...
...     def Raise_salary(self,Magnification):
...         print('The previous salary was{0}'.format(self.salary))
...         self.salary=self.salary*Magnification
...         print('The current salary is{0}'.format(self.salary))
...
...     def who_am_i(self):
...         print('I am a teacher of the school.')
...
...
...
>>> Teacher3.who_am_i()
I am a teacher of the school.
```

7.4.3　多态

在有了继承和重写的基础之后，读者将要学习一种名为多态的调用技巧。它能增加代码的调用灵活度，并且不会影响类的内部设计。

多态的含义是：子类对象实例可以向上转型看作父类对象实例。也就是说，当一个子类创建

了对象实例时，那么这个对象实例不仅可以看作子类，还可以看作父类；但如果是父类创建的对象实例，就只能看作父类。如 Teacher 类是 School_Member 的子类，那么创建的 Teacher 类对象实例是一位老师，同时他是学校的成员；但是反过来，学校的成员并不一定是老师。

关于多态的应用将以示例的形式体现出来。这里依然需要使用 School_Member 类和它的子类——Teacher 类和 Student 类，对它们的定义如下。

```
>>> class School_Member:
...     def who_am_i(self):
...         print('I am a member of the school.')
...

>>> class Teacher(School_Member):
...     def who_am_i(self):
...         print('I am a teacher of the school.')
...

>>> class Student(School_Member):
...     def who_am_i(self):
...         print('I am a student of the school.')
...
```

父类 School_Member 和子类 Teacher、子类 Student 均只有一个方法，且子类都重写了父类的该方法。所以当子类调用与父类同名的方法时，将调用自身的重写方法，示例如下。

```
#当子类调用与父类同名的方法时，将调用自身的重写方法
>>> School_Member_Polymorphism=School_Member()
>>> Teacher_Polymorphism=Teacher()
>>> Student_Polymorphism=Student()
>>> School_Member_Polymorphism.who_am_i()
I am a member of the school.
>>> Teacher_Polymorphism.who_am_i()
I am a teacher of the school.
>>> Student_Polymorphism.who_am_i()
I am a student of the school.
```

在 Python 中，经常说"一切皆为对象"，在传递函数参数时，Python 无须知道究竟传递的是何种类型的参数，只需要知道其是对象就可以了。而类所创建的对象实例是不是也能作为参数传递呢？答案是肯定的。接下来我们定义一个函数，它接收一个对象实例。由于在定义参数列表时，并不需要考虑参数的类型，所以参数任意取一个别名就可以了，示例如下。

```
>>> def Pardon(Member):
...     Member.who_am_i()
...     Member.who_am_i()
```

Pardon()函数接收一个对象实例参数，然后调用对象实例参数的 who_am_i()方法。

```
>>> Pardon(School_Member_Polymorphism)
I am a member of the school.
I am a member of the school.
>>> Pardon(Teacher_Polymorphism)
I am a teacher of the school.
I am a teacher of the school.
>>> Pardon(Student_Polymorphism)
I am a student of the school.
I am a student of the school.
```

　　可以看到，为 Pardon()函数传递对象实例时，分别执行了不同对象的方法。也就是说参数 Member 可以接收 School_Member 类的对象实例，也可以接收其子类 Teacher 类、Student 类的对象实例，这就是多态的体现。对于类对象实例而言，子类对象实例可以向上转型看作父类对象实例，只要父类对象实例满足参数的条件，那么子类对象实例也一定能满足，因为子类拥有父类的所有属性和方法。接下来再为 School_Member 类创建一个子类，示例如下。

```
>>> class Principal(School_Member):
...     def who_am_i(self):
...         print('I am a principal of the school.')
...
...
>>> Principal_Polymorphism=Principal()
>>> Pardon(Principal_Polymorphism) '''将新增的子类 Principal 所创建的对象实例设置为参数来调用 Pardon()函数'''
I am a principal of the school.
I am a principal of the school.
```

　　可以看到，Pardon()函数和 School_Member 类并未做任何改动，新增的子类 Principal 所创建的对象实例就能够作为参数调用 Pardon()函数。这就是多态的优势，新增的子类无须重新设计父类适用的方法，从而提高了代码的复用率，也使得类的逻辑设计更加结构化。

习　题

1. 试说明类与对象有什么区别。
2. 说明继承机制可以对属性做哪些处理。
3. 说明继承机制可以对方法做哪些处理。
4. self 参数有什么作用？它是必不可少的吗？
5. 为什么建议使用私有变量，它有什么好处？
6. 面向对象编程较面向过程编程有什么优势与劣势？
7. 试说明以下程序会输出什么结果，为什么？

```
>>> class People():
...     __name = "Nelson"
...     __age = 18
...
...
>>> People1=People()
>>> print(People1.__name, People1.__age)
```

8. 为汽车建立一个名为 Car 的类，为其设置颜色（Color）和百公里耗油量（CSFE）两个实例变量，并定义初始化方法。同时创建一个让对象实例"自我介绍"的方法：在屏幕上输出对象实例的自我介绍。

9. 使用继承机制。为第 8 题中创建的 Car 类创建两个子类：赛车（Racing_Car）类和公交车（Bus）类。对赛车类应当关注赛车的百公里加速秒数、最高时速等属性；对公交车类应当关注其核载人数等属性。分别为这两个子类新增上述已描述的属性，保留父类定义的属性并初始化所有属性。

10. 进行方法重写。分别将第 9 题中创建的 Racing_Car 类和 Bus 类所继承的 Car 类的"自我介绍"方法进行重写：输出当前类的各个属性以及自我介绍。

11. 应用多态。创建一个类外的函数，为其传入一个类的对象实例参数（需要保证能够传入第 8~10 题中创建的 Car 类及其子类的对象实例）和一个整型参数，使其调用传入对象实例的"自我介绍"方法，整型参数代表重复调用对象实例方法的次数。

第8章
错误和异常

想必读者已经遇到过一些 Python 的"红字警告",即 Python 的报错信息。如调用函数或变量时将名称拼写错了,或是向函数传入了不正确的参数,又或是尝试打开一个不存在的文件,这些情况都是不正确的。在 Python 中,并不能直接将所有不正确的情况统称为错误,这些不正确的情况被分为两类,即错误和异常。本章将详细介绍错误和异常。

8.1 区分错误和异常

1. 错误

在 Python 中,错误主要分为两类:语法错误和逻辑错误。

(1)语法错误指编写代码不符合 Python 语法。如使用错误的函数名称:由于在 math 模块中存在 pi 变量,math.pi 可以正确调用;但是 math 模块中并不存在 pii 变量或函数,所以尝试调用不存在的函数或变量 math.pii 时,Python 将直接给出报错信息,示例如下。

```
>>> import math          #导入 math 模块
>>> math.pi              #调用 math 模块中的 pi 变量
3.141592653589793
>>> math.pii
Traceback (most recent call last):
  File "<pyshell#8>", line 1, in <module>
    math.pii
AttributeError: module 'math' has no attribute 'pii'
```

出现语法错误的情况也可能是在使用 if 后没有加上必要的符号":",示例如下。

```
>>> if(1)
SyntaxError: invalid syntax
```

这类语法错误在代码执行前就被错误处理器发现并指出,所以也被称为解析错误。

(2)逻辑错误指代码执行结果与预期不符。也就是说 Python 能够正确运行,没有产生语法错误,但是程序的执行结果是不正确的。如变量使用错误,在应该使用 A 变量的情况下使用了 B 变量。GetA()函数的功能是根据参数 B 的值来确定返回 A 的值,正确的 GetA()函数及其调用结果示例如下。

```
>>> def GetA(A,B):       #自定义函数 GetA(),参数为 A 和 B
...     if(B>0):
```

```
...        return A
...     else:
...        return -A
...
...
>>> GetA(3,1)
3
>>> GetA(3,-1)
-3
```

但在完成这个函数的时候，错误地将代码写成了返回参数 B 的值，示例如下。

```
>>> def GetA(A,B):
...     if(B>0):
...        return B          #返回参数 B 的值
...     else:
...        return -B         #返回参数 B 的负数值
...
...
>>> GetA(3,1)
1
>>> GetA(3,-1)
1
```

我们可以看到，程序正常运行，但结果错误。这种逻辑错误从语法上来讲是正确的，但这并不是程序的正确写法，也就是读者常说的"bug"。这种错误不容易被发现，因为 Python 只负责运行程序，它无法告诉你要实现这个功能应该怎么写代码，它只负责提示那些不符合语法规范的错误。所以读者在用程序解决问题时应当确保思路明确，逻辑清晰。

2. 异常

含有语法错误的程序无法正常运行，含有逻辑错误的程序可以正常运行，却得到错误结果。除开这两种情况，还有一种不正确的情况就是程序在运行过程中遇到错误导致意外退出，这种运行时产生的错误就是异常。如试图打开的文件不存在，除法计算中除数为 0 等情况都是异常。程序没有能力自行处理这些异常，若不对发生的异常进行处理，程序就会终止，并且将异常以错误信息的形式展现出来，示例如下。

```
>>> 7/0                     #除数为 0，会造成异常
Traceback (most recent call last):
  File "<pyshell#2>", line 1, in <module>
    7/0
ZeroDivisionError: division by zero
```

从上述示例可以看出，这个异常与语法错误看上去很相似，都是直接提示了错误信息。而实际上，语法错误被找到时，程序并没有真正运行，语法错误是由错误处理器发现的；但是异常必定是程序运行之后才发现的。当定义函数 A_Error() 时，Python 并没有提示任何信息，而只有调用该函数，执行到"7/0"处时，Python 才会遇到这个异常，从而终止程序运行并给出错误信息，示例如下。

```
>>> def A_Error():
...     return 7/0          #返回值异常
...
>>> A_Error()
Traceback (most recent call last):
```

```
    File "<pyshell#26>", line 1, in <module>
        A_Error()
    File "<pyshell#25>", line 2, in A_Error
        return 7/0
ZeroDivisionError: division by zero
```

可以发现，异常相比语法错误和逻辑错误要难以处理得多，因为它必须要在程序被运行后才有机会被发现。幸运的是，Python 内置了一套异常处理机制，来帮助用户进行这种不正确情况的处理。

8.2　处理异常

实际上，异常是一个事件，如果在程序运行时发生了异常事件，那么 Python 将判断针对这个事件是否提前有处理方案。如果有，那么执行提前设置好的处理方案；如果没有，则终止程序并提示错误信息。以 8.1 节中除数为 0 这个异常为例（读者可以暂不考虑程序的实现，仅需考虑逻辑关系），可以提前设置处理方案；如果出现除数为 0 的异常事件，则将除数改为默认值 1，并输出相关提示信息，程序继续运行。于是当发生除数为 0 的异常事件时，Python 将除数的值改为 1，并将这个异常的发生和处理方式输出在屏幕上，程序得以继续运行；假如没有发生除数为 0 的异常事件，则不做任何特殊操作。在 8.1 节的 "7/10" 示例中，由于并未提前设置针对除数为 0 的异常事件的处理方案，程序因无法处理该异常而终止运行，并给出错误信息。

在用户实际使用程序的过程中，如果程序突然崩溃，并且弹出了让人难以理解的"错误信息"，那这个程序的用户体验必定是相当糟糕的了。用户可在计算器中尝试输入 "7/0" 这个算式，假如计算器没有针对除数为 0 的情况给出处理方案，那么计算器将会崩溃并报告令用户感到晦涩难懂的错误信息。而当使用异常处理机制为其设置处理方案后，当用户输入除号后的 0 时，计算器便会显示"除数不能为零"并提示用户重新输入，如图 8-1 所示。

换句话说，程序可能会出现一些我们不能控制的错误，不对它进行处理就会直接报错，于是需要使用异常处理机制来解决这些问题。

有读者可能会问：那么可以直接使用 if 语句进行判断处理吗？确实，使用 if 语句能够解决一些异常。但是对于真正的项目而言，不断地为程序加入 if 语句，会使程序可读性变得很差，也为程序员增加了极大的负担。既然 Python 为读者提供了专门的异常处理机制，又有什么理由"舍近求远"呢？使用异常处理机制还有这样一些好处：把错误处理和真正的工作分开；代码更易组织、更清晰，复杂的工作任务更容易实现；程序更加安全。

让我们来说明一下上文提到的"将错误处理和真正的工作分开"，这表示异常处理的语句块与可能发生异常的语句块是分开的。那么在

图 8-1　计算器处理异常

设计异常处理的时候，首先需要确定范围，明确哪些代码可能出现异常；其次，针对每个异常，需要考虑其被捕获后做何种处理。有了以上分析，就可以对异常处理的模式做一个推断：检查指定范围的代码是否出现异常；如果出现异常则调用相应异常处理代码，否则不做处理并终止程序。而事实上 Python 和大多数编程语言都是这么做的。Python 为用户提供了相当便捷的异常处理"模板"：try…except…else…finally 组合语句，使用这种组合语句能逻辑清晰地捕获并处理异常，其

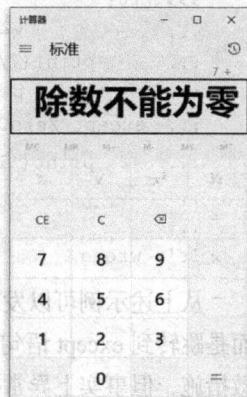

语法结构如下。

```
>>> try:
...         <语句块>                        #可能引发异常的语句块
... except BaseException:                   #BaseException 表示异常种类
...         <语句块>                        #发生 except 指定的异常后执行的语句块
... else:
...         <语句块>                        #未发生异常时执行的语句块
... finally:
...         <语句块>                        #是否发生异常都执行的语句块
```

8.2.1 try–except 语句

在 try-except 语句中，将可能出现异常的代码放在 try 语句块里，实际上只是为随后的异常检测限定了范围，真正捕获异常的关键在于 except。except 后紧接着需要捕获的异常种类 BaseException，它可以代表所有的异常。实际上，异常是类，而异常的基类，即各种异常类的父类就是 BaseException 类，其余所有内置异常或是用户自定义的异常都是基于它的，关于它的内容将在后续小节中继续讨论与学习，现在读者只需要知道 except 后应该紧跟异常的名称，如前面提到的除数为 0 会引发的异常类是 ZeroDivisionError。为了捕获除数为 0 的应当设计如下异常处理。

```
>>> try:
...         <语句块>                        #可能引发异常的语句块
... except ZeroDivisionError:               #捕获除数为 0 异常
...         <语句块>                        #发生 ZeroDivisionError 异常后执行的语句块
```

根据关键字 except 后提供的异常种类，Python 可以知道在 try 语句块中捕获了何种异常。假如发生指定异常，就不再执行原有的 try 语句块，而是开始执行 except 语句块中的异常处理代码。下面是一个实际的示例，能够帮助读者直观地看到捕获异常后的代码执行顺序。

```
>>> try:
...         x=0
...         print(7/0)
...             print('Are you ok?')
... except ZeroDivisionError:               #捕获除数为 0 异常
...         print('It\'s wrong')            #发生 ZeroDivisionError 异常后执行的语句块
...
...
It's wrong
```

从上述示例可以发现，当捕获到了 ZeroDivisionError 异常后，程序便不再执行 try 语句块，而是跳转到 except 语句块。在本节开始时提到了使用异常处理机制能够在异常发生时做一定的补救措施，但事实上异常被捕获后，便不再执行剩余的 try 语句块，所以需要在 except 语句块中提前写好"处理方案"。在下面的示例中，读者可以把变量 x 视为用户输入的数据，当用户输入正常数据时，不会发生异常；而当用户将 x 定义为 0 时，继续执行除法运算就会导致 ZeroDivisionError 异常，于是此时就将 x 定义为默认值 1（实际程序中应输出信息提示用户重新输入 x，此处的设计是为了便于读者理解），以解决除数为 0 导致的程序中断问题。

```
>>> try:
...         x=0
...         print(7/x)
```

```
...         print('Are you ok?')
... except ZeroDivisionError:              #捕获除数为 0 异常
...         print('It\'s wrong')           #发生 ZeroDivisionError 异常后执行的语句块
...         x=1
...         print(7/x)
...         print('Are you ok?')
...
...
It's wrong
7.0
Are you ok?
```

也许这样的处理机制会让读者觉得太过烦琐，但是对于一个实际的程序，异常处理机制仅需要添加少量的代码就能增强程序的安全性，这其实是十分有益的。并且，明确可能发生异常的代码会让异常处理变得更加简单。如在上述示例中，输出字符串'Are you ok?'是不会出现异常的，于是可以缩小 try 语句块的范围，如将其写在异常处理之外的区域。

8.2.2　未发生异常——else 子句

8.2.1 小节中讲到的 try-except 语句会捕获所有发生的异常，我们不能通过该程序识别出具体的异常信息，为此我们引进了 else 子句，其逻辑与 if-else 中的 else 语句类似。接下来为异常处理添加 else 语句块，示例如下。

```
>>> try:
...         x=1
...         print(7/x)
...         print('Are you ok?')
... except ZeroDivisionError:              #捕获除数为 0 异常
...         print('It\'s wrong')           #发生 ZeroDivisionError 异常后执行的语句块
... else:
...         print('It\'s OK')
...
...
7.0
Are you ok?
It's OK
```

注意，在当前的示例中，变量 x 的值是 1，并不会发生除数为 0 的异常，所以程序并没有进入 except 语句块，而是在执行完所有的 try 语句块后正常进入 else 语句块执行语句。

8.2.3　巧用 finally 清理子句

在异常处理机制中，finally 语句定义的是在任何情况下都要执行的功能。也就是说，不管有没有发生异常，finally 语句都一定会被执行。这就包括未发生异常的情况、异常发生并被捕获的情况，甚至异常发生但未被捕获的情况，示例如下。

```
>>> try:
...         x=1
...         print(7/x)
...         print(int('x'))
...         print('Are you ok?')
... except ZeroDivisionError:              #捕获除数为 0 异常
```

```
...          print('It\'s wrong')  #发生 ZeroDivisionError 异常后执行的语句块
...      else:
...          print('It\'s OK')
...      finally:
...          print('I am still here!')
...
...
7.0
I am still here!
Traceback (most recent call last):
  File "<pyshell#21>", line 4, in <module>
    print(int('x'))
ValueError: invalid literal for int() with base 10: 'x'
```

从上述示例中可以看出，即使 ValueError 导致了程序终止，但在错误信息输出之前，finally 语句仍然被执行了。finally 语句的作用体现在实际的应用程序中，它常被用于释放外部资源（文件或网络连接等），无论程序的执行过程中是否出错。

在第 6 章的学习中，我们已经知道打开文件后始终要关闭文件。但如果发生了异常，又如何确保文件对象正确关闭呢？常见的文件操作代码往往分为 3 部分，示例如下。

```
>>> file1_object1=open('file1.txt')
>>> #文件操作
>>> file1_object1.close()  #关闭文件
```

最简单的 finally 语句能够解决这样问题：自动调用 close()方法将打开的文件关闭，示例如下。

```
>>> try:
...      file1_object1=open('file1.txt')
...          #文件操作
... except IOError:
...          print('Could not find file1.txt')
... finally:
...          if file1_object1:           #如果文件成功打开
...              file1_object1.close()
...          print('File closed successfully!')
...
...
File closed successfully!
```

不论是否发生异常，finally 语句都将判断文件是否打开。如果判定文件打开，则将其关闭，并输出相应信息。从这个示例中，读者可以发现，使用 finally 语句能够很好地实现文件自动关闭的功能。在实际的应用中，使用 finally 语句也能够解决其他许多资源释放的问题。

8.2.4　处理多种异常

通过前面的学习，读者已经系统地掌握了 try…except…else…finally 组合语句的用法，它是 Python 异常处理机制的核心。当 try 语句块内发生异常时，try 语句块未执行的内容将不再执行，并立即转到 except 后匹配异常名称，若二者匹配则执行相应的 except 语句块，最后执行 finally 语句块；当 try 语句块内未发生异常时，会执行完 try 语句块后将执行 else 语句块，最后执行 finally 语句块。

并非每一处的异常处理都需要 else 和 finally 语句，可以视具体情况使用它们；不过设置异常处理时至少需要设置一个 except 语句块和 try 语句块匹配。假如只有 try 语句块而没有 except 语句块，就相当于把代码放到一个毫无意义的命名空间中；而若只有 except 没有 try，Python 就无处可捕获异常。

这里还要说明的是，允许为一个 try 语句块设置不止一个 except 语句块，因为一段代码可能出现多个异常。为 try 语句块中可能出现的多个异常设置多个 except 语句块是本节学习的重点。先来看看 8.2.2 小节中留下的一个问题。

```
>>> try:
...     x=1
...     print(7/x)
...     print(int('x'))
...     print('Are you ok?')
... except ZeroDivisionError:        #捕获除数为 0 异常
...     print('It\'s wrong')          #发生 ZeroDivisionError 异常后执行的语句块
... else:
...     print('It\'s OK')
...
...
7.0
Traceback (most recent call last):
  File "<pyshell#22>", line 4, in <module>
    print(int('x'))
ValueError: invalid literal for int() with base 10: 'x'
```

在上述示例中，虽然没有出现除数为 0 的异常，但是存在着一个试图将字母转换为整数的操作，这当然是一个异常，然而 except 语句块只能够捕获指定的 ZeroDivisionError 异常，于是程序在展示异常信息之后终止了。通过前面的学习，读者知道所有的异常都是类，所以要解决问题，首先要知道究竟什么异常类能够捕获这种"错误的类型转换"问题。其实可以直接通过提示信息看到异常类名为 ValueError，并且错误信息已经将异常原因描述得十分清楚了。但是读者依然要对各种异常类进行了解，一种异常只属于一个异常类，但一个异常类能够包含多种异常情况。表 8-1 是一些常见异常类以及对它们的描述。

表 8-1　　　　　　　　　　　　　　　　　常见异常类

序　　号	异常类名称	说　　明
1	BaseException	所有异常的基类
2	SystemExit	解释器请求退出
3	KeyboardInterrupt	用户中断运行（通常是输入了"^C"）
4	GeneratorExit	生成器异常
5	Exception	常规异常的基类
6	FloatingPointError	浮点数计算错误
7	OverflowError	数值运算超出最大限制
8	ZeroDivisionError	除数（或模）为 0（所有数据类型）
9	AttributeError	对象没有这个属性
10	EOFError	没有内建输入，到达文件结束符（End Of File，EOF）
11	IOError	输入/输出操作失败

序 号	异常类名称	说 明
12	ImportError	导入模块/对象失败
13	RuntimeError	一般的运行时错误
14	NotImplementedError	尚未实现的方法
15	IndentationError	缩进错误
16	TabError	制表符和空格符混用
17	SystemError	一般的解释器系统错误
18	TypeError	对类型无效的操作
19	ValueError	传入无效的参数

通过表 8-1 可以找到对"错误的类型转换"引发的异常 ValueError 的描述——传入无效的参数。这并不难理解，因为类型转换时的 int 实际上充当了函数的角色，需要转换的内容对它而言便是参数。确定了捕获类型转换错误应当使用的异常类名称 ValueError 之后，就可以改写前文示例中 except 语句块指定匹配的异常类，示例如下。

```
>>> try:
...     x=1
...     print(7/x)
...     print(int('x'))
...     print('Are you ok?')
... except ValueError:            #捕获类型转换错误异常
...     print('It\'s wrong')      #发生 ZeroDivisionError 异常后执行的语句块
... else:
...     print('It\'s OK')
...
...
7.0
It's wrong
```

只有使用恰当的异常类，才能捕获可能发生的异常，使得程序能够正常运行。但如果上述例子中的 x 为 0，使得 try 语句块中存在两个异常，那么 except 语句块应该匹配哪一个异常呢？示例如下。

```
>>> try:
...     x=0
...     print(7/x)
...     print(int('x'))
...     print('Are you ok?')
```

对于这个问题，异常处理机制提供了两种解决方式。为了简化代码，此处不再考虑 else 子句和 finally 语句。

1. 一个 except 多个异常

用一个 except 子句处理多个异常的示例如下。

```
>>> try:
        pass                                            #可能引发异常的语句块
    except (ValueError,ZeroDivisionError,Exception):    #发生异常1、异常2或异常3后执
                                                        #行的语句块
        pass
```

　　用一个 except 子句处理多个异常，仅需要将这些异常类放在一个元组里就可以了。不过对于放在一个 except 子句中的多种异常而言，它们拥有相同的处理方法。使用这种方式能够轻松解决存在多个异常的问题，示例如下。

```
>>> try:
...     x=0
...     print(7/x)
...     print(int('x'))
...     print('Are you ok?')
... except (ZeroDivisionError,ValueError):    #捕获除数为 0 异常或传入无效的参数异常
...     print('It\'s wrong')                   '''发生 ZeroDivisionError异常和ValueError
后执行的语句块'''
...
...
It's wrong
```

　　虽然解决方式十分简便，但也带来了一些问题，如无法确定究竟发生了哪种异常，或是异常处理没有针对性等。好在 Python 还提供了另外一种方法来处理多个异常的问题。

2. 多个 except 多个异常

　　用多个 except 子语处理多个异常的示例如下。

```
>>> try:
...     pass         #可能引发异常的语句块
... except ValueError:
...     pass         #发生异常 1 后执行的语句块
... except ZeroDivisionError:
...     Pass         #发生异常 2 后执行的语句块
```

　　为 try 语句块设置多个 except 子句以匹配异常，这样的处理方法非常具有逻辑性，可以对于不同的异常给出不同的处理方案。当异常发生时，Python 将该异常依次与 except 指定的异常名称进行匹配，如果匹配成功，则执行相应的 except 语句块。不过 Python 只会处理第一个发生的异常。因为当第一个异常发生后，剩余的 try 语句块就不再执行，即使里面还含有可能发生的异常，示例如下。

```
>>> try:
...     x=0
...     print(7/x)
...     print(int('x'))
...     print('Are you ok?')
... except ValueError:                       #捕获传入无效的参数异常
...     print('It\'s wrong ValueError')
... except ZeroDivisionError:                #捕获除数为 0 异常
...     print('It\'s wrong ZeroDivisionError')
...
...
It's wrong ZeroDivisionError
```

　　当"7/0"发生除数为 0 异常时，Python 便依次访问 except 语句块以匹配 ZeroDivisionError 异常，匹配成功后便直接进入 except 语句块，剩余的 try 语句块不再执行。

　　要能正确处理各种各样的异常，读者需要了解一些常见的异常类，并运用组合语句设计恰当的异常处理结构，这样才能真正发挥异常处理的作用。

8.3 抛 出 异 常

Python 的异常处理机制和内置的异常类已经能够解决绝大多数的问题，但是仍然存在这样的情况：用户输入了不符合程序逻辑的数据。如用户为记录年龄的函数传入了非正数，此时应当指出这个错误，但这不足以引发 Python 的异常处理机制，因为 Python 不会自动检测程序的逻辑问题。这时就需要手动产生这个异常，这种设置被称作抛出异常。

一个最简单的抛出异常就像下边的示例，由于使用 raise 语句抛出异常是强制行为，raise 后紧跟异常名就能够使程序抛出异常并提示错误信息，即使程序中并没有发生任何异常。

```
>>> raise ZeroDivisionError            #抛出除数为 0 异常
Traceback (most recent call last):
  File "<pyshell#51>", line 1, in <module>
    raise ZeroDivisionError
ZeroDivisionError
```

细心的读者可能会发现，抛出异常提示的错误信息在最后一行似乎与 Python 自动抛出的错误信息有所不同。这需要对比一下 Python 自动抛出的异常信息，以除数为 0 导致的异常作为比较对象，示例如下。

```
>>> 7/0                #出现异常，Python 自动抛出异常信息
Traceback (most recent call last):
  File "<pyshell#0>", line 1, in <module>
    7/0
ZeroDivisionError: division by zero
```

很显然，Python 自动抛出的错误信息多了一段字符串，而且这段内容看上去是对错误信息的描述。事实确实如此，由于 Python 中所有异常都是类，所以每个异常类中都有初始化方法、变量，以及方法。其中有一个变量叫作args，它存储了关于异常的简短描述，而对于手动抛出异常的raise()方法而言，args 是它的一个参数，代表用户自己提供的异常参数。如果要输出对错误信息的描述，在抛出异常时为异常类传递一个字符串参数就行了，示例如下。

```
>>> raise ZeroDivisionError('Raise Error')
Traceback (most recent call last):
  File "<pyshell#52>", line 1, in <module>
    raise ZeroDivisionError('Raise Error')
ZeroDivisionError: Raise Error
```

为异常类传入的字符串参数将在异常被抛出后，作为错误信息输出在屏幕上。

接下来介绍对不符合程序逻辑的输入数据抛出异常的方法。

首先，定义一个含单个参数的 GetAge()函数，传入的参数代表年龄。很显然，函数要求传入的年龄参数不能为负数或 0，但 Python 无法自动检测这种逻辑错误，于是需要使用 raise 语句手动抛出这种异常，示例如下。

```
>>> def GetAge(age):
...     try:
...         if age<=0:
...             raise ValueError
...         return age
```

```
...      except ValueError:
...          print('年龄必须大于0! ')
...
>>> GetAge(0)
年龄必须大于0!
>>> GetAge(1)
1
>>> GetAge(-1)
年龄必须大于0!
```

手动抛出异常圆满地解决了这样的逻辑问题，但错误信息似乎不完整。这是因为虽然手动抛出了异常，但是异常的处理方案始终在 except 语句块中。如果想要达到类似 Python 自动抛出异常的效果，可以在 except 语句块中添加一条 raise 语句，此处仅需要 raise 关键字，示例如下。

```
>>> def GetAge(age):
...      try:
...          if age<=0:
...              raise ValueError('参数错误') #手动抛出异常
...          return age
...      except ValueError:
...          print('年龄必须大于0! ')
...          raise
...
>>> GetAge(0)
年龄必须大于0!
Traceback (most recent call last):
  File "<pyshell#36>", line 1, in <module>
    GetAge(0)
  File "<pyshell#35>", line 4, in GetAge
    raise ValueError('参数错误')
ValueError: 参数错误
```

从上述示例可以看到，最终提示的错误信息来自 try 语句块中抛出的异常，except 语句块中不带参数的 raise 语句会保持当前错误不改动并且抛出。except 语句块中 raise 语句抛出的异常也可以有所改动，如可以为抛出的异常添加新的提示信息，示例如下。

```
>>> def GetAge(age):
...      try:
...          if age<=0:
...              raise ValueError('参数错误')
...          return age
...      except ValueError:
...          print('年龄必须大于0! ')
...          raise ValueError('您输入的年龄不符合规范')
...
>>> GetAge(0)
年龄必须大于0!
Traceback (most recent call last):
  File "<pyshell#38>", line 4, in GetAge
    raise ValueError('参数错误')
ValueError: 参数错误
```

```
During handling of the above exception, another exception occurred:

Traceback (most recent call last):
  File "<pyshell#39>", line 1, in <module>
    GetAge(0)
  File "<pyshell#38>", line 9, in GetAge
    raise ValueError('您输入的年龄不符合规范')
ValueError: 您输入的年龄不符合规范
```

根据错误信息中的 "During handling of the above exception, another exception occurred：" ，可以得知在 except 语句块中抛出的异常相当于抛出了第二个异常，这样便会显得错误信息十分冗长，所以使用 raise 语句抛出异常，尽量只抛出一次异常就完成工作。并且，except 语句块中使用 raise 语句还可能会出现抛出不恰当的异常的情况，示例如下。

```
>>> def GetAge(age):
...     try:
...         if age<=0:
...             raise ValueError('参数错误')
...         return age
...     except ValueError:
...         print('年龄必须大于 0！')
...         raise ZeroDivisionError('您输入的年龄不符合规范')
...
...
>>> GetAge(0)
年龄必须大于 0！
Traceback (most recent call last):
  File "<pyshell#41>", line 4, in GetAge
    raise ValueError('参数错误')
ValueError: 参数错误

During handling of the above exception, another exception occurred:

Traceback (most recent call last):
  File "<pyshell#42>", line 1, in <module>
    GetAge(0)
  File "<pyshell#41>", line 9, in GetAge
    raise ZeroDivisionError('您输入的年龄不符合规范')
ZeroDivisionError: 您输入的年龄不符合规范
```

按照异常类的定义，传入无效的参数应当抛出 ValueError，上例还抛出了 ZeroDivisionError。但即使在处理中抛出其他的异常类也会正确提示错误信息，因为 Python 不能处理程序中人为的逻辑问题。这并不是告诫读者要尽量少用这些会出现问题的语句，而是提醒读者在编写程序时应当思路清晰。使用异常处理机制而不是大量的 if 语句处理信息也能够帮助读者提高处理代码逻辑的能力。

8.4 自定义异常

虽然 Python 提供的异常类已经十分全面了，但是程序员仍然会有抛出特殊异常的需求。Python

无法内置每位程序员可能用到的异常类。所谓"授人以鱼不如授人以渔"，当程序员需要为自己的程序设计一个异常类，以便处理运行时发生的错误时，就可以自己定义一个异常类。不过这样定义出来的异常类并不能被 Python 自动识别，所以要想使用自定义的异常类，就需要在出错的位置使用 8.3 节学到的 raise 语句抛出一个自定义的异常类对象。在前面的内容中提到，BaseException 类是所有异常的基类，它和其他异常类的关系如图 8-2 所示。

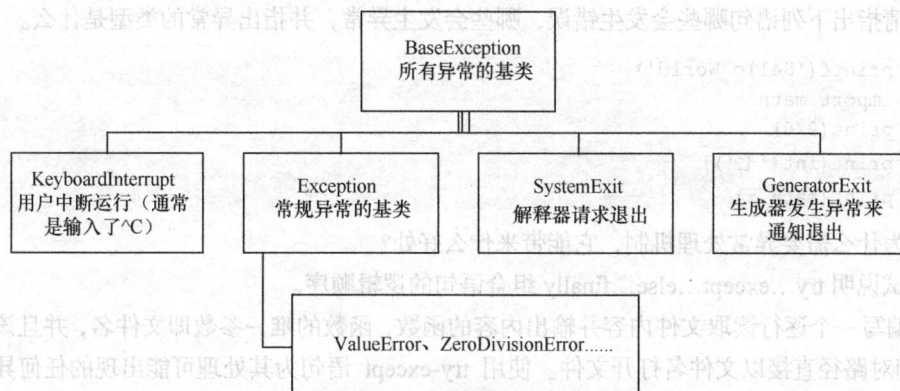

图 8-2　异常类结构图

从图 8-2 可以发现，常见的异常类几乎都继承了 BaseException 类的子类 Exception。所以自定义异常通常就是定义一个类继承 Exception 类，当然也可以继承其他异常类。在此建议读者直接继承 Exception 类，毕竟它是所有常见异常的基类，示例如下。

```
>>> class MyError(Exception):
...     pass        #使用占位语句可以很快地创建出一个自定义异常类
>>> raise MyError
Traceback (most recent call last):
  File "<pyshell#48>", line 1, in <module>
    raise MyError
MyError
```

自定义的异常类被成功抛出了，虽然我们没有为它添加任何内容，但是继承机制自动继承了 Exception 类的各种方法，其中也包括初始化方法，示例如下。

```
>>> try:
...         raise MyError('我默认继承了!')
...     except MyError:
...         print('This is my Error')
...         raise
...
This is my Error
Traceback (most recent call last):
  File "<pyshell#59>", line 2, in <module>
    raise MyError('我默认继承了!')
MyError: 我默认继承了!
```

从上述示例可以发现，自定义异常除了只能通过 raise 语句抛出以外，在使用方式上它与 Python 内置的标准异常类没有区别。建议读者仅在必要的时候才定义自己的异常类。Python 内置的异常类已经足够丰富，在可以选择 Python 内置异常类的情况下，请读者尽量使用 Python 内置的异常类。

习 题

1. 试说明错误和异常的区别。

2. 请指出下列语句哪些会发生错误，哪些会发生异常，并指出异常的类型是什么。

```
>>> printf('Hello World')
>>> import math
>>> print(9/0)
>>> print(int('七'))
>>> print(math.x)
```

3. 为什么需要异常处理机制，它能带来什么好处？

4. 试说明 try…except…else…finally 组合语句的逻辑顺序。

5. 编写一个逐行读取文件内容并输出内容的函数，函数的唯一参数即文件名，并且该函数能够使用相对路径直接以文件名打开文件。使用 try-except 语句为其处理可能出现的任何异常，且异常处理范围是整个函数。如果发生异常，则输出自定义的提示信息，并抛出异常的错误信息。

6. 在第 5 题的基础上，为函数添加 else 子句。若调用函数未发生任何异常，则输出自定义信息，提示用户函数调用成功。

7. 在第 5 题与第 6 题的基础上，为函数添加 finally 语句，以确保文件能够被正常关闭，且输出自定义信息，提示用户文件关闭成功。

第9章
os、sys 模块及应用

os、sys 模块是 Python 中最常用的模块。其中 os 模块提供了一些控制操作系统底层的函数，一般用来操作文件和目录；sys 模块用来访问 Python 解释器运行时的配置及资源并进行相关操作，从而与操作系统进行交互。os 模块和 sys 模块是 Python 的两大基础模块，因此掌握它们的相关知识至关重要。

9.1   os 模块

os 模块是 Python 最基础的一个模块，它主要用来对文件和目录进行操作。除此之外，os 模块还可以解决跨平台问题，即它可以使一个程序在不经过任何改动的情况下，在不同的操作系统上运行。本节将分别讲解 os 模块操作文件、目录，以及解决跨平台问题的方法。

9.1.1   文件操作

1. 常用函数

os 模块拥有许多操作文件的函数，这里只列出一些常用的函数。os 模块文件操作函数及其说明如表 9-1 所示。

表 9-1   os 模块文件操作常用函数及其说明

序 号	函 数	说 明
1	os.chmod(path,mode)	更改文件或目录的权限
2	os.chown(path,uid,gid)	更改文件的所有者，仅支持在 UNIX 操作系统上使用
3	os.open(path,flags)	打开一个文件，flags 为打开的方式
4	os.write(fd,str)	将字符串 str 写入文件描述符 fd 所指向的文件，返回实际写入的字符串长度
5	os.read(fd,n)	从文件描述符 fd 所指向的文件中读取最多 n 个字节
6	os.close(fd)	关闭文件描述符 fd
7	os.lseek(fd,pos,how)	以 how 的方式修改文件描述符 fd 所指向的文件的当前文件指针位置为 pos
8	os.link(src,dst)	创建硬链接，src 为原文件路径，dst 为硬链接的目标路径，仅支持在 UNIX 操作系统上使用
9	os.symlink(src,dst)	创建软链接，src 为原文件路径，dst 为软链接的目标路径，仅支持在 UNIX 操作系统上使用
10	os.readlink(path)	返回软链接指向的文件路径，仅支持在 UNIX 操作系统上使用

续表

序　号	函　　数	说　　明
11	os.rename(path,dst)	重命名文件或目录，从 path 改为 dst
12	os.remove(path)	删除路径为 path 的文件，如果路径为目录则会报错
13	os.system(command)	执行 Shell 命令
14	os.walk(top,topdown=True,onerror=None, followlinks= False)	通过向上或向下遍历输出文件夹中的文件名

（1）os.chmod(path,mode)函数

os.chmod(path,mode)函数主要用来更改文件或目录的权限，其中 path 参数为文件路径或目录路径，mode 为权限模式，它的可选值及其说明如表 9-2 所示。

表 9-2　　　　　　　　　　　　　　　mode 可选值及其说明

序　号	mode	说　　明
1	stat.S_ISUID	执行此文件的进程有效用户为文件所属用户
2	stat.S_ISGID	执行此文件的进程有效组为文件所属组
3	stat.S_IXOTH	其他用户具有执行权限
4	stat.S_IROTH	其他用户具有读权限
5	stat.S_IWOTH	其他用户具有写权限
6	stat.S_IRWXO	其他用户具有全部权限
7	stat.S_IXGRP	组用户具有执行权限
8	stat.S_IRGRP	组用户具有读权限
9	stat.S_IWGRP	组用户具有写权限
10	stat.S_IRWXG	组用户具有全部权限
11	stat.S_IXUSR	文件所有者具有执行权限
12	stat.S_IRUSR	文件所有者具有读权限
13	stat.S_IWUSR	文件所有者具有写权限
14	stat.S_IRWXU	文件所有者具有所有权限
15	stat.S_ISVTX	目录里的文件和目录只有文件所有者才可删除更改
16	stat.S_IREAD	Windows 操作系统设置为只读
17	stat.S_IWRITE	Windows 操作系统取消只读

目录的读权限表示可以获取目录里的文件名列表，执行权限表示可以把工作目录切换到此目录，删除目录里的文件必须同时有写和执行权限，文件权限以用户 ID→组 ID→其他的顺序检验，最先匹配的权限将被应用。os.chmod(path,mode)函数的主要应用操作系统是 Linux 操作系统，它类似于 Linux 操作系统中的"chmod"命令，因此，这里只列举该函数在 Linux 操作系统上的示例，有兴趣的读者可自行测试在 Windows 操作系统上的相关操作。

要为文件修改权限首先要做的就是创建文件，因此需要首先在 Linux 操作系统中执行如下 Shell 语句。

```
[root@root pythonProject]# touch test.txt
[root@root pythonProject]# ls -al          #使用"ls -al"命令查看文件的权限
```

```
总用量 4
drwxr-xr-x.  2 root root   22 10月 12 22:00 .
dr-xr-xr-x. 21 root root 4096 10月 12 21:25 ..
-rw-r--r--.  1 root root    0 10月 12 22:00 test.txt
```

在执行 touch 语句创建文件之后，还可以使用"ls –al"命令来查看 test.txt 文件的权限，输出的第 1 列为文件的权限描述，其中"r"代表读权限，"w"代表写权限，"x"代表执行权限。Linux 操作系统中的权限描述共有 10 位，其中第 1 位为文件类型，常见的值有：d 表示目录。-表示二进制文件，1 表示链接文件。第 2、3、4 位为文件所有者权限，第 5、6、7 位为组用户权限，第 8、9、10 位为其他用户权限。

创建好文件之后，再创建一个 chmod.py 文件，用于存储 Python 代码，示例如下。

```
[root@root pythonProject]# touch chmod.py
```

创建好 chmod.py 文件之后，通过 vim 命令打开该文件，示例如下。

```
[root@root pythonProject]# vim chmod.py
```

如果提示未安装 Vim 编辑器，还需要执行如下命令安装 Vim。

① CentOS/RedHat/Fedora 执行下列命令安装 Vim 编辑器。

```
[root@root pythonProject]# yum install vim
```

② Ubuntu 执行下列命令安装 Vim 编辑器。

```
[root@root pythonProject]# apt-get install vim
```

用 vim 命令打开 chmod.py 文件之后，按 i 键进入 Vim 的插入模式后输入下列代码。

```
# chmod.py
#!/usr/bin/env python3
import os,stat
os.chmod('test.txt',stat.S_IRWXO)        #修改文件 test.txt 的权限，改为其他用户具有全部权限
print('success!')
```

输入后按 Esc 键，再输入"wq"命令，保存并退出。然后执行下列命令运行 Python 代码文件 chmod.py。

```
[root@root pythonProject]# python3 chmod.py
success!
```

执行成功后再次使用"ls–al"命令查看文件 test.txt 的权限，示例如下。

```
[root@root pythonProject]# ls -al
总用量 8
drwxr-xr-x.  2 root root   38 10月 12 22:25 .
dr-xr-xr-x. 21 root root 4096 10月 12 21:25 ..
-rw-r--r--.  1 root root  118 10月 12 22:25 chmod.py
----rwx---.  1 root root    0 10月 12 22:24 test.txt
```

可以看到文件 test.txt 的权限修改成功了。

（2）os.chown(path,uid,gid)函数

os.chown(path,uid,gid)函数用来更改文件的所有者，其中 path 为文件路径、uid 为用户 ID、gid 为组 ID，如不需修改则可设置为–1。

在更改文件所有者之前首先要确认用户或组是否存在。为方便讲解，这里直接创建一个用户

userJack 和组 groupJack，示例如下。

```
[root@root pythonProject]# useradd userJack
[root@root pythonProject]# cat /etc/passwd
...
userJack:x:1001:1001::/home/userJack:/bin/bash    #创建用户 userJack
[root@root pythonProject]# groupadd groupJack
[root@root pythonProject]# cat /etc/group
...
groupJack:x:1002: #创建组 groupJack
```

可以看到，用户 userJack 的 ID 为 1001，组 groupJack 的 ID 为 1002。

在创建好用户和组之后，使用 "ls -al" 命令查看文件 test.txt 的所有者，示例如下。

```
[root@root pythonProject]# ls -al
总用量 8
drwxr-xr-x.  2 root root   38 10月 14 22:56 .
dr-xr-xr-x. 21 root root 4096 10月 14 21:25 ..
-rw-r--r--.  1 root root   84 10月 14 22:28 chmod.py
----rwx---.  1 root root    0 10月 14 22:29 test.txt
```

可以看到，文件 test.txt 的所有者用户和组都为 root，下面创建 chown.py 文件，输入下列代码。

```
# chown.py
#!usr/bin/env python3
import os
os.chown('test.txt',1001,1002)#将文件 test.txt 的所有者改成 ID 为 1001 的用户和 ID 为 1002 的组
print('success')
```

之后执行上面输入的代码，并查看文件的所有者：

```
[root@root pythonProject]# python3 chown.py
success
[root@root pythonProject]# ls -al          #使用 "ls -al" 命令查看文件的权限
总用量 12
drwxr-xr-x.  2 root    root        54 10月 14 23:03 .
dr-xr-xr-x. 21 root    root      4096 10月 14 21:25 ..
-rw-r--r--.  1 root    root        84 10月 14 22:28 chmod.py
-rw-r--r--.  1 root    root        77 10月 14 23:03 chown.py
----rwx---.  1 userJack groupJack    0 10月 14 22:29 test.txt
```

可以看到，程序成功地修改了 test.txt 文件的所有者。

（3）os.open(path,flags)函数

os.open(path,flags)函数用来打开一个文件，其中 path 为文件的路径，flags 为文件打开的方式。flags 可选值及其说明如表 9-3 所示。

表 9-3　　　　　　　　　　　　　　　　flags 可选值及其说明

序　号	可　选　值	说　　　明
1	os.O_RDONLY	以只读方式打开，类似于 r
2	os.O_WRONLY	以只写方式打开，类似于 w
3	os.O_RDWR	以读/写方式打开，类似于 w+

序　号	可　选　值	说　　明
4	os.O_NONBLOCK	打开时不阻塞
5	os.O_APPEND	以追加方式打开，类似于 a
6	os.O_CREAT	创建并打开一个文件
7	os.O_TRUNC	打开一个文件，并将它的长度截断为 0。
8	os.O_EXCL	如果文件存在则返回错误
9	os.O_SHLOCK	自动获取共享锁
10	os.O_EXLOCK	自动获取独立锁
11	os.O_DIRECT	消除或减少缓存效果
12	os.O_FSYNC	同步写入
13	os.O_NOFOLLOW	不追踪软链接

如果需要用到多个 flags 可用符号"|"分隔开。

os.open(path,flags)函数的示例如下。

```
# open.py
#!/usr/bin/env python3
import os                          #导入 os 模块

f = os.open('test.txt', os.O_RDWR | os.O_CREAT)     #创建并以读/写的方式打开文件 test.txt
print(os.stat(f))              #输出文件描述符信息
os.close(f)
```

程序的执行结果如下。

```
os.stat_result(st_mode=33206, st_ino=281474977174319, st_dev=499999, st_nlink=1, st_uid=0,
st_gid=0, st_size=12, st_atime=1539529864, st_mtime=1539532538, st_ctime=1539529864)
```

（4）os.write(fd,str)函数

os.write(fd,str)函数用来向文件描述符 fd 所指向的文件中写入字符串 str，并返回实际写入的字符串长度。需注意的是，str 需要进行编码，示例如下。

```
#write.py
#!/usr/bin/env python3
import os
f = os.open('test.txt', os.O_RDWR | os.O_CREAT)
os.write(f, str.encode('hello')) '''向文件描述符 f 所指向的文件内写入字符串'hello'（且此处的
字符串是编码后的）'''
os.close(f)                #关闭文件描述符 f 所指向的文件
print('success')
```

程序的执行结果如下。

```
success
```

（5）os.read(fd,n)函数、os.close(fd)函数

os.read(fd,n)函数用来从文件描述符 fd 所指向的文件中读取最多 n 个字节的数据，若文件描述符 fd 对应的文件指针已到达末尾，则返回一个空字符串。os.close(fd)函数用来关闭文件描述符 fd，其综合示例如下。

```
# read_close.py
#!/usr/bin/env python3
import os
f = os.open('test.txt', os.O_RDONLY | os.O_CREAT)
print(os.read(f, 3))    #向文件描述符 f 所指向的文件中读取最多 3 字节的数据
os.close(f)
print('success')
```

程序的执行结果如下。

```
b'hel'
success
```

表示成功将字符串写入文件 test.txt 里。

（6）os.lseek(fd,pos,how)函数

os.lseek(fd,pos,how)函数用于以 how 的方式修改文件描述符 fd 所指向的文件的当前文件指针位置为 pos，其中 how 的可选值有：SEEK_SET 或 0，此时从文件起始位置计算 pos；SEEK_CUR 或 1，此时从当前位置计算 pos；SEEK_END 或 2，此时从文件结尾开始计算 pos。

os.lseek(fd,pos,how)函数的使用示例如下。

```
#lseek.py
#!/usr/bin/env python3
import os
f = os.open('test.txt', os.O_RDWR | os.O_CREAT)
os.write(f, str.encode('123a 56 bb'))'''向文件描述符 f 所指向的文件内写入字符串'123a 56 bb'
（此处的字符串是编码后的）'''
#从起始位置读取字符串
os.lseek(f, 0, 0)
print("已写入: ", os.read(f, 10))
#从位置 5 开始读字符串
os.lseek(f, 5, 0)
print("5 之后的字符串: ", os.read(f, 10))
os.close(f)
```

程序的执行结果如下。

```
已写入: b'123a 56 bb'
5 之后的字符串: b'56 bb\n'
```

（7）os.link(src,dst)函数

os.link(src,dst)函数主要用来创建硬链接，该函数对于创建一个已存在的文件的副本非常有用，主要用于 Linux 操作系统。其中 src 为原文件路径，dst 为创建的硬链接的路径，示例如下。

```
#link.py
#!/usr/bin/env python3
import os
os.link('test.txt','test_link.txt')#给原文件 test.txt 创建的硬链接的路径为 test_link.txt
print('success')
```

程序在执行后会在当前目录创建一个硬链接文件 test_link.txt。

```
[root@root pythonProject]# python3 link.py
success
```

```
[root@root pythonProject]# ls
chmod.py  chown.py  link.py  test_link.txt  test.txt
```

（8）os.symlink(src,dst)函数

os.symlink(src,dst)函数用来创建软链接，其中 src 为原文件路径，dst 为创建的软链接的路径，示例如下。

```
#symlink.py
#!/usr/bin/env python3

import os
os.symlink('test.txt','test_symlink.txt')#给原文件test.txt创建的软链接的路径为test_symlink.txt
print('success')
```

程序的执行结果如下。

```
[root@root pythonProject]# python3 symlink.py
success
[root@root pythonProject]# ls -al
总用量 24
...
lrwxrwxrwx. 1 root    root        8 10月 12 23:38 test_symlink.txt -> test.txt
```

（9）os.readlink(path)函数

os.readlink(path)函数用来返回软链接指向的文件路径，其中 path 为软链接指向的文件路径，示例如下。

```
#readlink.py
#!usr/bin/env python3
import os
print(os.readlink('test_symlink.txt')) #返回 test_symlink.txt 软链接所指向的文件路径
```

程序的执行结果如下。

```
[root@root pythonProject]# python readlink.py
test.txt
```

（10）os.rename(path,dst)函数

os.rename(path,dst)函数用来重命名文件或目录，还可以移动文件，类似于 Linux 操作系统中的 "mv" 命令，其中 path 为原文件路径，dst 为重命名后的文件路径。若 dst 是一个存在的目录，则将抛出 OSError，示例如下。

```
#rename.py
#!/usr/bin/env python3
import os
#重命名文件
os.rename('test.txt', 'test1.txt')
print('重命名成功')
#移动文件
os.rename('test1.txt', '../test.txt')
print('移动文件成功')
```

程序的执行结果如下。

```
重命名成功
移动文件成功
```

（11）os.remove(path)函数

os.remove(path)函数用来删除文件，其中 path 为文件的路径，若指定的路径是一个目录，则将抛出 OSError，示例如下。

```
#remove.py
#!/usr/bin/env python3
import os
os.remove('test.txt')        #删除文件 test.txt
print('success')
```

程序的执行结果如下。

```
success
```

（12）os.system(command)函数

os.system(command)函数用来执行 Shell 命令，其中 command 为 Shell 命令，其最简单的应用就是在 Shell 中清屏，示例如下。

```
Python 3.6.0 (v3.6.0:41df79263a11, Dec 23 2016, 08:06:12) [MSC v.1900 64 bit (AMD64)] on win32
Type "help", "copyright", "credits" or "license" for more information.
>>> import os
>>> os.system('cls')            #清屏
```

程序执行后的界面如下。

```
0
>>>
```

（13）os.walk(top,topdown=True,onerror=None,followlinks=False)函数

os.walk(top,topdown=True,onerror=None,followlinks=False)函数用于通过在目录树中遍历输出文件夹中的文件名，遍历方向为向上或者向下。该函数是一个简单易用的文件、目录遍历器，可以帮助我们高效地处理文件和目录。它的参数及其说明如表 9-4 所示。

表 9-4   os.walk(top,topdown=True,Onerror=None,followlinks=False)函数参数及其说明

序　号	参　数	说　明
1	top	所要遍历的目录路径，它会返回一个包含 3 个元素的元组(dirpath,dirnames, filenames)，其中 dirpath 为起始路径，dirnames 为起始路径下的文件夹，filenames 为起始路径下的文件
2	topdown	可选值，默认值为 True，表示优先遍历 top 目录，当 topdown 为 False 时则优先遍历 top 的子目录
3	onerror	可选值，默认值为 None，它是一个函数名，当 walk 函数调用发生错误时，会执行该函数
4	followlinks	可选值，默认值为 False，followlinks 参数主要用在 Linux 操作系统中，当 followlinks 为 True 时，函数会遍历目录下的快捷方式

os.walk(top,topdown=True,onerror=None,followlinks=False)函数可以用来输出当前文件夹下的所有文件名，示例如下。

```
#walk.py
#!/usr/bin/env python3
import os
for dirpath, dirnames, filenames in os.walk("."):
    #输出所有文件夹名
    for dirname in dirnames:
```

```
            print('文件夹: ', os.path.join(dirpath, dirname))  '''通过join()函数连接当前
路径和文件夹名'''
        #输出所有文件名
        for filename in filenames:
            print('文件', os.path.join(dirpath, filename))  '''通过join()函数连接当
前路径和文件名'''
```

程序的执行结果如下。

```
文件夹:  .\code
文件夹:  .\test
文件 .\close.py
文件 .\lseek.py
文件 .\open.py
文件 .\read.py
文件 .\remove.py
文件 .\rename.py
文件 .\walk.py
文件 .\write.py
文件 .\test\test.txt
```

2. os.path 模块

os 模块还有一个常用的子模块 os.path 模块，它主要用于获取文件的属性。os.path 模块拥有许多的函数，这些函数及其说明如表 9-5 所示。

表 9-5   os.path 模块的函数及其说明

序　　号	函　　数	说　　明
1	os.path.abspath(path)	返回目录或文件的绝对路径
2	os.path.basename(path)	返回文件名
3	os.path.commonprefix(list)	返回列表 list 中多个路径共有的最长路径
4	os.path.dirname(path)	返回文件路径
5	os.path.exists(path)	判断文件是否存在，存在则返回 True，否则返回 False
6	os.path.getatime(path)	返回文件最近访问的时间，结果为浮点数
7	os.path.getmtime(path)	返回文件最近修改的时间
8	os.path.getctime(path)	返回文件的创建时间
9	os.path.getsize(path)	返回文件的大小，如果文件不存在则会报错
10	os.path.isabs(path)	判断路径是否为绝对路径
11	os.path.isfile(path)	判断路径是否为文件
12	os.path.isdir(path)	判断路径是否为目录
13	os.path.islink(path)	判断路径是否为链接
14	os.path.join(dir_path,name)	将目录和文件名连接以生成完整的路径
15	os.path.normpath(path)	将不规范的路径分隔符转换成规范的形式
16	os.path.realpath(path)	返回文件的真实路径，类似于 os.path.abspath(path)
17	os.path.split(path)	将 path 分割成目录和文件名组成的元组
18	os.path.splitext(path)	将 path 分割成路径和文件扩展名组成的元组

下面对这些函数加以说明并举例。

（1）os.path.abspath(path)函数

os.path.abspath(path)函数用于返回目录或文件的绝对路径，所谓绝对路径就是指目录或文件在磁盘中的绝对位置，通常是从盘符开始的路径，如 C:\\Users\\1\\test.txt 就是一个绝对路径。需注意，Windows 操作系统的文件分隔符为"\\"，而 Linux 操作系统的文件分隔符为"/"，并且 os.path.abspath(path)函数只能返回目录或文件的绝对路径，并不会检验文件或目录是否存在。os.path.abspath(path)函数的使用示例如下。

```
>>> import os
>>> os.path.abspath('logs')                    #返回目录的绝对路径
'C:\\Users\\1\\logs'
>>> os.path.abspath('test.txt')                #返回文件的绝对路径
'C:\\Users\\1\\test.txt'
>>> os.path.abspath('C:\\Users\\1\\text1.txt')    #返回规范化后的绝对路径
'C:\\Users\\1\\text1.txt'
>>> os.path.abspath('text1.txt')               #文件 text1.txt 并不存在
'C:\\Users\\1\\text1.txt'
```

（2）os.path.basename(path)函数

os.path.basename(path)函数用于返回路径 path 中的文件名，和 os.path.abspath(path)函数一样，它也并不会检测文件是否存在，只返回目录中的文件名，示例如下。

```
>>> os.path.basename('C:\\Users\\1\\test.txt')
'test.txt'
>>> os.path.basename('C:/Users/1/test.txt')     #使用/作为分隔符
'test.txt'
>>> os.path.basename('C:\\Users')               #目录 Users 被当作文件处理
'Users'
>>> os.path.basename('C:\\Users\\1\\text1.txt')  #text1.txt 文件不存在
'text1.txt'
```

（3）os.path.commonprefix(list)函数

os.path.commonprefix(list)函数用于返回列表 list 中多个路径共有的最长路径，在实际应用中它还是比较实用的，示例如下。

```
#commonprefix.py
#!/usr/bin/env python3
import os

pathList = ['C:\\Users\\1\\logs\\log1.txt',
        'C:\\Users\\1\\test.txt', 'C:\\Users\\text.txt']
print(os.path.commonprefix(pathList))          #返回列表 pathList 中多个路径共有的最长路径
```

程序的运行结果如下。

```
C:\Users\
```

可以得到列表 pathList 中多个路径共有的最长路径为：C:\Users\。

（4）os.path.dirname(path)函数

os.path.dirname(path)函数用于返回文件的路径，不包含文件名，示例如下。

```
>>> import os
```

```
>>> os.path.dirname('C:\\Users\\1\\test.txt')        #返回文件的路径（不包含文件名）
'C:\\User\\1'
```

（5）os.path.exists(path)函数

os.path.exists(path)函数用于判断文件是否存在，它在实际编程中会经常用到，一个文件删除的示例如下。

```
# exist.py
#!/usr/bin/env python3
import os
path = 'C:\\Users\\1\\test.txt'
if os.path.exists(path):           #删除文件前先判断文件是否存在
    try:
        os.remove(path)
        print('删除成功！')
    except:
        print('删除失败！')
else:
    print('文件不存在！')
```

第一次执行程序，输出的结果如下。

删除成功！

表示删除文件 test.txt 成功。当再次执行程序，会提示文件不存在。

文件不存在！

（6）os.path.getatime(path)、os.path.getmtime(path)、os.path.getctime(path)函数

os.path.getatime(path)、os.path.getmtime(path)、os.path.getctime(path)3 个函数都是用来返回文件的时间参数的。其中 os.path.getatime(path)函数用于返回文件的最近访问时间，os.path.getmtime(path)函数返回文件的最近修改时间，os.path.getctime(path)函数返回文件的创建时间。

os.path.getatime(path)、os.path.getmtime(path)、os.path.getctime(path) 3 个函数的应用示例如下。

```
# get_file_time.py
#!/usr/bin/env python3
import os
import time        #引入 time 模块，将返回的浮点数转换成易于查看的时间的形式
path = 'C:\\Users\\1\\test.txt'
f = os.open(path, os.O_WRONLY | os.O_CREAT)
print('文件创建时间', time.ctime(os.path.getctime(path)))
#以上是文件创建时间
os.write(f, str.encode('test file'))
print('文件最近修改时间', time.ctime(os.path.getmtime(path)))
#以上是文件最近修改时间
os.close(f)
f = os.open(path, os.O_RDONLY | os.O_CREAT)
print(os.read(f, 100))
print('文件最近访问时间', time.ctime(os.path.getatime(path)))
#以上是文件最近访问时间
os.close(f)    # 关闭文件
```

程序的执行结果如下。

```
文件创建时间 Wed Oct 17 20:06:54 2018
文件最近修改时间 Wed Oct 17 20:41:10 2018
b'test file'
文件最近访问时间 Wed Oct 17 20:06:54 2018
```

（7）os.path.getsize(path)函数

os.path.getsize(path)函数用于返回文件的大小，单位为字节，示例如下。

```
>>> import os
>>> os.path.getsize('test.txt')          #返回文件的大小
9
```

（8）os.path.isabs(path)、os.path.isfile(path)、os.path.isdir(path)、os.path.islink(path)函数

os.path.isabs(path)、os.path.isfile(path)、os.path.isdir(path)、os.path.islink(path) 4 个函数在实际编程中会经常常用到，它们主要用来判断路径的类型，其中 os.path.isabs(path)函数用于判断路径 path 是否为绝对路径，os.path.isfile(path)函数用于判断路径 path 是否为文件，os.path.isdir(path)函数用于判断路径 path 是否为目录，os.path.islink(path)函数用于判断路径 path 是否为链接。下面开始编写程序并一一介绍这些函数的使用方法。

首先在当前目录下创建 is.py 文件，且当前目录有文件夹 chapter9、文件 test.txt、软链接文件 test_symlink.txt、硬链接文件 test_link.txt，示例如下。

```
[root@root pythonProject]# ls
chapter9  is.py  test_symlink.txt  test_link.txt  test.txt
```

判断上述文件或目录的程序如下。

```
#get_file_time.py
#!/usr/bin/env python3
import os
print('是否为绝对路径: ',os.path.isabs('/pythonProject/test.txt'))    #判断是否为绝对路径
print('是否为文件: ',os.path.isfile('test.txt'))          #判断是否为文件
print('是否为目录: ',os.path.isdir('chapter9'))          #判断是否为目录
print('是否为软链接文件: ',os.path.islink('test_symlink.txt'))
#以上判断是否为软链接文件
print('是否为硬链接文件: ',os.path.islink('test_link.txt'))
#以上无法判断是否为硬链接文件
```

程序的执行结果如下。

```
[root@root pythonProject]# python3 is.py
是否为绝对路径: True
是否为文件: True
是否为目录: True
是否为软链接文件: True
是否为硬链接文件: False
```

（9）os.path.join(dir_path,name)函数

os.path.join(dir_path,name)函数用于将目录和文件名连接以生成完整的路径，示例如下。

```
>>> import os
>>> os.path.join('C:','Users','1','test.txt')
```

```
#以上将目录和文件名连接以生成完整的路径
'C:Users\\1\\test.txt'
```

（10）os.path.normpath(path)函数

os.path.normpath(path)函数用于将不规范的路径分隔符转换成规范的形式，示例如下。

```
>>> import os
>>> os.path.normpath('C:\\Users/1//test.txt')    '''将不规范的路径分隔符转换成规范形式（例
如此处应该用反双斜杠而不是双斜杠）'''
'C:\\Users\\1\\test.txt'
```

（11）os.path.realpath(path)函数

os.path.realpath(path)函数用于返回文件的真实路径，类似于 os.path.abspath(path)函数，示例如下。

```
>>> import os
>>> os.path.realpath('test.txt')          #返回文件的真实路径
'C:\\Users\\1\\test.txt'
>>> os.path.abspath('test.txt')           #返回文件的真实路径
'C:\\Users\\1\\test.txt'
```

（12）os.path.split(path)、os.path.splitext(path)函数

os.path.split(path) 函数用于将 path 分割成目录和文件名，并以元组的形式返回。而 os.path.splitext(path)函数是将 path 分割成路径和文件扩展名，同样是以元组的形式返回，注意函数名是 splitext，而不是 splittext。它们的综合示例如下。

```
>>> import os
>>> os.path.split('C:\\Users\\1\\test.txt')  #分割成目录和文件名，并以元组的形式返回
('C:\\Users\\1', 'test.txt')
>>> os.path.splittext('C:\\Users\\1\\test.txt')
Traceback (most recent call last):
  File "<stdin>", line 1, in <module>
AttributeError: module 'ntpath' has no attribute 'splittext'
>>> os.path.splitext('C:\\Users\\1\\test.txt')   #切割成路径和文件扩展名，并以元组的形式返回
('C:\\Users\\1\\test', '.txt')
```

3. 查找文件

在日常编程中，除了会用到上述的文件操作函数之外，还可能需要查找指定的文件。Python 提供了一个专门的模块 glob 来查找文件，类似于 Windows 操作系统下的文件检索功能、Linux 操作系统下的 find 命令。并且 glob 也支持通配符操作，glob 模块支持 3 种通配符，它们是：匹配 0 个或多个字符的 "*"；匹配 1 个字符的 "？"；匹配指定范围内的字符的 "[]"，如[0-9]为匹配数字，[a-z]为匹配小写字母。

glob 模块是通过函数来查找文件的，它提供了用于查找文件的 2 个函数：glob.glob(pattern)函数、glob.iglob(pattern)函数。它们返回的结果分别为列表和迭代器。

（1）glob.glob(pattern)函数

glob 模块中主要的函数就是 glob.glob(pattern)，它能根据 pattern 查找指定的文件，并以列表的形式返回这些文件名，示例如下。

```
>>> import glob
>>> glob.glob('*.txt')              #匹配当前目录下以.txt 结尾的文件
['test.txt', 'test_link.txt', 'test_symlink.txt']
```

```
>>> glob.glob('/pythonProject/*.txt')    #全路径匹配
['/pythonProject/test.txt','/pythonProject/test_link.txt','/pythonProject/test_
symlink.txt']
>>> glob.glob(r'[a-z]*[0-9].txt')                        #匹配文件名 test1.txt
['test1.txt']
```

（2）glob.iglob(pattern)函数

glob.iglob(pattern)函数和 glob.glob(pattern)函数一样，也能用来查找文件，不同的是 glob.iglob (pattern)函数返回的是一个迭代器，且能和 glob.glob(pattern)函数一样通过循环输出查找结果，示例如下。

```
>>> import glob
>>> glob.iglob(r'[a-z0-9]*.txt')'''匹配当前目录下以小写字母或者数字开头的文件，并返回一个迭代器
<generator object iglob at 0x7fce00054e60>'''
>>> for item in glob.iglob(r'[a-z0-9]*.txt'):    #遍历输出
...     print(item)
...
test.txt
test_link.txt
test_symlink.txt
test1.txt
>>> glob.glob(r'[a-z0-9]*.txt')#匹配当前目录下以小写字母或者数字开头的文件，并以列表形式返回
['test.txt', 'test_link.txt', 'test_symlink.txt', 'test1.txt']
>>> for item in glob.glob(r'[a-z0-9]*.txt'):      #遍历输出
...     print(item)
...
test.txt
test_link.txt
test_symlink.txt
test1.txt
```

9.1.2 目录操作

除了文件操作函数，os 模块还有一些可以对目录进行操作的函数，这些函数及其说明如表 9-6 所示。

表 9-6   os 模块目录操作函数及其说明

序 号	函 数	说 明
1	os.getcwd()	返回当前工作目录
2	os.chdir(path)	改变当前工作目录
3	os.chroot(path)	修改当前进程的根目录，需要管理员权限，仅支持在 Linux 操作系统上使用
4	os.fchdir(fd)	通过文件描述符 fd 更改当前目录
5	os.lchflags(path,flags)	修改文件的标识，仅支持在 Linux 操作系统上使用
6	os.listdir(path)	返回 path 目录下的文件和文件夹列表
7	os.mkdir(path,mode=0o777)	创建目录，如果目录存在则会报错
8	os.makedirs(path,mode=0o777, exist_ok=False)	递归创建目录，mode 为权限模式，默认为八进制 0o777，exist_ok 默认为 False，表示当目录存在时报错
9	os.rmdir(path)	删除空目录，如果目录非空则会报错
10	os.removedirs(path)	递归删除目录

1. os.getcwd()函数、os.chdir(path)函数

os.getcwd()函数和 os.chdir(path)函数分别用于返回和更改程序的当前工作目录，示例如下。

```
>>> import os
>>> os.getcwd()                    #打开 Python Shell，获取当前工作目录
'C:\\Users\\1\\Desktop'
>>> os.chdir('C:\\')               #更改当前目录至 C 盘根目录
>>> os.getcwd()                    #再次获取当前工作目录
'C:\\'
```

2. os.chroot(path)函数

os.chroot(path)函数用于在 Linux 操作系统中修改当前进程的根目录，类似于 Linux 操作系统中的 chroot 命令。它能增强系统的安全性，因为在更改根目录之后，在新根目录下将不能访问旧根目录结构和文件，os.chroot(path)函数的示例如下。

```
>>> import os
>>> os.getcwd()
'/'
>>> os.path.getsize('test.txt')    #返回文件的大小
0
>>> os.chroot('/pythonProject')    #将'/pythonProject'更改为当前进程的根目录
>>> os.getcwd()
Traceback (most recent call last):
  File "<stdin>", line 1, in <module>
OSError: [Errno 2] No such file or directory
```

3. os.fchdir(fd)函数

os.fchdir(fd)函数也能用来更改程序的当前工作目录，但它是根据文件描述符 fd 来更改当前目录的，示例如下。

```
>>> import os
>>> os.getcwd()
'/'
>>> f=os.open('/pythonProject/test.txt',os.O_RDONLY)    #文件打开时修改操作会失败
>>> os.fchdir(f)
Traceback (most recent call last):
  File "<stdin>", line 1, in <module>
OSError: [Errno 20] Not a directory
>>> f=os.open('/pythonProject',os.O_RDONLY)             #必须打开目录
>>> os.fchdir(f)                   #将/pythonProject 更改为当前进程的目录
>>> os.getcwd()
'/pythonProject'
```

4. os.lchflags(path,flags)函数

os.lchflags(path,flags)函数用于在 Linux 操作系统中修改文件的标识，其中 path 为文件目录，flags 为标识参数，其可选值如表 9-7 所示。

表 9-7　　　　　　　　　　os.lchflags(path,flags)函数参数及其说明

序　号	标识参数值	说　　明
1	UF_NODUMP	非转储文件
2	UF_IMMUTABLE	文件只能读

序　号	标识参数值	说　　明
3	UF_APPEND	文件只能追加内容
4	UF_NOUNLINK	文件不可删除
5	UF_OPAQUE	目录不透明
6	SF_ARCHIVED	可存档文件，需要 root 权限
7	SF_IMMUTABLE	文件只能读，需要 root 权限
8	SF_APPEND	文件只能追加内容，需要 root 权限
9	SF_NOUNLINK	文件不可删除，需要 root 权限
10	SF_SNAPSHOT	快照文件

os.lchflags(path,flags)函数的示例如下。

```
#lchflags.py
#!/usr/bin/env python3
import os, sys
path = "test.txt"        #文件为 test.txt
fd = os.open( path, os.O_RDWR|os.O_CREAT )        #打开文件
os.close( fd )
#设置文件不可删除
os.lchflags(path, os.SF_NOUNLINK )
print('设置成功')
```

程序的执行结果如下。

```
设置成功
```

需要注意的是，os.lchflags(path,flags)函数在 Python 3.6.0 中稍做了修改，有兴趣的读者可访问 Python 官网查看其说明文档。

5．os.listdir(path)函数

os.listdir(path)函数用于返回 path 目录下包含的文件或目录名字的列表，这个列表以字母顺序排序。需要注意的是，该列表中不包括 "." 和 ".."，即使它们在文件夹名中。另外当 path 为空时，os.listdir(path)函数将返回当前目录下的文件和目录，示例如下。

```
#listdir.py
#!/usr/bin/env python3
import os

#返回当前目录下的文件和目录
fileDirs = os.listdir()
for item in fileDirs:
    if os.path.isfile(item):        #判断对象 item 是否为文件
        print('文件: ', item)
    else:
        print('目录: ', item)
```

程序的执行结果如下。

```
[root@root pythonProject]# python3 listdir.py
文件: chmod.py
```

```
文件: test.txt
文件: chown.py
文件: link.py
文件: test_link.txt
文件: symlink.py
文件: test_symlink.txt
文件: readlink.py
目录: chapter9
文件: is.py
文件: test1.txt
文件: lchflags.py
文件: listdir.py
```

6. os.mkdir(path,mode=0o777)函数

os.mkdir(path,mode=0o777)函数用于创建目录 path，类似于 Linux 中的 mkdir 命令，其中 mode 为目录权限的数字模式，为可选参数。示例如下。

```
>>> import os
>>> os.mkdir('test',777)
>>> os.listdir()          #查看创建的目录
['test']
```

7. os.makedirs(path,mode=0o777,exist_ok=False)函数

os.mkdir(path,0o777)函数只能在当前目录创建目录，如果需要递归创建目录就需要用到 os.makedirs(path,mode=0o777,exist_ok=False)函数，示例如下。

```
>>> import os
>>> os.listdir()                                  #当前目录为 test
['test']
>>> os.mkdir('test/code',777)                     #目录创建会失败
Traceback (most recent call last):
  File "<stdin>", line 1, in <module>
FileNotFoundError: [Errno 2] No such file or directory: 'test/code'
>>> os.makedirs('test/code',777)                  #在 test 目录内创建目录 code
>>> os.chdir('test')
>>> os.listdir()                                  #查看创建的目录
['code']
```

8. os.rmdir(path)函数

os.rmdir(path)函数用于删除空目录 path，如果目录非空，则会报错，示例如下。

```
>>> import os
>>> os.rmdir('test')                              #目录非空则会报错
Traceback (most recent call last):
  File "<stdin>", line 1, in <module>
OSError: [Errno 39] Directory not empty: 'test'
>>> os.chdir('test')                              #进入 test 目录
>>> os.listdir()
['code']
>>> os.rmdir('code')                              #删除 code 目录
>>> os.listdir()
[]
```

9. os.removedirs(path)函数

上面讲到 os.rmdir(path)函数删除非空目录时会报错,必须将当前目录更改为空目录才能删除,在删除多个目录时就显得太过麻烦了。要递归删除目录可以使用 os.removedirs(path)函数,示例如下。

```
>>> import os
>>> os.listdir()                        #返回文件的名字的列表
['test']
>>> os.removedirs('/test/code')         #删除/test/code 目录
>>> os.listdir()
['test']
>>> os.chdir('test')                    #改变当前目录为指定路径 test
>>> os.listdir()
[]
```

9.1.3 跨平台问题

os 模块还可以用来解决程序跨平台运行的问题,为什么这里要提到跨平台呢?因为在不同的操作系统中,其路径的分隔符可能不一样,如果混用这些分隔符可能造成程序的执行结果出错。另外,不同操作系统的行终止符也是不一样的,如果混用可能会造成文本不换行的错误。一个好的 Python 程序,必须要能在不同的操作系统上成功地正确运行。

Python 中有几个函数都是用来处理跨平台问题的,它们的功能如表 9-8 所示。

表 9-8   Python 中处理跨平台问题的函数

序 号	函 数	功 能
1	os.name	返回当前操作系统的名称,如 Windows 操作系统为 nt, Linux/UNIX 操作系统为 posix
2	os.sep	返回当前操作系统的路径分隔符,如 Windows 操作系统为 "\\",Linux 操作系统为 "/"
3	os.linesep	返回当前操作系统的行终止符,如 Windows 操作系统为 "\r\n",Linux 操作系统为 "\n",macOS 为 "\r"
4	os.path.normpath(path)	规范化路径中的分隔符
5	os.path.join(dir_path,name)	连接目录 dir_path 和文件名 name,生成一个完整的目录

1. os.name、os.sep 和 os.linesep

os.name、os.sep 和 os.linesep 都是用来获取当前操作系统的信息的。其中 os.name 用于获取操作系统的名称,类似于 Linux 操作系统中的 name 命令;os.sep 用于获取当前操作系统的路径分隔符;os.linsep 用于获取当前操作系统的行终止符。它们在不同系统中的执行结果如下。

(1)在 Linux 操作系统中的执行结果如下。

```
>>> import os
>>> os.name           #获取操作系统名称
'posix'
>>> os.sep            #获取当前操作系统的路径分隔符
'/'
>>> os.linesep        #获取当前操作系统的行终止符
'\n'
```

（2）在 Windows 操作系统中的执行结果如下。

```
>>> import os
>>> os.name
'nt'
>>> os.sep
'\\'
>>> os.linesep
'\r\n'
```

有了这 3 个函数，程序在运行的时候就能根据不同的操作系统做出不同的判断了，示例如下。

```
#sep_linesep.py
#!/usr/bin/env python3
import os
path = '.' + os.sep + 'testCode' + os.sep + 'test.txt'
if os.path.exists('testCode') == False:              #目录不存在
    os.makedirs('testCode')                          #创建目录 testCode
f = os.open(path, os.O_WRONLY | os.O_CREAT) #在 testCode 目录下打开或创建文件 test.txt
os.write(f, str.encode('hello' + os.linesep + "world"))  #写入有换行的文本
os.close(f)
f1 = os.open(path, os.O_RDONLY | os.O_CREAT)      #读取写入的文本
string = os.read(f1, 20)
print(string)
os.close(f1)
```

程序在 Windows 操作系统中的执行结果如下。

```
b'hello\r\nworld'
```

程序在 Linux 操作系统中的执行结果如下。

```
b'hello\nworld'
```

可以看到程序根据不同的操作系统写入了不同的行终止符。

2. os.path.normpath(path)函数

os.path.normpath(path)函数在前面已经讲过，它能用来规范化路径中的分隔符，具体示例如下。

（1）在 Linux 操作系统中的执行结果如下。

```
>>> import os
>>> path='Users/1//test.txt'        #Linux 操作系统中的路径分隔符应为斜杠而不是双斜杠
>>> os.path.normpath(path)          #规范化文件的路径分隔符
'Users/1/test.txt'
```

（2）在 Windows 操作系统中的执行结果如下。

```
>>> import os
>>> path='C:\\Users/1//test.txt'    #Windows 操作系统中的路径分隔符应为反双斜杠
>>> os.path.normpath(path)
'C:\\Users\\1\\test.txt'
```

3. os.path.join(dir_path,name)函数

os.path.join(dir_path,name)函数是在日常编程中最常用到的一个函数，它用于将目录和文件链接成一个完整的路径，并且根据不同的操作系统用不同的路径分隔符生成路径，其示例如下。

（1）在 Linux 操作系统中的执行结果如下。

```
>>> import os
>>> os.path.join('pythonProject','chapter9','test.txt')
'pythonProject/chapter9/test.txt'
```

（2）在 Windows 操作系统中的执行结果如下。

```
>>> import os
>>> os.path.join('C:','Users','1','test.txt')
'C:Users\\1\\test.txt'
```

9.2　sys 模块

Python 的 sys 模块也拥有许多的函数，它主要用来访问 Python 解释器运行时的配置及资源并进行相关操作，从而与操作系统进行交互。这里只讲解 sys 模块中一些常用的函数，读者如需查看其他函数的介绍，可访问 Python 官网，查看对应的文档。

sys 模块常用函数或属性及其说明如表 9-9 所示。

表 9-9　　　　　　　　　　　　　sys 模块常用函数或属性及其说明

序　号	函数或属性值	说　　明
1	sys.argv	从程序外部获取参数
2	sys.exit(n)	退出程序，正常退出时 n 应为 0
3	sys.platform	返回当前操作系统的名称
4	sys.getdefaultencoding()	返回当前系统的默认编码方式，默认为 ASCII
5	sys.version	获取 Python 的版本信息
6	sys.copyright	返回 Python 版权相关信息
7	sys.exec_prefix	返回 Python 的安装路径
8	sys.executable	返回 Python 解释器的安装路径
9	sys.path	返回模块的搜索路径，将自己写的模块放入这些目录后即可直接引用
10	sys.stdin	标准输入
11	sys.stdout	标准输出
12	sys.stderr	标准错误

表 9-9 介绍的函数都是 sys 模块中一些常用的函数，如果要查看 sys 模块所有的函数可使用下面的方法。

```
>>> import sys
>>> dir(sys)
['__displayhook__', '__doc__', '__excepthook__', '__interactivehook__', '__loader__',
'__name__', '__package__', '__spec__', '__stderr__', '__stdin__', '__stdout__', '_clear_
type_cache', '_current_frames', '_debugmallocstats', '_enablelegacywindowsfsencoding',
'_getframe', '_home', '_mercurial', '_xoptions', 'api_version', 'argv', 'base_exec_prefix',
'base_prefix', 'builtin_module_names', 'byteorder', 'call_tracing', 'callstats', 'copyright',
'displayhook', 'dllhandle', 'dont_write_bytecode', 'exc_info', 'excepthook', 'exec_prefix',
'executable', 'exit', 'flags', 'float_info', 'float_repr_style', 'get_asyncgen_hooks',
'get_coroutine_wrapper', 'getallocatedblocks', 'getcheckinterval', 'getdefaultencoding',
'getfilesystemcodeerrors', 'getfilesystemencoding', 'getprofile', 'getrecursionlimit',
```

```
'getrefcount', 'getsizeof', 'getswitchinterval', 'gettrace', 'getwindowsversion', 'hash_info',
'hexversion', 'implementation', 'int_info', 'intern', 'is_finalizing', 'maxsize', 'maxunicode',
'meta_path', 'modules', 'path', 'path_hooks', 'path_importer_cache', 'platform', 'prefix',
'ps1', 'ps2', 'set_asyncgen_hooks', 'set_coroutine_wrapper', 'setcheckinterval', 'setprofile',
'setrecursionlimit', 'setswitchinterval', 'settrace', 'stderr', 'stdin', 'stdout', 'thread_
info', 'version', 'version_info', 'warnoptions', 'winver']
```

1. sys.argv

sys.argv 用于从程序的外部获取参数。sys.argv 是一个列表，列表里第一个值为当前执行的程序的文件名，后面的值为用户在 Shell 上运行程序时输入的参数，sys.argv 的示例如下。

① 首先在当前目录下建立一个 argv.py 文件，输入下列代码。

```
# argv.py
#!/usr/bin/env python3
import sys
print(sys.argv)
```

② 在 Shell 里执行该程序，不输入参数。

```
D:\Python\PythonCode\book_project\chaper9\sys>python argv.py
['argv.py']
```

③ 在 Shell 里执行该程序，输入一个参数 a。

```
D:\Python\PythonCode\book_project\chaper9\sys>python argv.py a
#获取输入的参数 a
['argv.py', 'a']
```

④ 在 Shell 里执行该程序，输入 5 个参数 a、b、c、d、e。

```
D:\Python\PythonCode\book_project\chaper9\sys>python argv.py a b c d e
#获取输入的参数 a、b、c、d、e
['argv.py', 'a', 'b', 'c', 'd', 'e']
```

可以看到，sys.argv 是从程序外部接收参数的，而不是在程序运行时接收程序内部的参数。

2. sys.exit(n)

sys.exit(n) 函数用于在程序运行时退出程序。当 n 为 0 时，表示程序正常退出；为其他值时，表示程序异常退出。sys.exit(n) 函数退出时的参数 n 可通过异常捕获来获取，示例如下。

```
#exit_sys.py
#!/usr/bin/env python3
import sys

#输出退出时的参数
def printExitValue(value):
    print(value)
    sys.exit(0)                          #正常退出

try:
    sys.exit(1)                          #异常退出
except SystemExit as e:                  #捕获异常
    printExitValue(e)
```

程序的执行结果如下。

1

需要注意的是，Python 中有 3 个用于退出的函数：os._exit(n)、sys.exit(n)、exit(n)。在学习 sys.exit(n)函数时有必要了解一下它们之间的区别。

① os._exit(n)函数和 sys.exit(n)函数不一样，它是直接退出的，不会抛出异常，一般用在子线程中退出。其中 n 为 0 时，正常退出；n 为其他值时，异常退出，示例如下。

```
#exit_os.py
#!/usr/bin/env python3
import sys
import os
def printExitValue(value):
    print(value)
    sys.exit(0)                    #正常退出

try:
    os._exit(1)                    #直接退出
except SystemExit as e:            #捕获异常
    printExitValue(e)
```

程序执行后并不会输出任何内容，即不会执行捕获异常后的内容。

② sys.exit(n)函数上面已经讲过，它在退出时会抛出一个 SystemExit 异常，并且可以通过捕获异常执行一些清理工作，一般在主线程中用它退出。需注意，当不使用参数 n 退出时，程序捕获异常后不会输出任何内容。

③ exit(n)函数一般用在 Shell 中退出，如第 1 章中讲到的退出 Python Shell 就是使用 exit(n)函数退出的。exit(n)函数退出时也会抛出异常，它和 sys.exit(n)函数基本一样，示例如下。

```
#exit.py
#!/usr/bin/env python3
import sys
import os
def printExitValue(value):
    print(value)
    sys.exit(0)                    #正常退出

try:
    exit(1)                        #一般用于 Shell 中退出
except SystemExit as e:            #捕获异常
    printExitValue(e)
```

程序的执行结果和上面 sys.exit(n)函数的示例是一样的。

```
1
```

exit(n)函数和 sys.exit(n)函数不同的地方是：当 exit(n)函数退出且不使用参数 n 时，即用 exit()函数时，程序捕获到的值是 None，而 sys.exit()函数退出时什么值都没有。

3. sys.platform、sys.getdefaultencoding()

sys.platform 和 sys.getdefaultencoding()函数都可以返回当前操作系统的信息。sys.platform 用于返回当前的操作系统名称，sys.getdefaultencoding()函数用于返回当前操作系统的默认编码方式，默认为 ASCII，它们的示例如下。

```
>>> import sys
>>> sys.platform                   #返回当前的操作系统名称
'win32'
>>> sys.getdefaultencoding()       #返回当前操作系统的默认编码方式
'utf-8'
```

4. sys.version、sys.copyright

sys.version 和 sys.copyright 都是用来返回当前系统中的 Python 的信息的。sys.version 用于返回当前 Python 的版本信息，sys.copyright 用于返回 Python 的版权相关信息，它们的示例如下。

```
>>> import sys
>>> sys.version          #返回当前 Python 的版本信息
'3.6.0 (v3.6.0:41df79263a11, Dec 23 2016, 08:06:12) [MSC v.1900 64 bit (AMD64)]'
>>> sys.copyright        #返回 Python 的版权相关信息
'Copyright (c) 2001-2016 Python Software Foundation.\nAll Rights Reserved.\n\
nCopyright (c) 2000 BeOpen.com.\nAll Rights Reserved.\n\nCopyright (c) 1995-2001
Corporation for National Research Initiatives.\nAll Rights Reserved.\n\nCopyright (c)
1991-1995 Stichting Mathematisch Centrum, Amsterdam.\nAll Rights Reserved.'
```

5. sys.exec_prefix、sys.executable

sys.exec_prefix、sys.executable 都可以用来返回 Python 的安装信息。sys.exec_prefix 用于返回 Python 的安装路径，sys.executable 用于返回 Python 解释器的安装路径，它们的示例如下。

```
>>> sys.exec_prefix      #返回 Python 的安装路径
'D:\\Python'
>>> sys.executable       #返回 Python 解释器的安装路径
'D:\\Python\\python.exe'
```

6. sys.path

sys.path 用于返回模块的搜索路径，即返回 Python 可以从哪些地方引用模块的信息，示例如下。

```
>>> import sys           #导入 sys 模块
>>> sys.path             #搜索引用了该模块的路径
['', 'D:\\Python\\python36.zip', 'D:\\Python\\DLLs', 'D:\\Python\\lib', 'D:\\Python',
'D:\\Python\\lib\\site-packages', 'D:\\Python\\lib\\site-packages\\demjson-2.2.4-py3.6.egg',
'D:\\Python\\lib\\site-packages\\win32', 'D:\\Python\\lib\\site-packages\\win32\\lib',
'D:\\Python\\lib\\site-packages\\Pythonwin']
```

Python 的方便之处就是可以自己编写模块然后放到上面的这些目录中，之后即可直接在 Python 中引用这些模块，如下面这个用于处理加法的 add 模块。

首先在上面返回的任意目录中建立一个 add.py 文件，并输入下列代码。

```
#add.py
#!/usr/bin/env python3
def add(a,b):
    print(a+b)
```

创建好之后即可直接在 Python 中引用刚刚创建的模块了，示例如下。

```
>>> import add
>>> add.add(1,1)             #计算 1+1 的结果
2
```

读者有兴趣的话，也可编写一些自己觉得有用的模块放入上面的目录中，方便自己使用。

7. sys.stdin、sys.stdout、sys.stderr

sys.stdin、sys.stdout 和 sys.stderr 是 sys 模块中最重要的子模块。标准输入 sys.stdin 可以读取从键盘输入的所有信息，包括换行符"\n"，而同样用来接收键盘输入的 input()函数是接收不到换行符的。标准输出 sys.stdout 可以输出字符串到屏幕上。与 print()函数不同的是，sys.stdout 更加

灵活，它输出的内容没有换行符。标准错误 sys.stderr 用来输出错误，它和 sys.stdout 差不多，都用来输出信息，不同的是 sys.stderr 专门用来输出错误信息，不过它在 Python 中一般不会用到。sys.stdin、sys.stdout 和 sys.stderr 的综合示例如下。

```python
# inouterr.py
#!/usr/bin/env python3
import sys
sys.stdout.write('请输入被除数：\n')        #读取从键盘输入的所有信息，包括换行符
a = int(sys.stdin.readline())              #标准输入一行的所有内容，包括结尾的换行符
sys.stdout.write('请输入除数：\n')
b = int(sys.stdin.readline())
if b == 0:
    sys.stderr.write('除数不能为0')
else:
    sys.stdout.write(str(a / b) + '\n')
```

在 Shell 中执行程序后的结果如下。

```
D:\Python\PythonCode\book_project\chaper9\sys>python inouterr.py
请输入被除数：
3
请输入除数：
0
除数不能为0
D:\Python\PythonCode\book_project\chaper9\sys>python inouterr.py
请输入被除数：
3
请输入除数：
1
3.0
```

可以看到当除数为 0 时，程序输出了错误信息。

上面例子中的 sys.stdin.readline()函数只能接收一行内容，如果想接收多行内容，可以使用 sys.stdin.readlines()函数，示例如下。

```python
#stdin_readlines.py
#!/usr/bin/env python3
import sys
sum = 0  # 总和
for item in sys.stdin.readlines():      #标准输入多行内容
    sum = sum + int(item)               #遍历求和
print('输入数字总和为：' + str(sum))
```

程序在 Shell 中运行并输入数字后的执行结果为：

```
D:\Python\PythonCode\book_project\chaper9\sys>python stdin_readlines.py
1
2
3
4
5
^Z
输入数字总和为：15
```

sys.stdout 还能输出内容到文件中，示例如下。

```
#outToFile.py
import sys
print('1')
sys.stdout.write('2\n')
```

在 Shell 中使用下列方法运行该程序并输出内容到 test.txt 文件中。

```
D:\Python\PythonCode\book_project\chaper9\sys>python outToFile.py>>test.txt
```

程序执行后，test.txt 文件中的内容如下。

```
1
2
```

9.3　实　　例

本章介绍了 os 模块和 sys 模块中的函数，但是并没有对它们进行综合讲解。因此本节列出两个经典的实例，以便读者更好地理解和运用 os 模块和 sys 模块中的函数。

9.3.1　文件/目录信息查看

本小节实例的功能为：通过 os 模块获取指定路径下的所有文件信息和目录信息，包括文件和目录的名称、绝对路径、创建时间、大小等，并使用 os.write()函数将获取的信息按指定格式写入文件 example1.txt。其中涉及的本书中的知识点如下。

（1）os 模块目录操作中的 os.chdir(path)函数和 os.listdir(path)函数。

（2）os 模块文件操作中的 os.open(path,flags)函数、os.write(fd,str)函数、os.close(fd)函数、os.path.isfile(path)函数、os.path.isdir(path)函数、os.path.abspath(path)函数、os.path.getctime(path)函数和 os.path.getsize(path)函数等。

（3）第 4 章中列表的遍历及元素的添加。

（4）第 2 章中的 round()函数、保留有效数字的方法。

（5）time 模块的 time.ctime(timestamp)函数，将时间戳转换成易于查看的字符串形式。

该实例的主要逻辑如下。

（1）定义存储文件和目录信息的列表。

（2）更改当前目录到指定目录。

（3）打开文件 example1.txt。

（4）写入表头到文件 example1.txt 中。

（5）遍历当前路径下的文件和目录。

（6）判断是文件还是目录。

（7）将文件或目录信息加入对应的列表。

（8）以目录、文件、其他文件的顺序写入信息到文件 example1.txt。

（9）关闭文件 example1.txt。

```
#example1.py
#!/usr/bin/env python3
```

```
import os
import sys
import time                                 #引入 time 模块，将返回的浮点数转换成易于查看的时间的形式


def store_file_dir_info(path):
    storeFileName = 'example1.txt'  #存储文件和目录信息的文件
    fileList = []                   #存储文件信息的列表
    dirList = []                    #存储目录信息的列表
    otherList = []                  #存储其他文件信息的列表
    os.chdir(path)                  #更改当前目录
    #打开文件
    f = os.open(storeFileName, os.O_WRONLY | os.O_CREAT)
    #写入表头
    os.write(f, str.encode('名称　类型　绝对路径　创建时间　文件大小 \n'))
    #遍历当前路径下的文件和目录
    for item in os.listdir():
        if os.path.isfile(item):            #文件
            #这里的文件大小单位转换成了 KB
            string = '%s 文件  %s  %s  %.2fKB\n' % (item, os.path.abspath(item),
time.ctime(os.path.getctime(item)), os.path. getsize(item) / 1024)
            fileList.append(string)  #添加信息到列表
        elif os.path.isdir(item):           #目录
            string = '%s  目录   %s  %s  \n' % (item, os.path.abspath(item),
time.ctime(os.path.getctime(item)))
            dirList.append(string)
        else:                               #其他文件，如链接文件
            string = '%s 文件  %s  %s  %.2fKB\n' % (item, os.path.abspath(item),
time.ctime(os.path.getctime(item)), os.path. getsize(item) / 1024)
            otherList.append(string)
    #为方便查看，这里按照目录、文件、其他文件的顺序写入信息
    for dir in dirList:                     #写入目录信息
        os.write(f, str.encode(dir))
    for file in fileList:                   #写入文件信息
        os.write(f, str.encode(file))
    for other in otherList:                 #写入其他文件信息
        os.write(f, str.encode(other))
    os.close(f)                             #关闭文件


if __name__ == "__main__":
    #调用函数，这里的路径使用的是当前路径
    store_file_dir_info('./')
```

程序在 Linux 系统中运行后，会在目录 D:/Python/PythonCode/book_project/chaper9/example 内生成一个 example1.txt 文件，其内容如下。

名称　类型　绝对路径　创建时间　文件大小

```
    example1.py    文  件    D:/Python/PythonCode/book_project/chaper9/example/example1.py
Fri Nov  2 14:27:06 2018  1.89KB
    example1.txt   文  件    D:/Python/PythonCode/book_project/chaper9/example/example1.txt
Fri Nov  2 14:44:43 2018  0.06KB
```

9.3.2　文件/目录管理器

本章中讲到的 os 模块的最主要的功能是操作文件和目录。因此这里编写了一个基于 os、sys 模块的综合实例——文件/目录管理器，它是 9.3.1 节实例的衍生版本，其主要功能如下。

（1）利用 9.3.1 节实例中的方法获取并显示指定路径下的所有文件信息和目录信息。

（2）通过 os 模块的 os.open(path,flags)函数和 os.mkdir(path,mode=0o777)函数创建文件和目录。

（3）通过 os 模块的 os.remove(path)函数删除文件，通过 shutil 模块的 shutil.rmtree()函数删除目录。

（4）通过 os 模块的 os.rename(path,dst)函数重命名文件和目录。

（5）通过 os 模块的 os.rename(path,dst)函数移动文件和目录。

本实例中涉及的本书中的知识点有：第 2 章的变量的定义和使用；第 3 章的顺序、循环、选择结构；第 4 章的列表的遍历和元素的添加；第 5 章的函数的定义和调用，全局变量的使用；第 8 章的异常的处理；第 9 章的 os 模块中的文件操作函数、目录操作函数的使用和 sys 模块函数的使用。

```python
#example2.py
#!/usr/bin/env python3
import os
import sys
import time       #引入 time 模块，将返回的浮点数转换成易于查看的时间的形式
import shutil     #用于删除非空文件夹

file_list = []      #存储文件信息的列表
dir_list = []       #存储目录信息的列表
other_list = []     #存储其他文件信息的列表


#获取路径 path 下的所有文件和目录的名称
def get_file_dir_info(path):
    #声明全局变量
    global file_list
    global dir_list
    global other_list
    os.chdir(path)                      #更改当前目录
    #遍历当前路径的文件和目录
    for item in os.listdir():
        if os.path.isfile(item):        #文件
            file_list.append(item)      #添加文件名到列表
        elif os.path.isdir(item):       #目录
            dir_list.append(item)
```

```
        else:   #其他文件，如链接文件
            other_list.append(item)


#输出路径 path 下的所有文件和目录信息
def print_file_dir_info(path):
    #为方便查看，这里按照目录、文件、其他文件的顺序输出信息
    print('路径%s 下的所有文件和目录信息：\n 名称  类型  绝对路径  创建时间  文件大小  ' %
        os.path.abspath(path))
    for item in dir_list:                   #输出目录信息
        print('%s  目录  %s  %s  ' % (item, os.path.abspath(tem), time.ctime(os.path.
getctime(item))))
    for item in file_list:                  #输出文件信息
        #这里的文件大小单位转换成了 KB
        print('%s  文件  %s  %s  %.2fKB' % (item, os.path.abspath(item), time.ctime
(os.path.getctime(item)), os.path. getsize(item) / 1024))
    for item in other_list:                 #输出其他文件信息
        print('%s  文件  %s  %s  %.2fKB' % (item, os.path.abspath(item), time.ctime
(os.path.getctime(item)), os.path. getsize(item) / 1024))


#创建文件
def create_file(filename):
    try:
        f = os.open(filename, os.O_CREAT)
        os.close(f)
        return True
    except:
        return False


#创建目录
def create_dir(dirname):
    try:
        os.mkdir(dirname)
        return True
    except:
        return False


#删除文件或目录
def delete_file_dir(path):
    try:
        if path not in dir_list:     #删除文件
            os.remove(path)
            return True
        else:                        #删除目录
            shutil.rmtree(path)
            return True
    except:
        return False
```

```
#重命名或移动文件或目录
def rename_file_dir(path, new_path):
    try:
        os.rename(path, new_path)
        return True
    except:
        return False


#清空文件、目录、其他文件列表
def clear_list():
    file_list.clear()
    dir_list.clear()
    other_list.clear()


#输出菜单和调用函数处理相应的操作
def menu(path):
    #清空文件、目录、其他文件列表
    clear_list()
    #判断当前操作系统, 进行清屏
    if os.name == 'nt':        #Windows 操作系统
        os.system('cls')       #清屏
    elif os.name == 'posix':   #Linux 操作系统
        os.system('clear')
    #获取当前路径文件、目录、其他文件名称
    get_file_dir_info(path)
    #输出当前路径下的文件和目录信息
    print_file_dir_info(path)
    tips = '''
******请输入要进行的操作编号******
1.创建文件
2.创建目录
3.删除文件或目录
4.重命名文件或目录
5.移动文件或目录
6.重新输入路径
7.退出
********************************
    '''
    #输入操作选项
    operation = input(tips)
    #创建文件
    if operation == '1':
        filename = input('当前进行的操作:创建文件\n请输入创建的文件名:')
        if create_file(filename):
            print('创建文件%s 成功! ' % filename)
        else:
            print('创建文件%s 失败! ' % filename)
```

169

```python
        #创建目录
        elif operation == '2':
                dirname = input('当前进行的操作：创建目录\n 请输入创建的目录名：')
                if create_dir(dirname):
                        print('创建目录%s 成功！' % dirname)
                else:
                        print('创建目录%s 失败！' % dirname)
        #删除文件或目录
        elif operation == '3':
                delete_path = input('当前进行的操作：删除文件或目录\n 请输入要删除的文件名或目录名：')
                if delete_path in file_list or delete_path in dir_list or other_list in other_list:
                        if delete_file_dir(delete_path):
                                print('删除成功！')
                        else:
                                print('删除失败！')
                elif os.path.exists(delete_path) == False:
                        print('文件或目录%s 不存在！' % delete_path)
        #重命名文件或目录
        elif operation == '4':
                rename_path = input('当前进行的操作：重命名文件或目录\n 请输入要重命名的文件名或目录名：')
                if rename_path in file_list or rename_path in dir_list or rename_path in other_list:
                        new_path = input('请输入新名称：')
                        if rename_file_dir(rename_path, new_path):
                                print('重命名成功！旧名称为：%s 新名称为：%s' % (rename_path, new_path))
                        else:
                                print('重命名失败！')
                elif os.path.exists(rename_path) == False:
                        print('文件或目录%s 不存在！' % rename_path)
        #移动文件或目录
        elif operation == '5':
                move_path = input('当前进行的操作：移动文件或目录\n 请输入要移动的文件名或目录名：')
                if move_path in file_list or move_path in dir_list or move_path in other_list:
                        new_path = input('请输入移动该文件或目录的目标路径：')
                        if rename_file_dir(move_path, os.path.join(new_path, move_path)):
                                print('移动成功！\n 旧路径为：%s\n 新路径为：%s' % (os.path.abspath
(move_path), os.path.abspath(new_path) + os.sep + move_path))
                        else:
                                print('移动失败！')
                elif os.path.exists(move_path) == False:
                        print('文件或目录%s 不存在！' % move_path)
        #重新输入路径
        elif operation == '6':
                try:
                        new_path = input('请输入路径:')
                        if os.path.isabs(path):
                                path = os.path.normpath(new_path)
                        else:
                                input('路径不正确！按任意键回到主菜单')
                except:
```

```
                    input('路径不正确！按任意键回到主菜单')
        #退出，结束程序
        elif operation == '7':
            return False
        else:
            print('输入错误，请重新选择')
        #接收任意键
        input('按任意键回到主菜单')
    return True


#开始运行程序
if __name__ == '__main__':
    path = ''                    #当前路径
    try:
        #输入路径
        path = input('请输入路径:')
        if os.path.isabs(path):
            #将路径转换为Python可使用的路径
            path = os.path.normpath(path)
            print(path)
        else:
            print('路径不正确！')
            sys.exit(0)          #结束程序
    except:
        sys.exit(0)              #结束程序
    while True:
        if menu(path) == False:
            break
    print('程序运行结束')
```

上述程序的运行结果请读者自行下载本书配套的程序并运行后查看，这里由于篇幅有限就不再列出。

习 题

1. os 模块和 sys 模块在 Python 中主要有什么作用？
2. os.path.dirname(path)函数和 os.path.abspath(path)函数分别有什么作用？
3. Windows 操作系统和 Linux 操作系统的路径分隔符和行终止符分别是什么？
4. 编写程序，实现获取某个文件所在目录的上一级目录。
5. 编写程序，统计指定目录下所有文件的大小。
6. 编写程序，实现通过 sys.argv 输入路径，并运行该路径下所有的 Python 脚本。
7. 编写程序，实现通过 sys.argv 输入源文件名和新文件名来复制文件，程序运行时的命令应如下。

```
python3 copy.py file1.txt newFile.txt
```

8. 编写 output()函数并实现 print()函数的功能。

第 10 章
正则表达式

在第 2 章中，讲到了一些常用的字符串处理方法，但是这些方法在实际编程中的适用范围相当有限。例如要找出一个字符串中包含的电话号码、邮箱、数字时，如果使用字符串处理方法就比较难以实现。因此，本章引入了在实际编程中较为常用的正则表达式来解决上述问题。本章主要介绍正则表达式概述、正则表达式的定义和使用，以及利用正则表达式处理字符串的实例。

10.1　正则表达式简介

1．什么是正则表达式

正则表达式（Regular Expression）又称规则表达式，其概念早在 20 世纪 40 年代就已经被提出。20 世纪 70 年代过后，随着计算机技术的兴起，正则表达式因其强大的检索功能迅速地在各大操作系统中得到了广泛的使用。最早使用正则表达式的操作系统是美国人肯·汤普森（Ken Thompson）发明的 UNIX 操作系统，它被应用在 QED 编辑器中。

正则表达式是一种对字符串进行操作的逻辑公式，它由一些事先已经定义好的特定字符组成。使用这些特殊字符组成的正则表达式，可以快速匹配一个字符串中符合表达式要求的内容，进而对这些匹配的内容进行操作。

2．正则表达式的特点

正则表达式最大的特点是功能十分强大，它几乎可以从一个字符串中获取类似于电话号码、身份证号码、姓名、邮箱等信息的任何内容。除此之外，正则表达式还有以下 3 个特点。

（1）逻辑性强。正则表达式像数学公式一样，必须使用特定字符构成正确的逻辑公式，才能匹配字符串中特定的内容。

（2）应用广泛。自正则表达式诞生至今，已经被广泛应用在各类软件以及编程语言中，如 Linux 操作系统的文件检索、Vim 编辑器、grep 工具，Windows 操作系统的 Microsoft Word 和 NotePad++，以及 Python、C、Java、Perl、JavaScript 等各大编程语言都支持正则表达式。

（3）深奥难懂。对于初次接触正则表达式的人来说，它是深奥难懂的，因为它看起来和普通的字符串很不一样。如匹配电话号码的正则表达式为如下形式。

```
^1[3|4|5|7|8][0-9]\d{8}$
```

上述正则表达式可以匹配以 1 开头，以 3、4、5、7、8 中的一个数字为第二位的任意电话号码。

为了使读者能更加方便地检测正则表达式的正确性，这里特地给读者介绍一款正则表达式在线测试工具：正则表达式在线测试——菜鸟工具（可通过网络搜索到）。在该工具中，只需要输入字符串和正则表达式，即可快速匹配字符串中的特定内容。其页面如图 10-1 所示。

图 10-1　正则表达式在线测试工具页面

3. 正则表达式的组成

正则表达式由一些普通字符和元字符组成。其中普通字符包括区分大小写的英文字母和数字等，如 pattern 是一个正则表达式，它可以匹配 pattern、pattern123 等字符串，却不能匹配 Pattern。另外，Windows 操作系统中的文件检索使用的也是由普通字符组成的正则表达式。

正则表达式还可以由元字符组成，上面检测电话号码的正则表达式中就使用了元字符。元字符是正则表达式的核心内容，学习正则表达式，首先要学习的就是元字符。正则表达式的元字符有很多，有关它们的介绍如表 10-1 所示。

表 10-1　　　　　　　　　　　　　　　正则表达式的元字符

序号	元 字 符	说　　　明
1	\\	类似于字符串中的转义字符，通常在匹配特殊字符时使用，如：\\、'、"、（、）
2	^	匹配字符串的起始位置
3	$	匹配字符串的结束位置
4	.	匹配除了换行符的任意字符
5	*	匹配"*"前面的表达式任意次，如'ok*'能匹配'o'，也能匹配'ok'和'okk'
6	?	匹配前面的表达式 0 次或 1 次
7	+	匹配前面的表达式 1 次或多次
8	|	对两个匹配条件进行 or 运算，如前面匹配电话号码的正则表达式
9	()	将括号内的内容定义为组，如"(ok)"可以匹配'okokok'中的'ok'3 次
10	{n}	匹配 n 次，如"(ok){2}"要匹配字符串中的'ok'2 次
11	{n,}	最少匹配 n 次，如"(ok){1,}"最少匹配字符串'okokokok'1 次
12	{n, m}	最少匹配 n 次，最多匹配 m 次
13	[0-9]	匹配 0～9 的数字
14	[a-z]	匹配 26 个小写英文字母

序号	元 字 符	说 明
15	[A-Z]	匹配 26 个大写英文字母
16	[a-zA-Z0-9]	匹配任意英文字母和数字
17	[\u4e00-\u9fa5]	匹配所有中文字符
18	\d	匹配 1 个数字字符
19	\D	匹配 1 个非数字字符
20	\w	匹配包含下画线的任意单词字符
21	\W	匹配任意非单词字符
22	\s	匹配任意不可见字符，如空格符、换行符、制表符、换页符
23	\S	匹配任意可见字符
24	\A	匹配字符串开始
25	\z	匹配字符串结束
26	\Z	匹配字符串结束，如果存在换行，则只匹配到换行符之前的内容
27	\G	匹配最后匹配完成的位置
28	\b	匹配单词边界，如 "o\b" 可以匹配'zoo'中的'o'，却不能匹配'how'中的'o'
29	\B	匹配非单词边界
30	\n,\t	匹配换行符 "\n"、制表符 "\t"
31	\<number>	引用编号为 number 的组匹配的字符串
32	(?#…)	"#" 后的内容作为注释被忽略
33	(?=…)	目标字符串之后紧跟的字符串需要匹配 "=" 后的表达式才能匹配成功
34	(?!…)	目标字符串之后紧跟的字符串需要不匹配 "=" 后的表达式才能匹配成功
35	(?<=…)	目标字符串之前紧跟的字符串需要匹配 "=" 后的表达式才能匹配成功
36	(?<!…)	目标字符串之前紧跟的字符串需要不匹配 "=" 后的表达式才能匹配成功

表 10-1 中的元字符是一些常用的元字符，正则表达式还有一些更高级的元字符，由于它们不常用，这里就不再介绍，有兴趣的读者可自行查阅相关资料。

10.2 定义和使用正则表达式

10.1 节简单讲解了正则表达式的起源以及它的特点和组成，但是在 Python 中究竟该怎样使用正则表达式呢？本节将通过一些示例详细地介绍怎样在 Python 中定义和使用正则表达式。

10.2.1 定义正则表达式

Python 3 继承了 Perl 中正则表达式的风格，内置了一个 re 模块，用来支持正则表达式。要使用 re 模块，只需要在编写代码的时候使用 import 命令来引用它。

```
>>> import re
```

Python 提供了两种定义正则表达式的方法：字符串方法、正则表达式对象方法。

1. 字符串方法

正则表达式的定义方法和字符串基本是一样的，示例如下。

```
#pattern_1.py
import re                          #导入 re 模块
pattern = '[a-z]*'                 #匹配任意次小写字母
print(type(pattern))               #输出 pattern 的类型
print(re.match(pattern, 'hello123').group(0))
#这里的 re.match(pattern,string)会在 10.2.2 小节讲到，它用来匹配字符串'hello123'中的'hello'
```

程序的执行结果如下。

```
<class 'str'>
hello
```

可以看到，使用上面的程序通过正则表达式'[a-z]*'匹配出了字符串'hello123'中的英文小写字符串'hello'，并且可以看出正则表达式也是一个字符串。

需要注意的是，当正则表达式中含有转义符时，必须在正则表达式前加一个"r"，示例如下。

```
>>> print(re.match('a\b', 'a'))           #字符串内含有转义字符\b，未加 r
None
>>> print(re.match(r'a\b', 'a'))          #加 r
<_sre.SRE_Match object; span=(0, 1), match='a'>
```

上述程序中使用了匹配字符串边界的元字符"\b"。此时如果还使用定义字符串的方式来定义它，那么 Python 会将其判断为退格符"\b"，并且返回一个 None，表示未配到字符串'a'。因此需要匹配字符串'a'就必须要在正则表达式前加一个"r"。

在正则表达式前加一个"r"还可以简化正则表达式，示例如下。

```
>>> print(re.match('c:\\\\', 'c:\\a').group(0))        #未加 r
c:\
>>> print(re.match(r'c:\\', 'c:\\a').group(0))         #加 r
c:\
```

可以看到，在未使用"r"时，如果要匹配 1 个反斜杠"\"就必须使用 4 个"\"。如果使用"r"，则能将 4 个"\"缩短到 2 个，并且代码看起来也更简洁。

虽然在很多时候，定义正则表达式不需要在其前面加"r"，但是这里强烈建议读者在定义正则表达式的时候加上"r"，这样就可以不用处理正则表达式中的转义符。

2. 正则表达式对象方法

前面讲的都是使用字符串形式的正则表达式来匹配字符串。事实上，Python 专门为正则表达式提供了一个内置的 re.compile()函数，用来生成 pattern 对象，它的基本语法如下。

```
re.compile(pattern,flags)
```

re.compile()函数可以将正则表达式字符串编译成正则表达式对象并返回。上面的 pattern 为一个字符串形式的正则表达式，如 pattern_1.py 中使用到的正则表达式。flags 为可选参数，它用来表示匹配模式，其可选值及说明如表 10-2 所示。

表 10-2	flags 的可选值及说明
可 选 值	说 明
re.I	忽略大小写
re.M	多行模式
re.L	使特殊字符集\w、\W、\b、\B、\s、\S 依赖于当前环境
re.U	使特殊字符集\w、\W、\b、\B、\s、\S 依赖于 Unicode 定义的字符属性
re.S	任意匹配模式，包括换行符和"."
re.X	正则表达式可以是多行，可以加入注释，还能忽略空白符

当需要使用多个匹配模式时，可以使用位运算符"|"将多个匹配模式连接，如"re.I|re.M"。
re.compile()函数的使用示例如下。

```
#pattern_2.py
import re
pattern1 = re.compile(r'[a-z]*')
pattern2 = re.compile(r'[a-z]+ [a-z]+',re.I)          #返回忽略大小写的正则表达式
print(type(pattern1))
print(re.match(pattern1, 'hello123').group(0))
print(re.match(pattern2,'HeLlO PytHOn').group(0))
```

程序的执行结果如下。

```
<class '_sre.SRE_Pattern'>
Hello
HeLlO PytHOn
```

可以看到 re.compile()函数返回的是一个正则表达式对象。事实上，当使用的正则表达式的类
型为字符串时，Python 会先将字符串转换成正则表达式对象。因此，使用 re.compile()函数可以在
多次使用正则表达式时不用重复转换，能提高匹配速度。

另外，re.compile()函数生成的正则表达式对象主要供 re.match()函数和 re.search()函数使用，
这将会在 10.2.2 小节中讲到。

10.2.2 匹配字符串

正则表达式在 Python 中最常用的地方就是匹配字符串，后面讲到的字符串的提取、拆分、替
换都是在此基础上实现的。因此，要学习使用正则表达式，首先要学习的就是用正则表达式匹配
字符串。

1. re.match()函数

在 10.2.1 小节中已经对 re.match()函数进行了简单介绍，如果要在 Python 中查看其功能介绍，
可以使用 help()函数。

```
>>> import re
>>> print(help(re.match))
Help on function match in module re:
#属性介绍
match(pattern, string, flags=0)
    Try to apply the pattern at the start of the string, returning
    a match object, or None if no match was found.

None
```

可以看到 re.match()函数的功能是从字符串的起始位置开始寻找匹配正则表达式的字符串。如果匹配成功，则返回一个匹配对象；如果从起始位置的第 1 个字符就匹配不成功，则返回 None；如果起始位置匹配成功，但匹配了整个字符串后没有匹配成功，也会返回一个 None。从上述程序可以看到 re.match()函数的定义方法如下。

```
re.match(pattern,string,flags=0)
```

其中，pattern 为正则表达式，string 为待匹配的字符串，flags 为匹配模式，它是一个可选值，即在使用 re.match()函数时可以不加入 flags 参数。flags 的值可参考表 10-2 中的匹配模式说明。

re.match()函数匹配成功会返回一个匹配的对象，要访问其匹配的值可以使用 group(num) 函数或 groups()函数，它们的功能如表 10-3 所示。

表 10-3　　　　　　　　　　group(num)和 groups()函数的功能说明

函　　数	功　　能
group(num)	按组号返回从字符串中匹配的字符串，其中 num 为组号，其默认值为 0。当 num=0 时，返回匹配的整体结果
groups()	以元组形式返回匹配出的所有字符串，需注意这里的元组是由 group(1)～group(n)组成的，而不是 group(0)～group(n)

re.match()函数的使用示例如下。

```
#reMatch.py
import re
str1 = "my name is Jack"
print(re.match(r"my", str1).group(0))              #匹配出字符串"my"
print(re.match(r"my.{6}", str1).group())           #匹配出字符串"my name"
print(re.match(r".*", str1).group())               #匹配出所有的字符串，即 str1 的内容
print(re.match(r"...", str1).span())               #从起始位置匹配 3 个字符，输出匹配结果的索引值
print(re.match(r"...", str1).start())              #输出起始索引位置
print(re.match(r"...", str1).end())                #输出结束索引位置
str2 = "I'm 20 years old"
print(re.match(r"I'm \d", str2).group())           # "\d" 只能匹配 1 个数字，故结果为：I'm 2
print(re.match(r"I'm \d*", str2).group())          # "*" 为匹配任意次，故匹配结果为：I'm 20
print(re.match(r".*", str2).group())               # ".*" 为匹配任意字符 0 次或多次，故结果为 str2 的内容
print(re.match(r".*(\d{2}).*", str2).group(1))     #匹配 "(\d{2})" 为匹配数字 2 次，故结果为：20
print(re.match(r"(\w.)*", str2).group())           #匹配只有 2 个字符的字符串，故结果为：I'm 20
#匹配只有 2 个字符的、只包含小写字母的字符串，因使用了 re.I，故结果为：I'm
print(re.match(r"([a-z].)*", str2, re.I).group())
str3 = '\t123\n'
# "\t" 为制表符，相当于一个字符串。"[0-9]" 为匹配数字，"*" 为匹配任意次，故结果为：    123
print(re.match(r".[0-9]*", str3).group(0))
str4 = "我是杰克"
print(re.match(r"[\u4e00-\u9fa5]*", str4).group())    #匹配中文字符，结果为：我是杰克
str5 = "20 岁"
print(re.match(r"[^\u4e00-\u9fa5]*", str5).group())   #"^" 为取反符号，即匹配非中文字符内
容，故结果为：20
str6 = "今天天气怎么样? "
print(re.match(r".*(天气).*", str6).group(1))          #匹配词语：天气
```

程序的执行结果如下。

```
my
my name
my name is Jack
(0, 3)
0
3
I'm 2
I'm 20
I'm 20 years old
20
I'm 20
I'm
    123
我是杰克
20
天气
```

re.match()函数还可以匹配很多类型的数据，这里不再介绍，有兴趣的读者可以翻阅本书的10.3节。

2. re.search()函数

re.search()函数和re.match()函数十分相似，同样可以使用help()函数查看它的功能介绍，示例如下。

```
>>> import re
>>> print(help(re.search))
Help on function search in module re:

search(pattern, string, flags=0)
    Scan through string looking for a match to the pattern, returning
    a match object, or None if no match was found.

None
```

可以看到，re.search()函数的功能是扫描整个字符串，寻找匹配正则表达式的字符串。如果匹配成功，则返回一个匹配对象；如果没有匹配成功，则返回None。

从上述示例可以看出re.search()函数的基本语法和re.match()函数是类似的，其基本语法如下。

```
re.search(pattern,string,flags=0)
```

其中，pattern为匹配的正则表达式，string为待匹配的字符串，flags为匹配模式，也是一个可选值。

re.search()函数返回的匹配结果也是通过group(num)函数和groups()函数访问的，其使用示例如下。

```
#reSearch.py
import re
str1 = "my name is Jack"
print(re.search(r"name", str1).group(0))        #匹配"name"
print(re.search(r"Jack", str1, re.I).group())   #匹配"Jack"
print(re.search(r"\s", str1).start())           #输出第1个空格符的索引位置
print(re.search(r"(\w*\s){3}", str1).group())   #匹配前3个单词
print(re.search(r"(\w*\s){3}", str1).end())     #输出第3个单词的结束位置
print(re.search(r"(\w*\s){3}", str1).span())    #输出前3个单词的索引位置
str2 = "I'm 20 years old"
```

```
print(re.search(r"\d+", str2).group())              #匹配1次或多次数字
print(re.search(r".*", str2).group())               #匹配字符任意次
str3 = '\t123\n'
print(re.search(r"\n", str3).group())               #匹配换行符
print(re.search(r"\t\d.*", str3).group())           #匹配制表符和数字
str4 = "我是杰克"
print(re.search(r"杰", str4).group())                #匹配汉字：杰
print(re.match(r"[\u4e00-\u9fa5]*", str4).group())   #匹配汉字
str5 = "20 岁"
print(re.search(r"\d{2}[\u4e00-\u9fa5]", str5).group())  #匹配汉字和数字
str6 = "今天天气怎么样？"
print(re.search(r"(天).*(怎)", str6).group(1))        #匹配汉字：天、怎
```

程序的执行结果如下。

```
name
Jack
2
my name is
11
(0, 11)
20
I'm 20 years old


    123
杰
我是杰克
20 岁
天
```

从上面的 reMatch.py 和 reSearch.py 两个程序可以看出，re.match()函数和 re.search()函数的用法十分相似，所以这里要讨论一下这两个函数的区别。

re.match()函数是从字符串起始位置开始匹配的，如果不能从起始位置开始匹配成功，则函数返回 None；re.search()函数是在整个字符串中匹配，如果整个字符串中都没有匹配成功，则返回 None。re.match()函数和 re.search()函数的使用方法对比如下。

```
#matchCsearch.py
import re
str1 = "My num is 8008208820"
pattern = re.compile(r"(\d).*")              #创建一个匹配数字的正则表达式
# 使用正则表达式对象匹配
mObj = pattern.match(str1)
sObj = pattern.search(str1)
if mObj:
    print(mObj.group())
else:
    print("no match")
if sObj:
    print(sObj.group())
```

```
else:
    print("no search")
```

程序的执行结果如下。

```
no match
8008208820
```

可以看到，re.match()函数只能从字符串起始位置匹配，而 re.search()函数匹配时只要字符串中含有匹配的字符串就能匹配成功。这两个函数功能类似，但是相比之下，re.search()函数显得更加实用和灵活。

3. re.findall()函数

前面讲到的 re.match()函数和 re.search()函数都只能对字符串匹配一次。并且，re.match()函数和 re.search()函数匹配到的子串只能通过 group(num)函数或 groups()函数获得，具有一定的局限性，而 re.findall()函数很好地弥补了它们的缺点。

re.findall()函数可以找出字符串中所有匹配的子串，并且将它们以列表的形式返回。如果未匹配到，则返回一个空列表，而不是 None。要查看它的详细说明，可使用 help()函数，示例如下。

```
>>> import re
>>> print(help(re.findall))          #查看 findall()函数的详细说明
Help on function findall in module re:

findall(pattern, string, flags=0)
    Return a list of all non-overlapping matches in the string.

    If one or more capturing groups are present in the pattern, return
    a list of groups; this will be a list of tuples if the pattern
    has more than one group.

    Empty matches are included in the result.

None
```

从上述示例可以看出，re.findall()函数的基本语法如下。

```
findall(pattern, string, flags=0)
```

其中，pattern 为正则表达式字符串，string 为待匹配的字符串，flags 为匹配模式。
re.findall()函数的使用示例如下。

```
#reFinall.py
import re
str1 = "I'm 20 years old,my num is 8008208820"
print(re.findall(r"(80\d*)", str1))                #匹配电话号码
print(re.findall(r"(.'.\b|\w*\b)", str1, re.I))    #拆分单词
str2 = "abd156adsbasa5168"
print(re.findall(r"\d", str2))                     #匹配数字
print(re.findall(r"\D", str2))                     #匹配非数字
print(re.findall(r"a(?=b)", str2))                 #匹配后面紧跟的字符是 b 的字符 a
print(re.findall(r"d(?!\D)", str2))                #匹配后面紧跟的字符是非数字的字符 d
print(re.findall(r"(?<=b)a", str2))                #匹配前面紧跟的字符是 b 的字符 a
print(re.findall(r"(?<!\d)d", str2))               #匹配前面紧跟的字符不是数字的字符 d
#使用正则表达式对象匹配
```

```
str3 = "csa52c4a613"
pattern = re.compile(r"\d")
print(pattern.findall(str3))                    #匹配所有数字
print(pattern.findall(str3, 4))                 #匹配索引位置 4 之后的数字
print(pattern.findall(str3, 4, 6))              #匹配索引位置为[4,6]的数字
```

程序的执行结果如下。

```
['8008208820']
["I'm", '', '20', '', 'years', '', 'old', '', 'my', '', 'num', '', 'is', '', '8008208820', '']
['1', '5', '6', '5', '1', '6', '8']
['a', 'b', 'd', 'a', 'd', 's', 'b', 'a', 's', 'a']
['a']
['d']
['a']
['d', 'd']
['5', '2', '4', '6', '1', '3']
['2', '4', '6', '1', '3']
['2']
```

从上述示例可以看出，re.findall()函数相比于 re.match()函数和 re.search()函数更灵活。事实上，如同它们的函数名一样，re.match()函数和 re.search()函数在真正应用中更多用来检索字符串中是否包含某种特殊的内容，而 re.findall()函数则用来从字符串中提取所需内容。

4. re.finditer()函数

re.finditer()函数和 re.findall()函数一样，都能获得所有的匹配结果。不同的是 re.finditer()函数将结果以迭代器的形式返回，并且返回的内容要使用 group(num)函数或 groups()函数访问。要查看 re.finditer()函数的详细说明，也可以使用 help()函数，示例如下。

```
>>> import re
>>> print(help(re.finditer))        #查看 re.finditer()函数的详细说明
Help on function finditer in module re:

finditer(pattern, string, flags=0)
    Return an iterator over all non-overlapping matches in the
    string.  For each match, the iterator returns a match object.

    Empty matches are included in the result.

None
```

从上述示例可以看出，re.finditer()函数的基本语法和前面讲到的函数是类似的，其基本语法如下。

```
finditer (pattern, string, flags=0)
```

其中，pattern 为正则表达式字符串，string 为待匹配的字符串，flags 为匹配模式。
re.finditer()函数的使用示例如下。

```
#reFinditer.py
import re
str1 = "ayas8vas4c6as656csa"
fObj1 = re.finditer(r"\d", str1)     #返回一个满足该正则表达式的迭代器
for item in fObj1:
    print(item.group(), end="")      #遍历输出，且结尾不换行
```

```
pattern = re.compile(r"\d")
fObj2 = pattern.finditer(str1, 5)          #匹配索引位置 5 之后的数字
print()                                     #换行
for item in fObj2:
    print(item.group(), end="")
```

程序的执行结果如下。

```
846656
46656
```

5. re.split()函数

re.split()函数的功能是按照能够匹配的子串将字符串分割后返回列表，与字符串中的 str.split()函数类似，都可用于分割字符串。不同的是 str.split()函数不支持正则表达式以及多个分割符号，并且 str.split()函数不能获取空格符的数量，示例如下。

```
>>> import re
>>> str1 = "words cat   dog,white"
>>> print(str1.split(" "))                 #以空格符分割字符串
['words', 'cat', '', '', 'dog,white']
```

可以看到，当使用空格符作为分隔符时，str.split()函数只能识别出一个空格符，当遇到两个或多个空格符时，则会出现问题。

re.split()函数弥补了 str.split()函数的缺点，它可以通过正则表达式来分割字符串，并且支持使用多个分隔符。要查看 re.split()函数的详细说明，也可以使用 help()函数，示例如下。

```
>>> import re
>>> print(help(re.split))
Help on function split in module re:

split(pattern, string, maxsplit=0, flags=0)
    Split the source string by the occurrences of the pattern,
    returning a list containing the resulting substrings.  If
    capturing parentheses are used in pattern, then the text of all
    groups in the pattern are also returned as part of the resulting
    list.  If maxsplit is nonzero, at most maxsplit splits occur,
    and the remainder of the string is returned as the final element
    of the list.

None
```

re.split()函数的基本语法如下。

```
re.split(pattern, string, maxsplit=0, flags=0)
```

可以看出，re.split()函数返回的也是一个列表，并且它拥有 4 个参数，这 4 个参数及说明如表 10-4 所示。

表 10-4　　　　　　　　　　　　　　re.split()函数的参数及说明

参　　数	说　　明
pattern	分隔符，为正则表达式，可使用正则表达式完成按多个分隔符分割的功能
string	待分割的字符串
maxsplit=0	分割次数，默认值为 0，可不设置
flags	匹配的起始位置/结束位置或匹配模式，可不设置

re.split()函数的使用示例如下。

```
# reSplit.py
import re
str1 = "words cat  dog,white;black"
print(re.split(r" ", str1))          #使用一个空格符作为分隔符
print(re.split(r"[ ]", str1))        #使用一个空格符作为分隔符
print(re.split(r"[\s]", str1))       #使用一个空格符作为分隔符
print(re.split(r"\s+", str1))        #使用一个或多个空格符作为分隔符
print(re.split(r"([;])", str1))      #使用 ";" 作为分隔符
print(re.split(r"[\s,;]", str1))     #使用一个空格符、"," 或 ";" 作为分隔符
print(re.split(r"\d", str1))         #使用一个数字作为分隔符,此时找不到匹配分隔符,将不做分割
```

程序的执行结果如下。

```
['words', 'cat', '', 'dog,white;black']
['words', 'cat', '', 'dog,white;black']
['words', 'cat', '', 'dog,white;black']
['words', 'cat', 'dog,white;black']
['words cat  dog,white', ';', 'black']
['words', 'cat', '', 'dog', 'white', 'black']
['words cat  dog,white;black']
```

从上面的程序可以看出,re.split()函数比 str.split()函数使用起来更加灵活、功能更加强大。但是它也具有正则表达式的复杂性特点,对于初学者来说深奥难懂,因此希望读者在使用 re.split()函数之前一定要掌握正则表达式的语法。

10.2.3　替换字符串

正则表达式还可以用来替换字符串。第 2 章在介绍字符串的时候,提到了可以使用 replace()函数来替换字符串,但是 replace()函数只适合做一些简单的替换,如果要对字符串进行高级替换,如替换字符串中所有的数字,就必须使用正则表达式来完成。

1. re.sub()函数

Python 提供了一个 re.sub()函数,用来替换正则表达式匹配的字符串,并返回替换后的字符串。要查看 re.sub()函数的详细说明,可以使用 help()函数,示例如下。

```
>>> import re
>>> print(help(re.sub))
Help on function sub in module re:

sub(pattern, repl, string, count=0, flags=0)
    Return the string obtained by replacing the leftmost
    non-overlapping occurrences of the pattern in string by the
    replacement repl.  repl can be either a string or a callable;
    if a string, backslash escapes in it are processed.  If it is
    a callable, it's passed the match object and must return
    a replacement string to be used.

None
```

re.sub()函数的基本语法如下。

```
re.sub(pattern, repl, string, count=0, flags=0)
```

从上面的定义方法可以看出，re.sub()函数有 5 个参数，这 5 个参数及说明如表 10-5 所示。

表 10-5   re.sub()函数的参数及说明

参　　数	说　　明
pattern	正则表达式
repl	全称为 replacement，表示替换的字符串，它还可以是一个函数，用来实现自定义替换功能
string	原始字符串
count=0	替换次数，默认值为 0，表示替换所有匹配的字符串
flags=0	匹配的起始位置/结束位置或匹配模式，可不设置

re.sub()函数的使用示例如下。

```
# reSub_1.py
import re
str1 = "I'm 20 years old#this is a comment"
print(str1)
print(re.sub(r"(\d)+", "30", str1, ))              #将数字 20 替换为 30
print(str1)          #可以看到 re.sub()函数并不是对原字符串进行操作，而是生成一个新的字符串并返回
print(re.sub(r"#.*", "", str1, ))                  #删除"#"后的内容
str2 = "aa cs 125 dsa15 31"
print(re.sub(r"\s", "", str2))                     #删除空格符
print(re.sub(r"5\b", "6", str2, 1))                #替换单词边界的数字 5，只替换一次
str3 = "<span>hello</span>"
print(re.sub(r"<span>|</span>", "", str3, 2))      #删除 HTML 标签
```

程序的执行结果如下。

```
I'm 20 years old#this is a note
I'm 30 years old#this is a note
I'm 20 years old#this is a note
I'm 20 years old
aacs125dsa1531
aa cs 126 dsa15 31
hello
```

从上面的程序可以看出，re.sub()函数可以同时替换多个不同的字符串，但只能替换成相同的字符串。如果要将多个不同的字符串分别替换成不同的字符串，可以将 repl 参数换成自定义函数，示例如下。

```
#reSub_2.py
import re
#替换次数
count = 0
#自定义替换函数
def rep(m):
    repList = ["aaa", "bbb", "ccc"]
    global count                    #引用全局变量
    num = m.group()                 #返回整体
    repStr = repList[count]
    count += 1                      #替换次数自加，用于统计替换次数
    return repStr
```

```
str1 = "hello 111 how 222 asa 333"
#将数字111、222、333分别替换为字符串"aaa""bbb""ccc"，其中rep参数为自定义替换函数的函数名
print("替换结果: " + re.sub(r"\d{3}", rep, str1))
print("替换次数: ", count)    #输出替换次数
```

程序的执行结果如下。

```
替换结果: hello aaa how bbb asa ccc
替换次数: 3
```

2. re.subn()函数

上面在使用自定义函数替换字符串的时候，定义了一个 count 变量，用来统计替换次数。实际上在 Python 中，专门用来获取替换字符串的次数的函数是 re.subn()函数。同样地，我们可以使用 help()函数查看其说明，示例如下。

```
>>> import re
>>> print(help(re.subn))
Help on function subn in module re:

subn(pattern, repl, string, count=0, flags=0)
    Return a 2-tuple containing (new_string, number).
    new_string is the string obtained by replacing the leftmost
    non-overlapping occurrences of the pattern in the source
    string by the replacement repl. number is the number of
    substitutions that were made. repl can be either a string or a
    callable; if a string, backslash escapes in it are processed.
    If it is a callable, it's passed the match object and must
    return a replacement string to be used.

None
```

可以看到，re.subn()函数的基本语法和使用方法与 re.sub()函数基本是一样的，不同的是它返回的是一个包含替换后的字符串 "new_string" 和替换次数 "number" 的元组。因此，上文的程序 reSub_2.py 可改写如下。

```
#reSubn.py
import re
#列表索引
count = 0
#自定义替换函数
def rep(m):
    repList = ["aaa", "bbb", "ccc"]    #初始化
    global count                        #引用全局变量
    num = m.group()                     #返回整体
    repStr = repList[count]
    count += 1
    return repStr
str1 = "hello 111 how 222 asa 333"
newStr = re.subn(r"\d{3}", rep, str1)   #将字符串str1中的数字111、222、333分别替换为字符
串"aaa""bbb""ccc"
print("替换结果: ", newStr[0])           #输出替换结果
print("替换次数: ", newStr[1])           #输出替换次数
```

程序的执行结果如下。

```
替换结果：hello aaa how bbb asa ccc
替换次数：3
```

10.3　实　　例

10.2 节通过一些简单的示例介绍了正则表达式的使用方法，却没有提到正则表达式在日常编程中究竟有什么作用。因此本节列举了一些实例来说明正则表达式在日常编程中的应用。

10.3.1　校验电话号码

正则表达式用得最多的地方之一就是校验电话号码，因此本节提供了一个校验电话号码的实例。它能校验以数字 1 开头、第 2 位数字为 3～8 内的电话号码，示例如下。

```
#checkPhoneNum.py
import re
number = input("请输入电话号码：")
pattern = re.compile(r"^1[3-8]\d{9}$")  '''第 1 位为 1，第 2 位为 3～8 内的数字，后面有 9 位数字（即电话号码）'''
while number != "0":
    if pattern.match(number):           #匹配以 number 开头的对象
        print("匹配成功")
    else:
        print("匹配失败")
    number = input("请输入电话号码：")
print("匹配结束")
```

程序的执行结果如下。

```
请输入电话号码：13036523456
匹配成功
请输入电话号码：14752634853
匹配成功
请输入电话号码：12352354363
匹配失败
请输入电话号码：156346468
匹配失败
请输入电话号码：a1303664182
匹配失败
请输入电话号码：13036a85268
匹配失败
请输入电话号码：13036670746a
匹配失败
请输入电话号码：0
匹配结束
```

10.3.2　校验邮箱

正则表达式可以用来校验邮箱，标准的邮箱格式为"登录名@主机名.域名"。其中，登录名可以是英文、中文和数字；主机名可以包含英文、数字、下画线"_"和连接符号"-"；主机名后有一个英文符号"."；域名可以包含英文、数字、下画线"_"和连接符号"-"，并且域名可以为多个，如 com.cn。

邮箱的校验实例如下。

```
#checkEmail.py
import re
pattern=re.compile(r"^[A-Za-z0-9\u4e00-\u9fa5]+@[a-zA-Z0-9_-]+(\.[a-zA-Z0-9_-]+)+$")
#^[A-Za-z0-9\u4e00-\u9fa5]用于匹配登录名
#@用于匹配符号 "@"
#[a-zA-Z0-9_-]用于匹配主机名
#(\.[a-zA-Z0-9_-]+)+$用于匹配 "." 域名
email = input("请输入邮箱: ")
while email != "0":
    if pattern.match(email):        #匹配以 email 对象开头的字符串
        print("匹配成功")
    else:
        print("匹配失败")
    email = input("请输入邮箱: ")
print("匹配结束")
```

程序的执行结果如下。

```
请输入邮箱: 110@qq.com
匹配成功
请输入邮箱: xasx@com
匹配失败
请输入邮箱: axas@qq.com.cn
匹配成功
请输入邮箱: @@q.com
匹配失败
请输入邮箱: 杰克@163.com
匹配成功
请输入邮箱: 0
匹配结束
```

10.3.3　校验 IP 地址

正则表达式还可以用来校验 IPv4 地址。IPv4 协议是国际互联通信协议的第 4 版，它是一个被广泛使用的协议。IPv4 地址由 4 组数字和符号"."构成，如登录路由器时用到的地址 192.168.1.1 就是一个 IPv4 地址。IPv4 地址的校验实例如下。

```
#checkIP.py
import re
pattern = re.compile("^(([1-9]|[1-9]\d|1\d\d|2[0-4]\d|25[0-5])\.){3}([1-9]|[1-9]\d
```

```
|1\d\d|2[0-4]\d|25[0-5])$")
    ip = input("请输入 IP 地址: ")
    while ip != "0":
        if pattern.match(ip):          #匹配以 ip 对象开头的字符串
            print("匹配成功")
        else:
            print("匹配失败")
        ip = input("请输入 IP 地址: ")
    print("匹配结束")
```

程序的执行结果如下。

```
请输入 IP 地址: 192.168.1.1
匹配成功
请输入 IP 地址: 15.152.a.1
匹配失败
请输入 IP 地址: 192.168.1.1
匹配成功
请输入 IP 地址: 192.168.a.
匹配失败
请输入 IP 地址: 192.168.1.a
匹配失败
请输入 IP 地址: 019.16.1.1
匹配失败
请输入 IP 地址: 0
匹配结束
```

10.3.4   提取超链接

超链接是 HTML 代码中的网址，用来指向其他网站或资源，通常被<a></a>这个标签使用，示例如下。

```
<a href='http://www.baidu.com'></a>
```

使用正则表达式可以轻松地获取 href 指代的超链接，示例如下。

```
#getUrl.py
import re
html='''<a href='http://www.baidu.com'></a>
        <a href='http://www.360.com/index'></a>
        <a href='http://www.img.com/2256.txt'></a>
        '''
url=re.findall(r'<a[^>]+href=["\'](.*?)["\']',html)   #匹配html这一集合中符合该正则表达式
要求的对象，并传递给 url
    if url:
        for item in url:            #遍历 url
            print(item)             #输出提取结果
```

程序的执行结果如下。

```
http://www.baidu.com
http://www.360.com/index
http://www.img.com/2256.txt
```

10.3.5　提取中文字符

正则表达式还可以用来提取字符串中的中文字符，示例如下。

```
#getCN.py
import re
pattern=re.compile("[\u4e00-\u9fa5]+")
string=input("请输入内容：")
while string != "0":
    print(pattern.findall(string))        #匹配输入内容中的中文字符
string = input("请输入内容：")
```

程序的执行结果如下。

```
请输入内容：nihaoNihao 你好 c564sa 啊
['你好', '啊']
请输入内容：0
```

习　题

1. 列举与正则表达式有关的所有函数，并说明它们的功能，分析它们的差别。

2. 编写一个判断用户名合法性的程序，要求：用户名必须以字母开头，长度在 10 字节以内。

3. 用正则表达式统计文件 test.txt 中单词 "cat" 出现的次数，test.txt 文件中的内容为：cat dog cat pig apple girl cat bird。

4. 删除下列电话号码中的 "+86" "-" 和空格符。

+86 800-800-8000

5. 编写一个程序将中文表示的年份转换为数字表示的年份，如将 "二〇一八年" 转换为 "2018 年"。

6. 使用正则表达式提取出下列字符串中的英语单词。

What's the weather like today?

7. 提取出下列字符串中的数字。

1*3*0%Fc3$ac4*cs6 滴+3=F 哈 8ssa5*cs2*1

8. 说明下列正则表达式的功能。

（1）^\d{m,n}$。

（2）^(\-|\+)?\d+(\.\d+)?$。

（3）^[\u4E00-\u9FA5A-Za-z0-9_]+$。

（4）[1-9]\d{5}(?!\[a-z])。

（5）^-([1-9]\d*\.\d*|0\.\d*[1-9]\d*)$。

9. 查阅资料，编写一个检验身份证号码的程序。

第 11 章
多线程及多进程编程

前面讲到的所有内容，基本都属于单线程的范畴，但是在日常编程开发中，还会经常用到多线程编程和多进程编程。使用多线程编程可以降低程序的复杂度，使程序更加高效、简洁。多进程编程也是 Python 中较重要的部分，使用多进程编程可以避免 Python 的全局解释器锁（Global Interpreter Lock，GIL）问题，从而充分利用 CPU 资源。本章将详细介绍 Python 多线程编程和多进程编程。

11.1　多线程简介

在早期的计算机系统中，没有线程，只有进程。进程是资源分配和调度的基本单位，它是程序执行的一个实例。程序在执行时，系统会为其创建一个进程，并分配独立的内存地址空间，各个进程是互不干扰的。进程有 3 种基本的状态：就绪状态、运行状态、阻塞状态。它们之间的关系如图 11-1 所示。

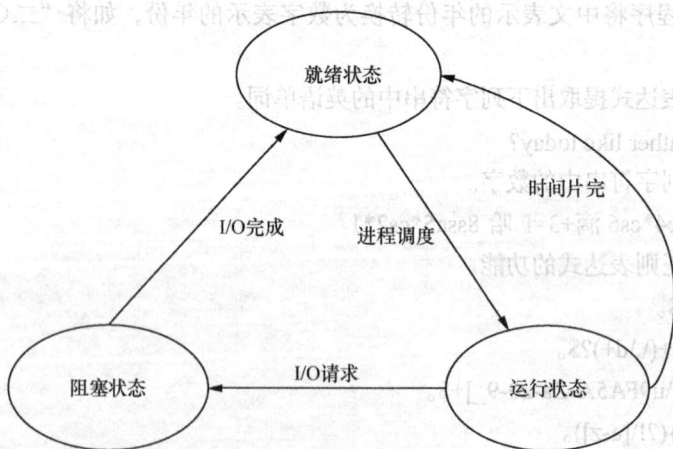

图 11-1　进程的 3 种基本状态

进程的 3 种基本状态解释如下。

① 就绪状态：表示进程具备运行的条件，在等待系统分配处理器以便运行。

② 运行状态：表示进程占用处理器资源且正在运行。

③ 阻塞状态：表示进程不具备运行条件，正在等待某个进程的完成。

　　有了进程之后，操作系统就可以通过 CPU 时间片的不断切换来运行多个进程，进而实现多进程。但是当时的 CPU 都是单核的，任何时候都只能有一个进程访问 CPU，所以当时的多进程并不是真正意义上的多进程。随着计算机技术的发展，多核 CPU 渐渐取代了单核 CPU，多进程才真正地应用在计算机上。但是后来进程出现了一些弊端，因为进程是资源的拥有者，它的创建、撤销和转换都会消耗大量计算机资源，所以需要引入轻型进程。但是，多个进程同时运行也会消耗大量计算机资源，这显然不是最好的办法。于是在 20 世纪 80 年代，出现了一种能独立运行的基本单位：线程。

　　线程是程序执行流的最小单元，是进程中的一个实体，一个进程可以拥有多个线程，多个线程可以共享进程所拥有的资源。线程和进程一样，也有就绪状态、运行状态、阻塞状态 3 种基本状态。每个线程都有一组 CPU 寄存器，称为线程的上下文，该上下文反映了线程上次运行时的 CPU 寄存器的状态。

　　需要和进程区分的是：线程不能独立运行，它必须依附于进程；另外，线程可以被抢占（中断）和暂时搁置（休眠）。线程可以提升程序的整体性能，它一般分为内核线程和用户线程，其中内核线程由操作系统内核创建和撤销，而用户线程不需要内核支持，它是在用户程序中实现的线程。

11.2　Python 多线程编程

　　Python 3 自带了两种实现多线程编程的模块。

　　① _thread 模块。Python 2 中使用 thread 模块实现多线程，而 Python 3 不再使用 thread 模块。为了和 Python 2 兼容，Python 3 将 thread 模块改为了_thread 模块。

　　② threading 模块。Python 3 推荐使用 threading 模块实现多线程，因为_thread 模块只提供了低级别的、原始的线程和一个简单的锁，而 threading 模块是基于 Java 的线程模块设计的，它相比于_thread 模块更高级。

　　需要注意的是，Python 不适合做多线程开发，因为它的效率比其他语言低。Python 之所以效率不高，是因为 Python 解释器使用了内部的全局解释器锁，这使得无论在任何时刻，计算机都只会允许在处理器上运行单个线程，即使计算机中拥有多核 CPU 也是如此。

11.2.1　_thread 模块

　　Python 3 的_thread 模块提供了基本的线程和互斥锁支持，_thread 模块是使用函数来创建线程的，它的常用函数及说明如表 11-1 所示。

表 11-1　　　　　　　　　　　　　　　_thread 模块的常用函数及说明

序号	函　　数	说　　明
1	_thread.start_new_thread()	创建线程
2	_thread.allocate_lock()	分配锁对象
3	_thread.exit()	退出线程
4	lock.acquire()	获取锁
5	lock.locked()	检查是否成功获取锁，成功则返回 True，否则返回 False

续表

序号	函　　数	说　　明
6	lock.release()	释放锁
7	_thread.LockType()	识别锁对象类型
8	_thread.get_ident()	获取线程标识符
9	_thread.TIMEOUT_MAX	获取锁的最长时间，超时将引发 OverflowError 异常
10	_thread.interrupt_main()	引发主线程的 KeyboardInterrupt 异常，子线程可以用这个函数来终止主线程

1. 创建线程

_thread 模块的核心函数为_thread.start_new_thread()，其基本语法如下。

```
_thread.start_new_thread(function,args,kargs)
```

其中，function 为要执行的函数名，注意这里函数名后不用加括号；args 为函数的参数，必须是元组，需要注意的是，当函数没有参数时，args 为一个空的元组；kargs 为可选参数。

和_thread 模块常搭配使用的还有 time 模块，它能使线程休眠，并且能监控线程的运行时间。

_thread.start_new_thread()函数的使用示例如下。

```python
#create_thread.py
#导入3个模块
import _thread
import time
import sys
# 创建线程函数
def t_func(t_name, count):
    while count > 0:
        # 线程休眠1s
        time.sleep(1)
        print('当前运行线程：' + t_name + ' ' + time.ctime(time. time()))
        count -= 1
    print('线程' + t_name + '运行结束:' + time.ctime(time.time()))


#创建main()函数
def main():
    try:
        print('主线程开始时间：', time.ctime(time.time()))
        _thread.start_new_thread(t_func, ('Thread-1', 2))
        _thread.start_new_thread(t_func, ('Thread-2', 3))
        #休眠5s
        time.sleep(5)
        print('主线程结束时间：', time.ctime(time.time()))
    except Exception as e:
        print('线程启动失败：' + str(e))
        sys.exit(0)            #正常退出
if __name__ == '__main__':
    main()
```

程序的执行结果如下。

```
主线程开始时间: Sun Nov 18 21:53:30 2018
```

```
当前运行线程: Thread-2 Sun Nov 18 21:53:31 2018
当前运行线程: Thread-1 Sun Nov 18 21:53:31 2018
当前运行线程: Thread-2 Sun Nov 18 21:53:32 2018
当前运行线程: Thread-1 Sun Nov 18 21:53:32 2018
线程 Thread-1 运行结束: Sun Nov 18 21:53:32 2018
当前运行线程: Thread-2 Sun Nov 18 21:53:33 2018
线程 Thread-2 运行结束: Sun Nov 18 21:53:33 2018
主线程结束时间: Sun Nov 18 21:53:35 2018
```

通过上述程序可以看到, 当多个线程并发运行时, 总的运行时间是最慢的线程的运行时间, 而不是所有线程的运行时间之和。需要注意的是, 当主线程结束之后, 其他线程也会结束。因此当上述程序中 main()函数的休眠时间改为 1s 之后, 程序只会输出下列信息, 而不会输出线程 Thread-1 和 Thread-2 的内容。

```
主线程开始时间: Sun Nov 18 22:00:29 2018
主线程结束时间: Sun Nov 18 22:00:30 2018
```

2. 线程锁

上面讲到的程序中, 当主线程结束后, 即使子线程还没结束, 也会被关闭, 这是不合理的。要实现主线程在子线程结束后才结束, 可以使用线程锁, 示例如下。

```python
#lock_thread.py
import _thread
import time
import sys
#创建线程函数
def t_func(t_name, count, lock):
    while count > 0:
        #线程休眠 1s
        time.sleep(1)
        print('当前运行线程: ' + t_name + ' id: ' +
            str(_thread.get_ident()) + ' ' + time.ctime(time.time()))
        count -= 1
    print('线程' + t_name + '运行结束: ' + time.ctime(time.time()))
    #释放锁
    lock.release()


#创建 main()函数
def main():
    try:
        print('主线程开始时间: ', time.ctime(time.time()))
        locks = []
        for i in range(1, 4):
            #分配锁对象
            lock = _thread.allocate_lock()
            #获取锁
            lock.acquire()
            locks.append(lock)
            #创建线程
            _thread.start_new_thread(t_func, ('Thread-' + str(i), i, lock))
```

```
          #检测锁
          for i in locks:
                  #判断锁是否释放
                  while i.locked():
                          pass
          print('主线程结束时间: ', time.ctime(time.time()))
      except Exception as e:
          print('线程启动失败: ' + str(e))
          sys.exit(0)

if __name__ == '__main__':
      main()
```

程序的执行结果如下。

```
主线程开始时间: Sun Nov 18 22:36:11 2018
当前运行线程: Thread-1 id: 15780  Sun Nov 18 22:36:12 2018
线程 Thread-1 运行结束:  Sun Nov 18 22:36:12 2018
当前运行线程: Thread-3 id: 30236  Sun Nov 18 22:36:12 2018
当前运行线程: Thread-2 id: 29008  Sun Nov 18 22:36:12 2018
当前运行线程: Thread-3 id: 30236  Sun Nov 18 22:36:13 2018
当前运行线程: Thread-2 id: 29008  Sun Nov 18 22:36:13 2018
线程 Thread-2 运行结束:  Sun Nov 18 22:36:13 2018
当前运行线程: Thread-3 id: 30236  Sun Nov 18 22:36:14 2018
线程 Thread-3 运行结束:  Sun Nov 18 22:36:14 2018
主线程结束时间: Sun Nov 18 22:36:14 2018
```

可以看到，通过使用线程锁，上述程序实现了主线程等待子线程结束后才结束的功能。

11.2.2　threading 模块

Python 3 还可以使用 threading 模块来创建线程，和_thread 模块不同的是，threading 模块使用的是类来创建线程，它创建线程的方法跟 Java 相似。另外，threading 模块比_thread 模块更高级，它包含了_thread 模块中所有的函数，并且还提供了其他的一些函数。threading 模块的函数及说明如表 11-2 所示。

表 11-2　　　　　　　　　　　　　　　threading 模块的函数及说明

序号	函　　数	说　　明
1	threading.active_count()	返回当前正在运行的线程的数量，包含主线程，与 len(threading.enumerate()) 有相同的结果
2	threading.current_thread()	返回当前的线程变量
3	threading.main_thread()	返回主线程
4	threading.enumerate()	返回一个包含当前正在运行的线程的列表。正在运行指线程启动后、结束前的状态，不包括线程启动前和终止后的状态

threading 模块是使用类来创建线程的，其创建方法如下。

```
#create_threading_eg.py
import threading

#必须继承 threading.Thread
class threadName(threading.Thread):
```

```
#args 为传入线程的参数, 可为多个参数
def __init__(self, args):
    #初始化, threadName 必须和类名一样
    super(threadName, self).__init__()
    #也可使用下列注释中的方法进行初始化
    #threading.Thread.__init__(self)
    self.args = args

def run(self):  # 定义 run()方法
    '''线程执行的内容,注意这里如果需要使用传入线程的变量,必须在变量名前加一个"self",否则会报错'''
```

在使用 threading 模块创建线程时, 必须要先定义一个继承 threading.Thread 的类, 然后在创建的子类中创建一个 run()方法, 线程启动后便会执行 run()方法中的代码。

注意, threading 模块也可用函数的方式创建线程, 其创建方法和_thread 模块中的线程创建方法类似, 示例如下。

```
#create_threading_func.py
import threading
def func(parameter):
    #函数体
thread = threading.Thread(target=func, args=(parameter))
```

其中 target 为函数名, args 为函数的参数。

创建线程之后, 可以使用 start()方法启动线程, 示例如下。

```
threadName.start(thread_parameter)
```

除了 start()方法, threading.Thread 类还提供了其他的方法, 如表 11-3 所示。

表 11-3　　　　　　　　　　　　　　　threading.Thread 类的方法

序号	方　　法	说　　明
1	threading.Thread. join(timeout)	表示主线程等待子线程 timeout 时长 (s) 后子线程还没结束, 则主线程强制结束子线程; timeout 参数为可选参数, 不设置时主线程会一直等待子线程结束后才结束
2	threading.Thread. getName()	获取线程名
3	threading.Thread. setName(name)	设置线程名
4	threading.Thread. isAlive()	返回线程是否是活动的
5	threading.Thread ident()	获取线程标识符
6	threading.Thread.setDaemon(bool)	设置主线程和子线程运行时的关联关系。当 bool 值为 True 时, 主线程和子线程之间可看作父子关系, 主线程一结束, 子线程就会立即结束; 当 bool 值为 False 时, 主线程和子线程两者的运行毫不相关, 独立运行

1. threading.Thread.join(timeout)方法

threading.Thread.join(timeout)方法是 threading 模块中常用的控制线程运行的方法, 它用于设置主线程是否等待子线程结束, 而且只能在线程启动后使用, 示例如下。

```
#create_threading_eg.py
import threading
import time
class myThread(threading.Thread):#创建一个类, 继承 threading.Thread
```

```
    def __init__(self, i):
        super(myThread, self).__init__()
        self.i = i
    def run(self):                #定义 run()方法
        print('线程: ' + self.getName() + '开始 ' + time.ctime (time.time()))
        time.sleep(self.i)        #线程休眠 is
        print('线程:' + self.getName() + '结束 ' + time.ctime (time.time()))
if __name__ == '__main__':
    print('主线程开始时间: ', time.ctime(time.time()))
    #创建线程列表
    threads = []
    for i in range(1, 4):
        thread = myThread(i)
        #设置线程名称
        thread.setName('Thread-' + str(i))
        threads.append(thread)
    #启动线程
    for thread in threads:
        thread.start()
        thread.join()
    print('主线程结束时间: ', time.ctime(time.time()))
```

上述程序使用 threading 模块创建了 3 个线程：Thread-1、Thread-2、Thread-3。它们的休眠时间分别为 1s、2s、3s，程序的执行结果如下。

```
主线程开始时间: Wed Nov 21 22:21:07 2018
线程:Thread-1 开始 Wed Nov 21 22:21:07 2018
线程:Thread-1 结束 Wed Nov 21 22:21:08 2018
线程:Thread-2 开始 Wed Nov 21 22:21:08 2018
线程:Thread-2 结束 Wed Nov 21 22:21:10 2018
线程:Thread-3 开始 Wed Nov 21 22:21:10 2018
线程:Thread-3 结束 Wed Nov 21 22:21:13 2018
主线程结束时间: Wed Nov 21 22:21:13 2018
```

可以看到，在使用 threading.Thread.join(timeout)方法之后，线程是依次运行的。即只有当前线程结束后，才能运行下一个线程。同时，主线程在子线程结束后才结束。如果上述程序中不使用 threading.Thread.join(timeout)方法，则会输出下列内容。

```
主线程开始时间: Wed Nov 21 22:22:05 2018
线程:Thread-1 开始 Wed Nov 21 22:22:05 2018
线程:Thread-1 结束 Wed Nov 21 22:22:06 2018
线程:Thread-2 开始 Wed Nov 21 22:22:06 2018
线程:Thread-3 开始 Wed Nov 21 22:22:07 2018
线程:Thread-2 结束 Wed Nov 21 22:22:08 2018
主线程结束时间:Wed Nov 21 22:22:08 2018
线程:Thread-3 结束 Wed Nov 21 22:22:10 2018
```

可以看到，在没有使用 threading.Thread.join(timeout)方法时，多个子线程是同时创建、同时结束的，并且主线程没有等待子线程结束。

2. threading.Thread.setDaemon(bool)方法

threading.Thread.setDaemon(bool)方法用于设置主线程的守护线程。当对子线程使用 threading. Thread.setDaemon(bool)方法，bool 值为 True 时，该线程为守护线程，主线程一旦结束，则该子线程也会被关闭；当 bool 值为 False 时，主线程结束后子线程仍会继续运行到结束。需要注意的是，threading.Thread.setDaemon(bool)方法必须在线程启动之前使用，示例如下。

```
#create_threading_eg.py
import threading
import time

class myThread(threading.Thread):#创建一个类，继承 threading.Thread
    def __init__(self):
        super(myThread, self).__init__()
    def run(self):                     # 定义 run()方法
        print('线程: ' + self.getName() + '开始 ' + time.ctime (time.time()))
        time.sleep(2)
        print('线程:' + self.getName() + '结束 ' + time.ctime (time.time()))
if __name__ == '__main__':
    print('主线程开始时间: ', time.ctime(time.time()))
    #创建线程
    thread = myThread()
    #设置线程名称
    thread.setName('Thread-1')
    thread.setDaemon(False)            #参数 bool 设置为 False，只结束主线程
    thread.start()
    time.sleep(1)
print('主线程结束时间: ', time.ctime(time.time()))
```

程序的执行结果如下。

```
主线程开始时间: Wed Nov 21 22:40:32 2018
线程: Thread-1 开始 Wed Nov 21 22:40:32 2018
主线程结束时间: Wed Nov 21 22:40:32 2018
线程: Thread-1 结束 Wed Nov 21 22:40:34 2018
```

可以看到，当设置 bool 值为 False 时，主线程结束后子线程还会继续运行到结束。当将上述程序的 thread.setDaemon(False)方法改为 thread.setDaemon(True)方法时，程序的执行结果如下。

```
主线程开始时间:  Wed Nov 21 22:41:53 2018
线程: Thread-1 开始 Wed Nov 21 22:41:53 2018
主线程结束时间:  Wed Nov 21 22:41:54 2018
```

可以看到，当 bool 值为 True 时，在主线程结束后子线程也被关闭了。

11.3 线 程 同 步

线程同步是多线程编程里最重要的一个概念。在多线程编程中，当多个线程需要共享数据时，可能存在数据不同步的情况，为了保证数据的正确性，就必须用到线程同步。要做到线程同步，

实现线程对公共资源进行互斥访问，可以使用线程锁或条件变量 Condition。

Python 3 的 threading 模块提供了两种锁：一种是原始的 Lock 锁，它和_thread 模块的锁是一样的；另一种是可重入的 RLock 锁，即当一个线程拥有一个锁的使用权后，再次获取锁的使用权时会立刻得到使用权，不像 Lock 锁那样会阻塞。另外，threading 模块还提供了一个条件变量 Condition，用来处理复杂线程的同步问题。下面将分别介绍这 3 种线程同步的方法。

1. Lock 锁

Lock 锁和_thread 模块中的锁是一样的，示例如下。

```
#threading_lock.py
import threading
import time
num = 0
#申请 Lock 锁
lock = threading.Lock()
class Count(threading.Thread):
    def __init__(self):
        super(Count, self).__init__()
    def run(self):                   #定义 run()方法
        global num                   #声明全局变量 num
        #以下注释为加锁部分
        #lock.acquire()
        while num < 5:
                time.sleep(2)        #线程休眠 2s
                print('线程: ' + self.getName(), 'num:', num)
                num += 1
        #lock.release()
if __name__ == '__main__':
    print('主线程开始时间: ', time.ctime(time.time()))
    thread1 = Count()                #统计出现次数
    thread2 = Count()                #统计出现次数
    #设置线程名称
    thread1.setName('Thread-1')
    thread2.setName('Thread-2')
    thread1.start()                  #创建新线程
    thread2.start()
    thread1.join()                   '''检验该线程是否结束，没有结束就阻塞，直到线程结束; 如果结束则
跳转运行下一个线程的 join()方法'''
    thread2.join()
    print('主线程结束时间: ', time.ctime(time.time()))
```

程序的执行结果如下。

```
主线程开始时间: Sun Nov 25 15:58:25 2018
线程: Thread-2 num: 0
线程: Thread-1 num: 0
线程: Thread-2 num: 2
线程: Thread-1 num: 3
线程: Thread-1 num: 4
```

```
线程: Thread-2 num: 4
主线程结束时间: Sun Nov 25 15:58:31 2018
```

可以看到，上述程序创建的两个线程在没有锁的情况下，修改了全局变量 num 的值，造成 num 值的混乱。而将上述程序加锁部分的注释符号删除后，程序则会输出下列内容。

```
主线程开始时间: Sun Nov 25 15:59:29 2018
线程: Thread-1 num: 0
线程: Thread-1 num: 1
线程: Thread-1 num: 2
线程: Thread-1 num: 3
线程: Thread-1 num: 4
主线程结束时间: Sun Nov 25 15:59:39 2018
```

因为对线程加了锁，所以当线程 Thread-1 对 num 进行修改时，Thread-2 线程会变成阻塞状态，一直等到线程 Thread-1 将 num 的值修改成 5 之后，不满足循环条件，主线程才结束。

2. RLock 锁

RLock 锁又称递归锁，它和 Lock 锁有细微的差别。RLock 锁允许在同一线程中被多次申请，而 Lock 锁不允许出现这种情况。RLock 锁和 Lock 锁的区别可从下列程序看出。

```python
#threading_RLock.py
import threading
import time
#申请 RLock 锁
lock = threading.Lock()
lock.acquire()
#输出正在运行的线程的列表
print(threading.enumerate())
#再次申请时，产生了死锁
lock.acquire()
print(threading.enumerate())
lock.release()
lock.release()
```

程序的执行结果如下。

```
[<_MainThread(MainThread, started 167756)>]
```

可以看到，使用 Lock 锁时，同一个线程不能多次申请，否则会造成死锁，之后的代码都不会执行。而使用 RLock 锁则可以多次申请，示例如下。

```python
#threading_RLock.py
import threading
import time
#申请 RLock 锁
rLock = threading.RLock()
rLock.acquire()
print(threading.enumerate())
#再次申请时，程序不会出现死锁
rLock.acquire()
print(threading.enumerate())
```

```
rLock.release()
rLock.release()
```

程序的执行结果如下。

```
[<_MainThread(MainThread, started 168008)>]
[<_MainThread(MainThread, started 168008)>]
```

可以看到，RLock 锁可以被多次申请。这里需要注意的是，RLock 锁的申请和释放必须成对出现，这样才能真正释放线程占用的锁。

3. 条件变量 Condition

条件变量 Condition 在 Python 3 中可以理解为一种更高级的锁，它用于解决复杂线程的同步问题。Condition 除了提供了和锁类似的 acquire() 和 release() 函数外，还提供了下面的函数。

（1）wait()。使线程挂起，直到收到通知或超时才会被唤醒。线程使用前必须已获得锁，否则会抛出 RuntimeError 异常。

（2）notify()。唤醒挂起的线程使其运行。线程使用前必须已获得锁，否则会抛出 RuntimeError 异常。

（3）notifyAll()。唤醒所有线程使其运行。线程使用前必须已获得锁，否则将抛出 RuntimeError 异常。

下面将通过一个模拟用户和客服对话的程序来讲解 Condition 的使用方法。

```
#threading_condition.py
import threading
import time

#用户
class User(threading.Thread):
    def __init__(self, name, lock):
        super(User, self).__init__()
        self.name = name
        self.lock = lock
    def run(self):
        #申请锁
        self.lock.acquire()

        print(time.ctime(time.time()), self.name + ': 你好')

        # 等待回答
        self.lock.wait()                    #挂起线程
        print(time.ctime(time.time()), self.name + ': 我想办个会员')
        #通知客服可以回答了
        self.lock.notify()                  #运行挂起的线程

        self.lock.wait()
        print(time.ctime(time.time()), self.name + ': 好的谢谢')
        self.lock.notify()

        #释放锁
        self.lock.release()

#客服
class Service(threading.Thread):
```

```python
    def __init__(self, name, lock):
        super(Service, self).__init__()
        self.name = name
        self.lock = lock
    def run(self):
        #申请锁
        self.lock.acquire()

        #唤醒回答
        self.lock.notify()
        time.sleep(2)
        print(time.ctime(time.time()), self.name + ': 你好')
        #通知用户可以发消息了
        self.lock.wait()

        self.lock.notify()
        time.sleep(2)
        print(time.ctime(time.time()), self.name + ': 好的马上为您办理')
        self.lock.wait()

        self.lock.notify()
        time.sleep(2)
        print(time.ctime(time.time()), self.name + ': 已为您办理会员')

        #释放锁
        self.lock.release()
if __name__ == "__main__":
    lock = threading.Condition()          #将线程的条件变量传递给锁
    ask = User('用户', lock)
    answer = Service('客服', lock)
    print('****开始****')
    ask.start()
    answer.start()
```

程序的执行结果如下。

```
****开始****
Tue Nov 27 21:08:07 2018 用户: 你好
Tue Nov 27 21:08:09 2018 客服: 你好
Tue Nov 27 21:08:09 2018 用户: 我想办个会员
Tue Nov 27 21:08:11 2018 客服: 好的马上为您办理
Tue Nov 27 21:08:11 2018 用户: 好的谢谢
Tue Nov 27 21:08:13 2018 客服: 已为您办理会员
```

可以看到，在 Condition 的控制下，两个线程严格按顺序运行，直到结束。

11.4　queue 模块

queue 模块在 Python 多线程编程中十分重要，它实现了所有必要的锁机制，并且提供了 3 种类型的队列：FIFO（先进先出）队列 Queue、LIFO（后进先出）队列 LifoQueue、优先级队列 PriorityQueue。这些队列都实现了锁原语，能够在多线程编程中直接使用。使用这几种队列能良好地控制线程的运行顺序，实现多个线程之间信息的安全交换。queue 模块中 Queue 类的常用方法及说明如表 11-4 所示。

表 11-4   Queue 类的常用方法及说明

序 号	方 法	说 明
1	Queue.qsize()	返回队列的大小
2	Queue.empty()	判断队列是否为空，为空则返回 True，非空则返回 False
3	Queue.full()	判断队列是否已满，已满则返回 True，未满则返回 False
4	Queue.put(item,block=True, timeout=None)	将元素 item 写入队列中，其中 block 和 timeout 为可选参数。当 block 为 True 时，写入是阻塞的，阻塞时间由 timeout 决定；当 block 为 False 时，写入是非阻塞的，但是当队列已满时会抛出 Full Exception 异常
5	Queue.get(block=True, timeout=None)	获取一个队列元素的同时移除该元素，其中 block 和 timeout 为可选参数。当 block 为 True 时，读取是阻塞的；当 block 为 False 时，读取是非阻塞的，但是当队列为空时会抛出 Empty Exception 异常
6	Queue.get_nowait()	非阻塞式读取队列数据
7	Queue.put_nowait()	非阻塞式写入 item 到队列
8	Queue.join()	阻塞，直到队列为空才执行之后的操作
9	Queue.task_done()	提示 Queue.join()停止阻塞
10	Queue.queue.clear()	清空队列

11.4.1   FIFO 队列 Queue

先进先出（First In First Out，FIFO）队列是一个经典的队列，其原理类似于日常生活中的排队，先入队的元素也会先出队。如图 11-2 所示，元素 $a_1, a_2, a_3, \cdots, a_{n-1}, a_n$ 在入队时的顺序为 $a_1, a_2, a_3, \cdots, a_{n-1}, a_n$，出队时的顺序也为 $a_1, a_2, a_3, \cdots, a_{n-1}, a_n$。

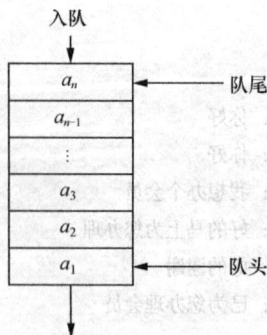

图 11-2   FIFO 队列

用 Python 3 创建一个 FIFO 队列十分简单，示例如下。

```
#引入 Python 3 自带的 queue 模块
import queue
queue.Queue(maxsize=0)                    #创建一个大小为 0 的队列
```

其中，maxsize 为队列大小，当不输入 maxsize 时，队列的大小是无限大的。

FIFO 队列元素的写入和读取过程示例如下。

```
#queue_FIFO.py
import queue
#创建 FIFO 队列
q = queue.Queue(3)
#输出队列是否为空
print('队列是否为空: ', q.empty())
#输出队列大小
print('写入前队列大小: ', q.qsize())
for i in range(3):
    #写入 i 到队列 q
    print('写入一个元素', i)
    q.put(i)
print('写入后队列大小: ', q.qsize())
#输出队列是否已满
print('队列是否已满: ', q.full())
while not q.empty():
    print('读取一个元素: ', q.get())
print('读取后队列大小: ', q.qsize())
```

程序的执行结果如下。

```
队列是否为空: True
写入前队列大小: 0
写入一个元素 0
写入一个元素 1
写入一个元素 2
写入后队列大小: 3
队列是否已满: True
读取一个元素: 0
读取一个元素: 1
读取一个元素: 2
读取后队列大小: 0
```

可以看到，程序按照 0、1、2 的顺序写入队列 q 之后，队列的大小变为了 3；读取元素时的顺序也为 0、1、2，并且读取完后，队列的大小又变为了 0。

11.4.2　LIFO 队列 LifoQueue

后进先出（Last In First Out，LIFO）队列和 FIFO 队列相反，后入队的元素会先出队，其原理同栈类似。如图 11-3 所示，元素 $a_1, a_2, a_3, \cdots, a_{n-1}, a_n$ 在入队时的顺序为 $a_1, a_2, a_3, \cdots, a_{n-1}, a_n$，出队时的顺序则为 $a_n, a_{n-1}, \cdots, a_3, a_2, a_1$。

用 Python 3 创建 LIFO 队列和创建 FIFO 队列是类似的，仅需将 Queue 替换为 LifoQueue 即可，示例如下。

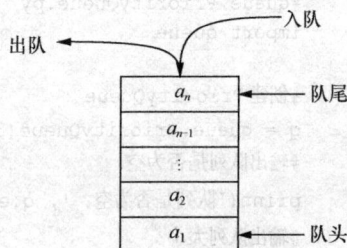

图 11-3　LIFO 队列

```
#queue_LIFO.py
import queue
#创建 LIFO 队列
q = queue.LifoQueue(3)
#输出队列是否为空
print('队列是否为空：', q.empty())
#输出队列大小
print('写入前队列大小：', q.qsize())
for i in range(3):
    #写入 i 到队列 q
    print('写入一个元素', i)
    q.put(i)
print('写入后队列大小：', q.qsize())
#输出队列是否已满
print('队列是否已满：', q.full())
while not q.empty():
    print('读取一个元素：', q.get())
print('读取后队列大小：', q.qsize())
```

程序的执行结果如下。

```
队列是否为空： True
写入前队列大小： 0
写入一个元素 0
写入一个元素 1
写入一个元素 2
写入后队列大小： 3
队列是否已满： True
读取一个元素： 2
读取一个元素： 1
读取一个元素： 0
读取后队列大小： 0
```

可以看到，LIFO 队列的读取顺序和 FIFO 队列的读取顺序是完全相反的。

11.4.3 优先级队列 PriorityQueue

优先级队列 PriorityQueue 存储的是元组，元组中的第一个元素为优先级，元组中其他的元素为存储的值。元组中第一个元素的值越低，优先级就越高，出队时会优先出队，示例如下。

```
#queue_PriorityQueue.py
import queue

#创建 PriorityQueue
q = queue.PriorityQueue(3)
#输出队列是否为空
print('队列是否为空：', q.empty())
#输出队列大小
print('写入前队列大小：', q.qsize())
```

```
print('写入一个元素: ', (10, 'a'))
q.put((10, 'a'))
print('写入一个元素: ', (-1, 'b'))
q.put((-1, 'b'))
print('写入一个元素: ', (100, 'c'))
q.put((100, 'c'))
print('写入后队列大小: ', q.qsize())
#输出队列是否已满
print('队列是否已满: ', q.full())
while not q.empty():
    print('读取一个元素: ', q.get())
print('读取后队列大小: ', q.qsize())
```

程序的执行结果如下。

```
队列是否为空: True
写入前队列大小:  0
写入一个元素: (10, 'a')
写入一个元素: (-1, 'b')
写入一个元素: (100, 'c')
写入后队列大小: 3
队列是否已满: True
读取一个元素: (-1, 'b')
读取一个元素: (10, 'a')
读取一个元素: (100, 'c')
读取后队列大小: 0
```

可以看到，上述程序根据元组的第一个元素的大小（优先级），依次输出了队列中的元素。

11.5　Python 多进程编程

前面讲到，由于 Python 解释器使用了 GIL，在任意时刻都只能让一个线程访问 CPU，因此 Python 的多线程并不是真正的多线程。如果想要充分利用 CPU 资源，可以使用多进程，因为多个进程拥有的资源是相互独立的，所以使用多进程可以轻松地实现程序的并发运行。

11.5.1　os.fork()函数

Python 3 封装了一个 os.fork()函数，用于在 UNIX/Linux 操作系统上创建多进程。os.fork()函数会为当前进程创建一个子进程，子进程会复制父进程的信息，从而使一个进程分成两个进程并同时运行，示例如下。

```
#!usr/bin/env python3
#fork.py
import os

os.fork()            #创建一个子进程
print('Python')
```

程序的执行结果如下。

```
[root@master chaper11]# Python fork.py
Python
Python
```

os.fork()函数在创建子进程时会返回一个进程符（Process Identification，PID）。子进程返回的 PID 永远都为 0，而父进程返回的 PID 是进程的 ID，因此子进程和父进程之间可以通过 PID 来区分，示例如下。

```
#!usr/bin/env python3
#fork1.py
import os

pid=os.fork()              #创建子进程并返回 PID
if pid==0:                 #子进程的 PID 为 0，以此为标准判断子进程和父进程
    print('I am the child process,my pid is {0},and my parent is {1}'.format(os.getpid(),
os.getppid()))
    else:
    print('I am the parent process,my pid is {0},and I just create a child process
{1}'.format(os.getpid(),pid))
```

程序的执行结果如下。

```
[root@master chaper11]# python fork1.py
I am the parent process,my pid is 8848,and I just create a child process 8849
I am the child process,my pid is 8849,and my parent is 8848
```

可以看到，在上述程序中，父进程使用 os.getpid()函数来获取进程 ID，子进程使用 os.getppid()函数获取进程 ID，并且一个进程可以创建多个子进程。

需要注意的是，os.fork()函数只能在 UNIX/Linux 操作系统上使用，如果在 Windows 操作系统上使用，则会报下列错误信息，提示 os 模块没有 fork()函数。

```
AttributeError: module 'os' has no attribute 'fork'
```

11.5.2　multiprocessing 模块

前面讲到 os.fork()函数只能在 UNIX/Linux 操作系统上使用，那在 Windows 操作系统上怎样编写多进程程序呢？Python 3 提供了 multiprocessing 模块，用于支持 Windows 操作系统的多进程编程。multiprocessing 模块使用 Process 类来描述一个进程对象，其创建子进程的方法和 threading 模块创建线程的方法类似，示例如下。

```
#create_process.py
from multiprocessing import Process

#必须继承 Process
class MyProcess(Process):
    #args 为传入进程的参数，可为多个参数
    def __init__(self, args):
        #初始化进程，也可使用下列注释中的方法
        super(MyProcess, self).__init__()
        #Process.__init__(self)
        self.args = args
```

```
    def run(self):
        #进程执行的内容
```

另外，multiprocessing 模块还可以使用函数来创建多进程，示例如下。

```
multiprocessing.Process(group=None,target=None,name=None,args=(),kwargs={})
```

其中 group 为进程组，必须为 None；target 为进程要执行的函数名；name 为进程名；args 为要传入函数的参数，必须为一个元组；kwargs 为传入进程的字典。

Process 类的方法类似多线程的方法，它们的说明如表 11-5 所示。

表 11-5　　　　　　　　　　　　　　Process 类的方法及说明

序　号	方　法	说　明
1	Process.start()	启动进程
2	Process.run()	可以启动进程，执行定义的类中的 run()方法
3	Process.terminate()	强行终止进程
4	Process.is_alive()	检查进程是否仍在运行
5	Process.join(timeout)	表示主进程等待子进程 timeout 时长（s）后子进程还没结束，则主进程强制结束子进程；timeout 参数为可选参数，不设置时主进程会一直等待子进程结束，通常用于同步进程
6	Process.name	返回进程的名称
7	Process.pid	返回进程 ID

使用类创建子进程的示例如下。

```
#create_process_class.py
from multiprocessing import Process          #导入 Process 模块的 multiprocessing 部分

#定义子进程类
class MyProcess(Process):
    def __init__(self, string):
        super(MyProcess, self).__init__()
        self.string = string

    def run(self):
        print(self.string)

if __name__ == "__main__":
    #创建子进程
    p = MyProcess('Python')
    #启动子进程
    p.start()
```

使用函数的方式创建子进程的示例如下。

```
#create_process_func.py
import multiprocessing

#定义子进程执行的函数
def p_func(string):
    print(string)
```

```
if __name__ == "__main__":
    #创建子进程
    process = multiprocessing.Process(target=p_func, args=('Python',))
    #启动子进程
    process.start()
```

上述两个程序的执行结果都如下所示。

```
Python
```

需要注意的是，上述两种创建子进程的示例都必须在"if __name__ == "__main__""下实现，否则程序会报错。另外，在使用函数的方式创建子进程时，其 args 参数的元组的最后一个元素之后必须加一个","，否则函数会错误地解析传入的参数。

11.5.3 进程池

在 Python 3 中，如果需要创建多个进程，可以使用进程池来批量创建。Python 3 的 multiprocessing 模块提供了一个 Pool 类，用来实现进程池相关功能。Pool 类可以创建指定数量的进程供用户调用，当用户需要将新的进程加入进程池中时，如果进程池未满，则会将该进程加入进程池中；如果进程池已满，则会提示用户等待，直到进程池中有进程结束，才会将该进程加入进程池。

Pool 类提供了一些方法用来控制进程池中进程的运行，这些方法及说明如表 11-6 所示。

表 11-6   Pool 类的方法及说明

序　号	方　　法	说　　明
1	Pool.apply_async(func,args=())	以非阻塞的方式将进程加入进程池中，func 为进程执行的函数名，args 为传入函数的元组形式参数
2	Pool.close()	关闭进程池。关闭后，进程池中不能再加入进程
3	Pool.terminate()	结束进程池中的所有进程
4	Pool.join()	主进程阻塞，等待子进程的结束，Pool.join()方法必须在 Pool.close()方法或 Pool.terminate()方法之后使用

进程池的使用示例如下。

```
#process_pool.py
from multiprocessing import Pool
import os
import time

#定义子进程执行的函数
def childProcess(process_name):
    print('%s start,pid=%s |now time is %s' %
        (process_name, os.getpid(), time.ctime(time.time())))
    time.sleep(2)                #进程休眠 2s
    print('%s stop,pid=%s |now time is %s' %
        (process_name, os.getpid(), time.ctime(time.time())))

#主进程
def main():
    print('main process start,pid=%s  |now time is %s' %
        (os.getpid(), time.ctime(time.time())))
    #创建进程池
```

```
        p = Pool(3)
        for i in range(3):
                #向进程池中添加子进程
                p.apply_async(childProcess, args=('child process-' + str(i),))
        #关闭进程池，关闭后不可再添加子进程
        p.close()
        #调用 Pool.join()函数之前必须调用 Pool.close()函数关闭进程池
        p.join()
        print('main process stop,pid=%s  |now time is %s' %
                (os.getpid(), time.ctime(time.time())))

if _ _name_ _ == "_ _main_ _":
    main()
```

程序的执行结果如下。

```
main process start,pid=12968  |now time is Sun Dec  2 17:45:59 2018
child process-0 start,pid=4012 |now time is Sun Dec  2 17:45:59 2018
child process-0 stop,pid=4012 |now time is Sun Dec  2 17:46:01 2018
child process-1 start,pid=5924 |now time is Sun Dec  2 17:45:59 2018
child process-1 stop,pid=5924 |now time is Sun Dec  2 17:46:01 2018
child process-2 start,pid=4344 |now time is Sun Dec  2 17:45:59 2018
child process-2 stop,pid=4344 |now time is Sun Dec  2 17:46:01 2018
main process stop,pid=12968  |now time is Sun Dec  2 17:46:01 2018
```

需要注意的是，进程池的创建也必须在 if _ _name_ _ == "_ _main_ _"下实现，否则程序会报错。

11.5.4　进程通信

多进程编程最重要的就是多个进程之间的通信，Python 3 为解决进程通信问题提供了 3 种方法：multiprocessing.Queue（进程队列）、Manager.Queue（进程池队列）、Pipe（双向管道）。本小节将分别讲解这 3 种方法的使用。

1．multiprocessing.Queue

使用进程队列可以在两个进程之间传递消息，它的用法和队列的用法是类似的，示例如下。

```
#process_queue.py
import time
from multiprocessing import Process, Queue


q = Queue(3)                          #创建大小为 3 的队列


#向队列中写入元素
def putItem(q):
    while 1:
        if not q.full():          #判断队列是否已满
                q.put('Python')
                print('%s put string:Python |now size is %s' %
                        (time.ctime(time.time()), str(q.qsize())))
        else:
                print('queue is full')
                break
        time.sleep(1)


#读取元素
```

```
def getItem(q):
    while 1:
        if not q.empty():        #在读取时判断队列是否为空
            print('%s get string:%s |now size is %s' %
                (time.ctime(time.time()), q.get(), q.qsize()))
        else:
            print('queue is empty')
            break
        time.sleep(2)

#主进程
def main():
    #写入元素的进程
    write = Process(target=putItem, args=(q,))
    #读取元素的进程
    read = Process(target=getItem, args=(q,))
    write.start()
    print('write start')
    read.start()
    print('read start')
if __name__ == "__main__":
    main()
```

程序的执行结果如下。

```
write start
read start
Sun Dec  2 17:51:04 2018 put string:Python |now size is 1
Sun Dec  2 17:51:05 2018 put string:Python |now size is 1
Sun Dec  2 17:51:06 2018 put string:Python |now size is 2
Sun Dec  2 17:51:07 2018 put string:Python |now size is 2
Sun Dec  2 17:51:08 2018 put string:Python |now size is 3
Sun Dec  2 17:51:09 2018 put string:Python |now size is 3
queue is full
Sun Dec  2 17:51:04 2018 get string:Python |now size is 0
Sun Dec  2 17:51:06 2018 get string:Python |now size is 1
Sun Dec  2 17:51:08 2018 get string:Python |now size is 2
Sun Dec  2 17:51:10 2018 get string:Python |now size is 2
Sun Dec  2 17:51:12 2018 get string:Python |now size is 1
Sun Dec  2 17:51:14 2018 get string:Python |now size is 0
queue is empty
```

可以看到，上述程序中主进程创建了两个子进程，用来分别向同一个队列里写入元素和读取元素。程序启动后写入元素的进程以 1s 的时间间隔向队列里进行写入操作，直到队列已满则结束；读取元素的进程以 2s 的时间间隔从队列里进行读取操作，直到队列为空则结束。两个进程同时启动后，实现了对同一个队列的访问。

2. Manager.Queue

Manager.Queue 和 multiprocessing.Queue 类似，只不过 Manager.Queue 用于进程池中多个进程之间的通信，因此上述关于 multiprocessing.Queue 的示例也可改为 Manager.Queue 的形式，示例如下。

```
#process_pool_queue.py
import time
```

```
import os
from multiprocessing import Pool, Manager, Queue

#向队列写入元素
def putItem(q):
    while 1:#循环
        if not q.full():          #判断队列是否已经满
            q.put('Python')        #将字符串'Python'写入队列中
            print('%s put string:Python |now size is %s' %
                (time.ctime(time.time()), str(q.qsize())))
        else:
            print('queue is full')
            break
        time.sleep(1)

#读取元素
def getItem(q):
    while 1:
        if not q.empty():
            print('%s get string:%s |now size is %s' %
                (time.ctime(time.time()), q.get(), q.qsize()))
        else:
            print('queue is empty')
            break
        time.sleep(2)

#主进程
def main():
    #创建进程池
    p = Pool(2)
    #向进程池中加入进程
    p.apply_async(putItem, args=(q,))
    p.apply_async(getItem, args=(q,))
    p.close()
    p.join()        #加入进程

if __name__ == "__main__":
    q = Manager().Queue(2)
    main()
```

程序的执行结果如下。

```
Sun Dec  2 18:10:48 2018 put string:Python |now size is 1
Sun Dec  2 18:10:49 2018 put string:Python |now size is 1
Sun Dec  2 18:10:50 2018 put string:Python |now size is 1
Sun Dec  2 18:10:51 2018 put string:Python |now size is 2
Sun Dec  2 18:10:52 2018 put string:Python |now size is 2
queue is full
Sun Dec  2 18:10:48 2018 get string:Python |now size is 0
Sun Dec  2 18:10:50 2018 get string:Python |now size is 0
Sun Dec  2 18:10:52 2018 get string:Python |now size is 1
Sun Dec  2 18:10:54 2018 get string:Python |now size is 1
Sun Dec  2 18:10:56 2018 get string:Python |now size is 0
queue is empty
```

3. Pipe

使用进程队列和进程池队列来实现进程通信并不是很灵活，因为当进程比较多时，维护一个全局变量是很麻烦的。幸好 Python 3 提供了一个好用的工具——Pipe。Pipe()函数会返回两个连接对象，代表管道的两端，每个连接对象都有 send()函数和 recv()函数，分别用来向管道的另一端发送或接收消息。

双向管道的使用示例如下。

```python
#process_pipe.py
from multiprocessing import Process, Pipe

#子进程
def childProcess(conn):
    #接收父进程发送的内容
    print('子进程收到内容: ', conn.recv())
    #向父进程发送内容
    conn.send('Hello I am child process')
    print('子进程发送内容: Hello I am child process')
    conn.close()

#父进程
def main():
    #创建双向管道
    parent_conn, child_conn = Pipe()
    p = Process(target=childProcess, args=(child_conn,))
    #向子进程发送内容
    parent_conn.send('Hello I am parent process')
    p.start()
    print('父进程发送内容: Hello I am parent process')
    #接收子进程发送的内容
    print('父进程收到内容: ', parent_conn.recv())
    p.join()
if __name__ == "__main__":
    main()
```

程序的执行结果如下。

```
父进程发送内容: Hello I am parent process
子进程收到内容:  Hello I am parent process
子进程发送内容: Hello I am child process
父进程收到内容:  Hello I am child process
```

需要注意的是，当两个进程同时向管道的另一端发送或接收消息时，管道中的数据可能会被损坏。

11.6 实　　例

在深入学习了 Python 多线程及多进程编程后，本节将通过模拟售票程序、生产者-消费者模

式模拟程序、多线程和多进程综合应用程序 3 个实例来介绍在实际编程中如何应用多线程编程和
多进程编程。

11.6.1 模拟售票程序

以下为一个模拟多站台售票的程序，其详细说明为：利用相关模块实现一个 3 个窗口同时销
售 15 张票的程序，并且售出的票中没有重复、错误的票；每卖出一张票则输出卖票的站号、当前
票号、余票数等信息；当票卖完时，输出提示信息并终止线程的运行。

实现原理：使用 threading 模块创建 3 个售票的线程，并定义一个全局变量 TICKET 代表余票
数，每当线程对全局变量 TICKET 进行修改时，使用线程锁实现线程同步，示例如下。

```python
#sell_ticket.py
import threading
import time
import os
#定义全局变量，表示余票数
TICKET = 15

#定义售票线程
class booth(threading.Thread):
    def __init__(self, name, lock):
        super(booth, self).__init__()
        self.lock = lock
        self.name = name

    def run(self):                          #定义运行线程部分的函数
        while True:
            global TICKET                   #声明全局变量 TICKET
            #申请锁
            self.lock.acquire()
            if TICKET > 0:
                    #卖出一张票
                    TICKET -= 1
                    print("%s 卖出了第%s 张票,余票数为%s" % (self.name, 15 - TICKET, TICKET))
            else:
                    print("票已经卖完了")
                    #结束线程
                    os._exit(0)
            #释放锁
            self.lock.release()
            time.sleep(1)
if __name__ == "__main__":
    lock = threading.Lock()
    for i in range(3):
        thread = booth('booth-' + str((i + 1)), lock)
        thread.start()                      #创建新线程
```

程序的执行结果如下。

```
booth-1 卖出了第 1 张票，余票数为 14
booth-2 卖出了第 2 张票，余票数为 13
booth-3 卖出了第 3 张票，余票数为 12
```

```
booth-1 卖出了第 4 张票，余票数为 11
booth-3 卖出了第 5 张票，余票数为 10
booth-2 卖出了第 6 张票，余票数为 9
booth-1 卖出了第 7 张票，余票数为 8
booth-2 卖出了第 8 张票，余票数为 7
booth-3 卖出了第 9 张票，余票数为 6
booth-1 卖出了第 10 张票，余票数为 5
booth-2 卖出了第 11 张票，余票数为 4
booth-3 卖出了第 12 张票，余票数为 3
booth-1 卖出了第 13 张票，余票数为 2
booth-2 卖出了第 14 张票，余票数为 1
booth-3 卖出了第 15 张票，余票数为 0
票已经卖完了
```

可以看到，在线程锁的控制下，多个线程有条不紊地访问全局变量 TICKET，并且同一时刻只有一个线程能修改 TICKET 的值，保证了程序的正确执行。

11.6.2　生产者–消费者模式模拟程序

以下是一个模拟生产者-消费者模式的程序，其详细说明为：生产者和消费者分别生产和消费商品，库存大小为 3，生产者只有在库存未满时才能进行生产，当库存已满时则输出提示信息，并且生产者进程被阻塞；消费者只有在库存不为 0 时才能进行消费，当库存为 0 时则输出提示信息，并且消费者进程被阻塞；生产者和消费者每次生产和消费商品之后必须输出剩余商品的数量。

实现原理：使用 threading 模块分别创建生产者和消费者线程；使用 FIFO 队列存储商品，队列的大小即商品的库存；使用条件变量 Condition 来控制生产者线程和消费者线程；当库存为 0 时，使用 wait()函数使消费者线程挂起；当库存已满时，使用 wait()函数使生产者线程挂起。示例如下。

```python
#consumer_producer.py
import threading
import time
from queue import Queue

#消费者
class Consumer(threading.Thread):
    def __init__(self, lock, product):
        super(Consumer, self).__init__()
        self.lock = lock
        self.product = product
    def run(self):                  #定义 run()方法
        while True:
            #申请锁
            self.lock.acquire()
            if self.product.qsize() > 0:
                #消耗 1 件商品
                self.product.get()
                print("消费者：消费 1 件商品，剩余库存", self.product.qsize())
                self.lock.notify()
```

```
                              #释放锁
                              self.lock.release()
                              time.sleep(2)
                       else:
                              print("商品库存不够，等待生产者生产商品")
                              self.lock.wait()


#生产者
class Producer(threading.Thread):
    def __init__(self, lock, product):
        super(Producer, self).__init__()
        self.lock = lock
        self.product = product
    def run(self):                          #定义 run()方法
        while True:
               #申请锁
               self.lock.acquire()
               if self.product.qsize() < 3:
                       self.product.put('product')    #将'product'写到线程中
                       print("生产者：生产 1 件商品,剩余库存", self.product.qsize())
                       self.lock.notify()
                       #释放锁
                       self.lock.release()
                       time.sleep(1)
               else:
                       print("商品库存已满，等待消费者消费商品")
                       self.lock.wait()                #挂起线程

if __name__ == "__main__":
    lock = threading.Condition()
    #创建商品队列
    product = Queue(maxsize=3)
    print('初始库存: ', product.qsize())
    #创建消费者线程
    consumer = Consumer(lock, product)
    #创建生产者线程
    producer = Producer(lock, product)
    producer.start()
    consumer.start()
    producer.join()
consumer.join()
```

程序的执行结果如下。

```
初始库存: 0
生产者：生产 1 件商品,剩余库存 1
消费者：消费 1 件商品,剩余库存 0
生产者：生产 1 件商品,剩余库存 1
消费者：消费 1 件商品,剩余库存 0
生产者：生产 1 件商品,剩余库存 1
生产者：生产 1 件商品,剩余库存 2
```

消费者：消费 1 件商品，剩余库存 1
生产者：生产 1 件商品，剩余库存 2
生产者：生产 1 件商品，剩余库存 3
消费者：消费 1 件商品，剩余库存 2
生产者：生产 1 件商品，剩余库存 3
商品库存已满，等待消费者消费商品
消费者：消费 1 件商品，剩余库存 2
生产者：生产 1 件商品，剩余库存 3
...

可以看到，程序运行后初始库存为 0，生产者开始以 1s 的时间间隔生产商品，消费者以 2s 的时间间隔消费商品。由于消费速度没有生产速度快，最终库存充足，生产者停止生产商品，消费者消费商品之后生产者才开始继续生产。

11.6.3 多线程和多进程综合应用程序

以下是一个将多线程和多进程结合使用的程序，其详细说明为：创建两个进程；每个进程的运行内容为创建两个线程，并且输出进程名和线程名；每个线程的运行内容为输出该线程及其附属进程的名称。

实现原理：首先使用 Process 模块创建两个进程，然后在进程运行内容中使用 threading 模块创建两个线程。示例如下。

```
#thread_process.py
import random
import threading
from multiprocessing import Process

#定义线程
class myThread(threading.Thread):
    def __init__(self, process_name):
        super(myThread, self).__init__()
        self.process_name = process_name

    def run(self):
        print('\tI am thread %s,and I belong to process %s' %
            (self.getName(), self.process_name))

#定义进程
class MyProcess(Process):
    def __init__(self, process_name):
        super(MyProcess, self).__init__()
        self.process_name = process_name

    def run(self):
        #创建 2 个线程
        for i in range(2):
            thread = myThread(self.process_name)
            thread_name = 'Thread-' + str((random.randint(0, 9999)))
            thread.setName(thread_name)
            print('I am child process %s and I create a thread %s' %
                (self.process_name, thread_name))
```

```
                    thread.start()

if __name__ == "__main__":
    #创建2个进程
    for i in range(2):
        process_name = 'Process-' + str((i + 1))
        process = MyProcess(process_name)
        process.start()
        print('I am main process and I create a child process %s' %
              (process_name))
```

程序的执行结果如下。

```
I am main process and I create a child process Process-1
I am main process and I create a child process Process-2
I am child process Process-1 and I create a thread Thread-4974
    I am thread Thread-4974,and I belong to process Process-1
I am child process Process-1 and I create a thread Thread-4866
    I am thread Thread-4866,and I belong to process Process-1
I am child process Process-2 and I create a thread Thread-2245
    I am thread Thread-2245,and I belong to process Process-2
I am child process Process-2 and I create a thread Thread-5008
    I am thread Thread-5008,and I belong to process Process-2
```

习　题

1. 什么是 GIL？

2. 启动线程时为什么要执行 start()方法，而不是直接调用 run()方法？

3. wait()函数和 sleep()函数有什么区别？

4. FIFO 队列和 LIFO 队列有什么区别？

5. 现在有 T1、T2、T3 3 个线程，编写程序，保证线程的运行顺序为 T2→T1→T3。

6. 编写程序，创建两个线程，其中一个线程输出 1~52 的数字，另外一个线程输出 A~Z 的字母；要求程序最终输出的内容为：12A 34B 56C 78D。

7. 使用多线程实现一个模拟银行存/取钱的程序。要求如下。

（1）使用全局变量作为余额。

（2）存/取钱时都只能有一个线程访问全局变量。

（3）存钱线程和取钱线程同时运行，每次存/取随机数量的金额，余额不足时输出相关信息，并结束程序。

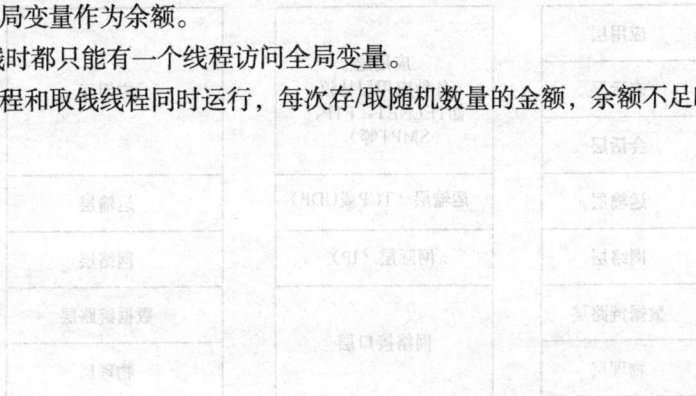

第 12 章
网络编程

网络编程是学习编程语言时不可忽视的一部分。相比于 C 语言的网络编程，Python 网络编程就简单多了，Python 封装了许多底层的 C 语言库，这体现了 Python 崇尚简洁的特点。

本章主要讲解的内容是：网络编程模型各层的功能及其对应的网络协议的作用；C/S 架构和 B/S 架构的实现原理以及它们之间的差别；Socket 编程；requests 模块及其实际应用。

12.1　网络编程简介

网络编程的实质是实现两个计算机之间的数据交换。数据交换能够稳定实现，是因为有一套完整的网络协议的支持。因此，要深入学习网络编程，就必须要了解计算机网络底层的实现原理。

12.1.1　网络协议

计算机网络由许多网络协议支持，这些协议可以构成多种体系结构，如图 12-1 所示。其中，OSI 体系结构为七层协议：应用层、表示层、会话层、运输层、网络层、数据链路层、物理层。TCP/IP 体系结构为四层协议：应用层（包括各种应用协议，如 TELNET、FTP、SMPT 等）、运输层（TCP 或 UDP）、网际层（IP）、网络接口层。还有学习计算机网络时常见到的五层协议：应用层、运输层、网络层、数据链路层、物理层。

应用层	应用层 （各种应用协议， 如TELNET、FTP、 SMPT等）	应用层
表示层		
会话层		
运输层	运输层（TCP或UDP）	运输层
网络层	网际层（IP）	网络层
数据链路层	网络接口层	数据链路层
物理层		物理层
OSI 的七层协议	TCP/IP 的四层协议	五层协议

图 12-1　计算机网络体系结构

这些协议自上而下具有不同的功能，因此本书将自上而下简单介绍计算机网络五层协议中的各层的主要功能，读者如需深入学习，可自行查阅资料学习。

1. 应用层

应用层（Application Layer）是计算机网络体系结构中的最高层，它直接和应用进程的接口对接，为应用进程提供服务。应用层协议定义的是应用进程通信和交互的规则，不同的网络应用需要使用不同的应用协议，如域名系统使用 DNS 协议、邮件系统使用 SMTP、支持万维网的应用使用 HTTP 等。

2. 运输层

运输层（Transport Layer）的主要功能是为两台计算机进程之间的通信提供通用的数据传输服务，它是数据通信的最高层。运输层主要使用以下两种协议。

① 传输控制协议（Transmission Control Protocol，TCP）。这是一种面向连接的、可靠的、基于字节流的运输层通信协议。

② 用户数据报协议（User Datagram Protocol，UDP）。这是一种无连接的运输层通信协议，提供面向事务的、简单的、不可靠的信息传送服务。

TCP 和 UDP 各有优点，因此，在实际开发中，需要根据不同的使用场景来选择使用 TCP 还是 UDP。

3. 网络层

网络层（Network Layer）是五层协议中的第 3 层，它介于运输层和数据链路层之间，为运输层提供简单灵活的、无连接的、尽最大努力交付的数据报服务。网络层最重要的协议为 IP（网际互连协议），它也是最重要的互联网标准协议之一。

4. 数据链路层

数据链路层（Data Link Layer）介于物理层和网络层之间，简称为链路层，它的主要功能是将网络层传送过来的数据封装成帧。

5. 物理层

物理层（Physical Layer）是五层模型中的最底层，也是整个计算机网络体系结构的最底层，数据在这一层的单位为比特（bit）。

12.1.2　C/S 架构和 B/S 架构简介

客户端/服务器（Client/Server，C/S）架构是出现得比较早的一种软件架构。C/S 架构的服务器通常是高性能的计算机，并采用了大型的数据库系统。客户端需要安装专门的客户端软件，如 QQ、微信等客户端软件。QQ、微信等软件采用的就是 C/S 架构。C/S 架构如图 12-2 所示。

图 12-2　C/S 架构

浏览器/服务器（Browser/Server，B/S）架构是 Web 技术兴起后的一种新的网络架构。B/S 架构采用浏览器为最主要的客户端，简化了软件的开发、维护和使用流程。不同的操作系统只需要安装一个浏览器，即可在 B/S 架构下实现和服务器的交互，极大方便了用户的使用。B/S 架构如图 12-3 所示。

图 12-3　B/S 架构

开发一个项目之前必须确认项目应该采用 C/S 架构还是 B/S 架构，因此这里整理出了 C/S 架构和 B/S 架构的优缺点，用于读者在选择项目架构时参考。

1. C/S 架构的优缺点

① C/S 架构的优点：界面和操作比 B/S 架构丰富，可以实现某些 B/S 架构不能实现的功能；比 B/S 架构更安全；响应速度比 B/S 架构快。

② C/S 架构的缺点：适用面窄，C/S 架构通常应用于局域网中；使用不便，必须下载一个客户端；维护成本高，需要适应不同的操作系统。

2. B/S 架构的优缺点

① B/S 架构的优点：使用方便，无须安装客户端；适用面广，通常常用在广域网中；维护成本低，通常只需维护服务器即可。

② B/S 架构的缺点：兼容性差，不同的浏览器上的相同页面会有差距；页面没有 C/S 架构的客户端界面精致；速度和安全性不及 C/S 架构。

12.2　Socket 编程

简单来说，网络编程就是实现网络信息的发送和接收。在网络信息的传递中，Socket 起到了至关重要的作用。Socket 又称套接字，应用程序通常通过套接字向网络发出请求或者响应网络请求，使计算机间或者一台计算机上的进程间可以通信。当网络上的两个程序通过一个双向的通信连接实现数据的交换时，这个连接的一端便称为一个 Socket。Socket 本质上是一个编程接口（API），实现了对 TCP/IP 网络通信的封装。Python 自带的标准库中已经含有 Socket 库，因此在使用 Python 进行网络编程时，直接导入 Socket 模块即可。

Python 中使用 socket() 函数创建 Socket，示例如下。

```
import socket
s=socket.socket(family=socket.AF_INET,type=socket.SOCK_STREAM)
```

其中的参数及说明如表 12-1 所示。

表 12-1　　　　　　　　　　　　socket() 函数的参数及说明

参　　数	可　选　值	说　　明
family：套接字地址	socket.AF_INET（默认）	用于指定使用 IPv4 协议
	socket.AF_INET6	用于指定使用 IPv6 协议
	socket.AF_UNIX	只能用于 UNIX 操作系统进程的通信
type：套接字类型	socket.SOCK_STREAM	使用 TCP
	socket.SOCK_DGRAM	使用 UDP
	socket.SOCK_RAW	原始套接字，可以处理 ICMP、IGMP 等网络报文

socket()函数创建 Socket 成功后，会返回一个 Socket 对象，之后便可以使用该对象的函数发送和接收数据，Socket 对象常用的函数及说明如表 12-2 所示。

表 12-2　　　　　　　　　　　　　　Socket 对象常用的函数及说明

函数分类	序号	函　　数	说　　明
服务器端 Socket 对象 函数	1	s.bind(address)	用于服务器端绑定地址(host,port)到 Socket，当 family=socket.AF_ INET 时，address 为一个(host,port)形式的元组
	2	s.listen(backlog)	用于服务器端开始监听 TCP 连接，backlog 用于指定在拒绝连接之前最多可以挂起的连接数量，它最小为 1，一般设置为 5
	3	s.accept()	用于服务器端被动接受 TCP 客户端连接，（阻塞式）等待连接的到来
客户端 Socket 对象 函数	4	s.connect(address)	用于客户端连接服务器端，连接不成功时会返回 socket.error 错误。address 一般为(hostname,port)形式的元组，其中 hostname 为主机名，port 为端口号
	5	s.connect_ex()	功能和 s.connect(address)类似，不同的是它有返回值，如果连接成功则返回 0，失败则返回编码
公共用途的 Socket 对象 函数	6	s.send(string)	用于发送 TCP 数据，将 string 中的数据发送到连接的 Socket，返回值为发送的 string 的字节数，且该数可能小于 string 的大小
	7	s.sendall(string)	同 s.send(string)类似，发送完整的 TCP 数据，但是在返回之前会尝试发送所有的数据，发送成功则会返回 None，失败则会抛出异常
	8	s.sendto(string,address)	发送 UDP 数据并返回发送的字节数，address 是一个(ipaddress,port)形式的元组。其中 ipaddress 为 IP 地址，port 为端口号
	9	s.recv(bufsize)	接收 Socket 的数据，返回接收的字符串，bufsize 用于指定最多可接收的字节数，bufsize 的值应该是 2 的相对较小的幂，如 4096
	10	s.recvfrom(bufsize)	同 s.recv(bufsize)类似，但返回值为一个(data,address)形式的元组。其中 data 为发送的数据，address 为发送数据的 Socket 地址
	11	s.getpeername()	返回连接 Socket 的远程地址，返回一个(ipaddress,port)形式的元组
	12	s.getsockname()	返回 Socket 的地址，形式同 s.getpeername()返回的一样
	13	s .settimeout(timeout)	设置 Socket 操作的超时期，timeout 是一个浮点数，单位为 s。值为 None 表示没有超时期。通常情况下，超时期应该在刚创建套接字时设置，因为它们可能用于连接操作
	14	s.gettimeout()	返回当前 Socket 的超时期，单位为 s，如果未设置 Socket 的超时期则返回 None
	15	s.close()	关闭 Socket

12.2.1　TCP 简介

TCP 是一个面向连接的、可靠的数据传输协议，它作用在客户端和服务器端之间。客户端和服务器端之间需要经过三次"握手"才能真正建立连接，下面简单说明每次"握手"的作用。

第 1 次"握手"：客户端向服务器端发送消息，告诉服务器端，客户端想要和服务器端建立连接。

第 2 次"握手"：服务器端向客户端发送消息，告诉客户端，服务器端收到客户端的请求了。

第 3 次"握手"：客户端向服务器端发送消息，使服务器端知道客户端收到消息了。

至此，客户端和服务器端便建立了 TCP 连接，之后就可以互相发送数据了。一个简单的客户端和服务器端建立连接的示例如下。

1. 服务器端

```
#tcp_server.py
#!/usr/bin/env python3
import socket
import time

try:
    s = socket.socket()
    hostname = socket.gethostname()
    #绑定 socket 地址
    s.bind((hostname, 8888))
    s.listen(5)
    print(time.strftime('%Y-%m-%d %H:%M:%S', time.localtime(time.time())), '服务器端
准备完毕，等待客户端连接')
    con. address = s.accept()
    print(time.strftime('%Y-%m-%d %H:%M:%S', time.localtime(time.time())),'客户端已
连接服务器端，连接地址: ', address)
    message = '你好，我是服务器端'
    #发送消息，必须对发送的内容进行编码
    con.send(message.encode('utf-8'))
    print(time.strftime('%Y-%m-%d %H:%M:%S', time.localtime(time.time())), '服务器端
发送: ', message)
    #关闭 socket
    con.close()
except Exception as e:
    print('建立服务器端 TCP 连接失败', e)
```

2. 客户端

```
#tcp_client.py
#!/usr/bin/env python3
import socket
import time

try:
    s = socket.socket()
    hostname = socket.gethostname()
    s.connect((hostname, 8888))
    #接收服务器端消息并解码
    response = s.recv(1024).decode('utf-8')
    print(time.strftime('%Y-%m-%d %H:%M:%S', time.localtime(time.time())), '收到服务
器端消息: ', response)
    #关闭 socket
    s.close()
except Exception as e:
    print('建立客户端 TCP 连接失败', e)
```

依次启动服务器端和客户端，服务器端输出的内容如下。

```
2019-03-09 22:29:47 服务器端准备完毕，等待客户端连接
2019-03-09 22:29:51 客户端已连接服务器端，连接地址：('10.18.19.92', 54245)
2019-03-09 22:29:51 服务器端发送：你好，我是服务器端
```

客户端输出的内容如下。

```
2019-03-09 22:29:51 收到服务器端消息：你好，我是服务器端
```

可以看到，服务器端在启动之后，一直在等待客户端的连接。当客户端启动并连接服务器端之后，服务器端向客户端发送消息，之后客户端将收到的消息输出在屏幕上。

TCP 是一种面向连接的协议，它被广泛地应用于如 HTTP、FTP、POP3、SMTP 等互联网常用的协议中。只有真正理解了 TCP 的实现原理，才能将 Socket 编程学习得更好。

12.2.2　UDP 简介

TCP 建立的是一个可靠的连接，并且服务器端和客户端都能向对方发送数据。但是它也有缺陷，比如它不适合用来传输大量数据，当连接量达到一定数量时，网络的 I/O 性能会变差。UDP 便是为了弥补 TCP 的缺陷而产生的一种新的协议。

UDP 是一种无连接的数据报协议，它为应用程序提供了一种无须建立连接就可以发送封装的 IP 数据报的方法。UDP 具有较好的实时性，工作效率比 TCP 高，适用于传输大文件和实时通信，如视频通话、直播等就是利用 UDP 进行通信的。另外，相比于 TCP，UDP 支持一对一、一对多和多对多的交互通信，它占用的系统资源没有 TCP 占用的多。一个简单的 UDP 示例如下。

1．服务器端

```
#udp_server.py
#!/usr/bin/env python3
import socket
import time

try:
    #使用 UDP
    s = socket.socket(type=socket.SOCK_DGRAM)
    hostname = socket.gethostname()
    #绑定套接字地址
    s.bind((hostname, 8888))
    print(time.strftime('%Y-%m-%d %H:%M:%S',
                        time.localtime(time.time())), '服务器端准备完毕，等待客户端连接')
    #接收客户端的消息及客户端地址
    data, address = s.recvfrom(1024)
    print(time.strftime('%Y-%m-%d %H:%M:%S', time.localtime(time.time())), '服务器端
收到来自客户端%s的消息：%s' % (address, data.decode('utf-8')))
    #向客户端发送消息
    s.sendto('你好，我是服务器端'.encode('utf-8'), address)
    s.close()
except Exception as e:
    print('创建服务器端 UDP 连接失败', e)
```

2. 客户端

```
#udp_client.py
#!/usr/bin/env python3
import socket
import time

try:
    s = socket.socket(type=socket.SOCK_DGRAM)
    hostname = socket.gethostname()
    data = '你好，我是客户端'.encode('utf-8')
    #向服务器端发送消息
    s.sendto(data, (hostname, 8888))
    #接收服务器端的消息
    response, address = s.recvfrom(1024)
    print(time.strftime('%Y-%m-%d %H:%M:%S', time.localtime(time.time())), '收到服务
器端%s的消息: %s' % (address, response.decode('utf-8')))
    s.close()
except Exception as e:
    print('创建客户端UDP连接失败', e)
```

依次启动服务器端和客户端，服务器端输出的内容如下。

2019-03-10 10:32:47 服务器端准备完毕，等待客户端连接
2019-03-10 10:32:49 服务器端收到来自客户端('10.18.19.92', 63265)的消息：你好，我是客户端

客户端输出的内容如下。

2019-03-10 10:32:49 收到服务器端('10.18.19.92', 8888)的消息：你好，我是服务器端

可以看到，服务器端在创建 Socket 对象时，type 参数使用的是 "socket.SOCK_DGRAM"，用来指定连接的类型是 UDP。UDP 服务器端绑定地址和端口的方法与 TCP 服务器端的一样，只不过不再需要使用 listen()函数，而是直接接收任何来自客户端的数据。同时客户端也不再使用connect()函数连接服务器端，而是直接向服务器端发送数据。另外，UDP 和 TCP 的端口绑定是相互隔离的，即 UDP 和 TCP 可以绑定同一个端口但互不影响。

12.3 requests 模块

第 1 章中讲到，Python 的一个突出的优势就是可以用来开发网络爬虫，那么什么是网络爬虫呢？网络爬虫又称为网页蜘蛛、网络机器人，是按照一定规则自动抓取万维网信息的程序或脚本。requests 模块就是 Python 用来编写网络爬虫的必不可少的一个模块，它用来访问互联网的资源，在 urllib 模块的基础之上进行封装，比 urllib 模块功能更强大、易用。

在学习本节之前，先使用 pip 命令安装 requests 模块，示例如下。

```
pip3 install requests
```

安装完成后，可使用如下的命令查看安装结果。

```
pip3 list
```

12.3.1 发送请求

在学习使用 requests 模块发送请求之前，还需要先了解一下 GET 和 POST 两种 HTTP 请求方式。
GET 和 POST 是 HTTP 1.0 定义的两种请求方式，其中 GET 方式用来从指定的资源中请求数据，POST 方式用于向指定的资源提交要被处理的数据。相比于 GET 方式，POST 方式更加安全，因为它向服务器发送数据时，数据会被包含在请求体中，而 GET 方式则是直接将参数包含在 URL 中。

requests 模块用于发起网络请求的主要函数及说明如表 12-3 所示。

表 12-3   requests 模块用于发起网络请求的主要函数及说明

序 号	函 数	说 明
1	requests.request()	构造一个网络请求
2	requests.get()	获取网页的常用函数，对应 HTTP 的 GET 方式
3	requests.post()	向网页提交信息的常用函数，对应 HTTP 的 POST 方式
4	requests.put()	向网页提交 PUT 请求的函数，对应 HTTP 的 PUT 方式
5	requests.delete()	向网页提交删除请求函数，对应 HTTP 的 DELETE 方式
6	requests.head()	获取 HTML 网页头信息的函数，对应 HTTP 的 HEAD 方式
7	requests.patch()	向 HTML 网页提交局部修改请求，对应 HTTP 的 PATCH 方式

表 12-3 中的 requests.request() 函数的定义方法如下。

```
requests.request(method, url, **kwargs)
```

其中，method 为请求的方法，包括 GET、POST、PUT 等 7 种方法，url 为请求的 URL 链接，**kwargs 为控制访问的参数，共 13 个，它们及其说明如表 12-4 所示。

表 12-4   requests.request() 函数控制访问的参数及说明

序 号	参 数	说 明
1	params	字典或字节序列，使用该参数会将参数以 "?key1=value1&key2=value2" 的形式拼接到 URL 中
2	data	字典、字节序列或文件对象，作为向服务器发送的数据
3	json	JSON 格式的数据，也可作为向服务器发送的数据
4	headers	字典，作为请求头
5	cookies	字典或 CookieJar，作为 HTTP 请求的 cookie
6	auth	元组，用来支持 HTTP 认证功能
7	files	字典，作为向服务器传输文件时使用的字段
8	timeout	用于设定请求的超时时间，单位为 s
9	proxies	字典，用来设置访问代理服务器
10	allow_redirects	是否允许对 URL 重定向，默认为 True
11	stream	是否立即下载所获取的内容，默认为 True
12	verify	是否认证 SSL 证书，默认为 True
13	cert	设置保存本地 SSL 证书的路径

表 12-3 中虽然介绍了 requests 模块的许多函数，但是常用的函数只有两个：requests.get() 和

requests.post()。它们的定义方法如下。

```
#GET 请求
requests.get(url, params=None, **kwargs)
#POST 请求
requests.post(url, data=None, json=None, **kwargs)
```

使用 requests 模块发起一个 GET 请求的示例如下。

```
import requests
res = requests.get('https://www.baidu.com')
```

发起一个 POST 请求的示例如下。

```
res = requests.post('https://www.baidu.com')
```

其中，res 为一个 Response 对象，它包含了服务器返回的所有信息，如请求状态码、cookie、网页内容等。上述请求返回的网页内容如图 12-4 所示。

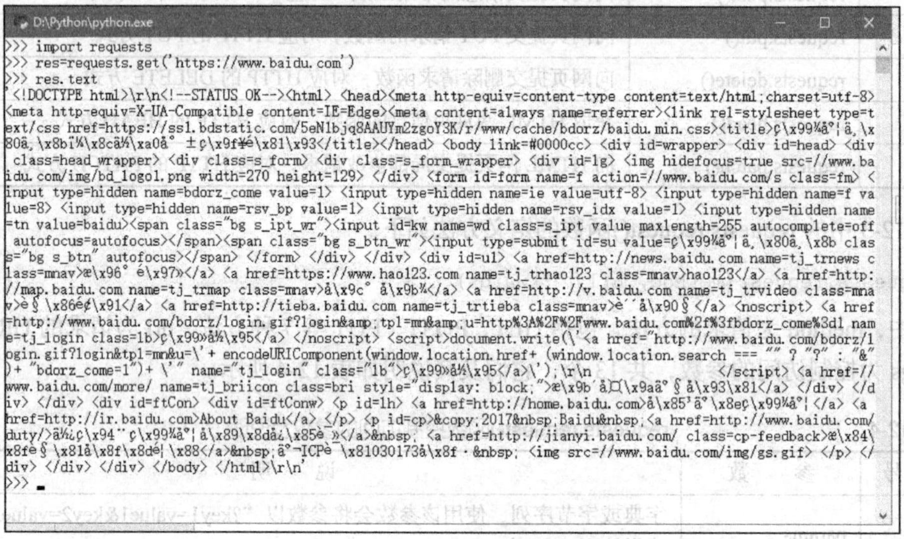

图 12-4　requests.get()函数返回的内容

可以看到 requests.get()函数成功地返回了百度首页的网页源码，但是返回内容为乱码。返回乱码是因为编码的方式不正确，因此还需要设置解析网页内容的编码，如图 12-5 所示。

图 12-5　设置解析网页内容的编码

使用 res.encoding 命令改变编码之后，再次访问 res.text 便成功地输出了无乱码的百度首页源码。

除了能够获取网页的源码之外，requests 模块还能访问服务器的 API，获取 JSON 格式的数据，示例如下。

```
#requests_json.py
#!/usr/bin/env python3
import json
import requests
# 获取成都天气预报的 API
res = requests.get('http://www.weather.com.cn/data/sk/101270101.html')
res.encoding = "utf-8"
print('API 返回的内容：',res.text)
# 将返回的字符串转换为 json 对象，之后便可以使用获取字典内容的函数获取想要的内容
data = json.loads(res.text)
print('城市：', data['weatherinfo']['city'])
print('当前温度：%s℃ % data['weatherinfo']['temp'])
```

程序的执行结果如下。

```
API 返回的内容：  {"weatherinfo":{"city":"成都","cityid":"101270101","temp":"21","WD":"
北风","WS":"小于 3 级","SD":"61%","AP":"945.7hPa","njd":"暂无实况","WSE":"<3","time":
"17:00","sm":"0","isRadar":"1","Radar":"JC_RADAR_AZ9280_JB"}}
城市：成都
当前温度：21℃
```

上述程序使用了 json 模块的 json.loads()函数将 API 返回的字符串转换成了 json 对象，之后使用获取字典内容的函数获取 json 对象中的内容。如果需要将 Python 内置的对象转换成 json 对象，还可以使用 json.dumps()函数。

12.3.2　上传文件

除了能发送网络请求之外，requests 模块还能用来向服务器上传文件，上传文件一般使用 requests.post()函数。一个简单的上传文件示例如下。

```
#requests_upload_file.py
#!/usr/bin/env python3
import requests
file = {'file': open('test.txt', 'r')}
res = requests.post('http://httpbin.org/post', files=file)
print(res.text)
```

程序的执行结果如下。

```
{
  ...
   "files": {
    "file": "Hello Python requests!"
   },
   ...
}
```

可以看到，上述程序成功地将当前目录下的 test.txt 文件上传到 http://httpbin.org/post，服务器返回的内容 files 中的第一行内容便是 test.txt 文件的内容。

除此之外，requests 模块还能很方便地一次性上传多个文件，示例如下。

```python
#requests_upload_files.py
#!/usr/bin/env python3
import requests
file = {'file1': open('test1.txt', 'r'), 'file2': open(
    'test2.txt', 'r'), 'file3': open('test3.txt', 'r')}
res = requests.post('http://httpbin.org/post', files=file)
print(res.text)
```

程序的执行结果如下。

```
{
  ...
  "files": {
    "file1": "Hello I'm test1.txt",
    "file2": "Hello I'm test2.txt",
    "file3": "Hello I'm test3.txt"
  },
  ...
}
```

其中，file1、file2、file3 分别对应的是当前目录下 test1.txt、test2.txt、test3.txt 文件中的内容。

12.3.3 常用反爬机制及解决办法

requests 模块主要的功能是开发网络爬虫，因为它可以很轻松地获取待爬取网站的源代码，进而使用正则表达式、XPath 等工具提取网页内容。但是随着技术的发展，反爬机制也越来越先进，因此这里列举了一些常见的反爬机制以及突破反爬机制的办法。

1. Headers 反爬

分析用户请求的 Headers 是反爬机制中常见的手段。用户向服务器发起网络请求时，都会包含一个请求头 Headers，用来表示用户的身份。而 Headers 里面最重要的字段就是 User-Agent，它用来表示用户访问的浏览器。很多网站都会建立 User-Agent 白名单，只有属于白名单范围内的 User-Agent 才能够正常访问网站。

解决办法：通过随机生成 User-Agent 来突破反爬机制，如构造 User-Agent 池、使用 fake_useragent 模块随机生成 User-Agent 等。

2. 验证码反爬

验证码反爬是目前最常用的反爬机制。它常在用户登录时出现，因为验证码是图片，用户只需要输入图片中的内容便可以直接登录，而程序很难识别验证码中的内容，因此验证码反爬比较难以突破。

解决办法：下载验证码到本地，将图片进行二值化处理之后，使用 OCR 文字识别验证码的内容。

3. cookie 反爬

cookie 反爬常用在用户登录之后。用户登录之后，访问登录后的页面时，服务器会检测当前用户是否拥有 cookie。如果没有 cookie，则会判断用户是否在执行非法操作，若是则限制用户的访问。

解决办法：登录之后使用浏览器中的开发者工具，获取登录页面后的 cookie，将 cookie 加入爬虫请求。

4．IP 限制

IP 限制是目前各大数据量较大的网站常用的反爬机制之一。当用户向服务器发起网络请求时，服务器会得到访问者的 IP 并对其进行分析。如果同一个 IP 在一定的时间内的访问次数超过设定的访问次数，服务器则会禁止该 IP 的访问。

解决办法：构建代理 IP 池，使用代理 IP 访问待爬取的网站。

12.4　实　　例

前面列举的都是一些简单的示例，并没有体现出网络编程在实际开发中的作用，本节编写了两个实例来补充说明网络编程的实际应用。

12.4.1　使用 TCP 实现伪机器人聊天程序

1．实例介绍

本实例将使用 TCP 来实现一个简单的伪机器人聊天程序。之所以称为伪机器人聊天程序，是因为程序实现的功能并没有机器人聊天程序那么强大，它只能针对指定的内容进行回复。如果读者想实现机器人聊天程序，请翻阅第 13 章的实例。

2．准备工作

理解机器人构造回复内容的原理：机器人需要在用户发过来的消息中删除"不"和"吗"，另外还需将"你"替换成"我"、"？"替换成"！"。

如输入：你好吗？

机器人将返回：我好！

3．编写程序并执行

服务器端程序示例如下。

```
#robot_server.py
#!/usr/bin/env python3
import socket

try:
    s = socket.socket()
    hostname = socket.gethostname()
    #绑定 socket 地址
    s.bind((hostname, 8888))
    s.listen(5)
    print('服务器端准备完毕，等待客户端连接')
    con, address = s.accept()
    print('客户端已连接服务器端，连接地址：', address)
    while True:
        #接收客户端消息并解码
        message = con.recv(1024).decode('utf-8')
        print('服务器端接收：', message)
        if message:
            #构造回复给客户端的消息，核心代码
            reply = (message.replace('你', '我').replace(
```

```
                    '不', '').replace('吗', '').replace('? ', '！').replace('?', '！'))
            #发送消息，必须对发送的内容进行编码
            con.send(reply.encode('utf-8'))
            print('服务器端发送: ', reply)
        else:
            print('客户端不再发送消息')
            break
    #关闭套接字
    con.close()
except Exception as e:
    print('建立服务器端失败', e)
```

客户端程序示例如下。

```
#robot_client.py
#!/usr/bin/env python3
import socket

try:
    s = socket.socket()
    hostname = socket.gethostname()
    s.connect((hostname, 8888))
    message = input('客户端: ')
    while message:
        #给服务器端发送消息，必须对发送的消息进行编码
        s.send(message.encode('utf-8'))
        #接收服务器端消息并解码
        response = s.recv(1024).decode('utf-8')
        print('服务器端: ', response)
        message = input('客户端: ')
    #关闭套接字
    s.close()
except Exception as e:
    print('建立客户端失败', e)
```

依次启动服务器端和客户端，之后在客户端输入以下内容。

```
客户端: 在吗?
服务器端: 在!
客户端: 是你在说话吗?
服务器端: 是我在说话!
客户端: 你吃饭了吗?
服务器端: 我吃饭了!
客户端: 再见
服务器端: 再见
客户端:
```

服务器端输出的内容如下。

```
服务器端准备完毕，等待客户端连接
客户端已连接服务器端，连接地址: ('10.18.19.92', 64865)
服务器端接收: 在吗?
```

服务器端发送：　在！

服务器端接收：　是你在说话吗？

服务器端发送：　是我在说话！

服务器端接收：　你吃饭了吗？

服务器端发送：　我吃饭了！

服务器端接收：　再见

服务器端发送：　再见

服务器端接收：

客户端不再发送消息

12.4.2　使用 requests 模块爬取小说

1．实例介绍

本次实例使用 requests 模块爬取小说网站 http://www.xbiquge.la 的 HTML 内容，之后再使用正则表达式来匹配小说内容，并将爬取到的小说内容按章节顺序存储到文本文件中。

2．准备工作

安装 requests 模块、fake_useragent 模块。

```
pip3 install requests
pip3 install fake_useragent
```

其中，requests 模块用于发起网络请求，获取待爬取网页的 HTML 内容；fake_useragent 模块用于随机生成请求头，防止程序被网站检测为爬虫。

3．编写程序并运行

导入模块，示例如下。

```
#scrapy_novel.py
#!/usr/bin/env python3
import requests
import os
import re
from fake_useragent import UserAgent
```

构造 User-Agent 池，示例如下。

```
#User-Agent 池
USER_AGENT = UserAgent()
```

编写爬虫类，示例如下。

```
#首页
HOST = 'http://www.xbiquge.la'

#爬取小说
class ScrapyOne(object):

    def __init__(self, book_link):
        super(ScrapyOne, self).__init__()
        #小说链接
        self.book_link = book_link
        #小说的书名
        self.book_name = None
```

```python
#爬取每章的链接
def scrapy_chaper_link(self):
    try:
        #随机生成请求头
        header = {"User-Agent": USER_AGENT.random}
        res = requests.get(self.book_link, headers=header)
        #设置网页编码
        res.encoding = 'utf-8'
        #通过正则表达式获取书名
        self.book_name = re.findall('<h1>(.*?)</h1>', res.text)[0]
        for item in re.findall(r'<dd>(.*?)</dd>', res.text):
            #获取章节链接及章节名
            data = re.findall(r'<a href=(.*?)>(.*?)</a>', item)[0]
            chaper_link, chaper_name = HOST + data[0].replace("'", '').replace(" ",
                ''), data[1].strip("")
            #用 scrapy_text() 方法爬取章节内容
            self.scrapy_text(chaper_name, chaper_link)
    except Exception as e:
        print(e)


#爬取一章的内容
def scrapy_text(self, chaper_name, chaper_link):
    try:
        header = {"User-Agent": USER_AGENT.random}
        res = requests.get(chaper_link, headers=header)
        res.encoding = 'utf-8'
        texts = []
        #获取章节内容
        for item in re.findall(r'<div id="content">(.*?)<p>', res.text):
            #清洗内容
            text = item.replace('<br />', '').replace(' ', '')
            if text:
                texts.append(text)
        #保存章节内容
        self.save(chaper_name, texts)
    except Exception as e:
        print(e)


#保存一章的内容
def save(self, chaper_name, texts):
    try:
        #文件夹不存在, 则以小说的书名创建文件夹
        if not os.path.exists('./' + self.book_name):
            os.makedirs('./' + self.book_name)
        with open('./%s/%s.txt' % (self.book_name, chaper_name),'a',encoding='UTF-8-sig')as f:
            f.write('%s\t\n\n' % chaper_name)
            for text in texts:
                f.write(text + '\n')
        f.close()
        print(self.book_name, chaper_name, '保存成功')
    except Exception as e:
```

```
            print(self.book_name, chaper_name, '保存失败')

    def main(self):
        self.scrapy_chaper_link()
```

开始爬取，示例如下。

```
if __name__ == "__main__":
    #小说的链接
    book_link = 'http://www.xbiquge.la/15/15409/'
    one = ScrapyOne(book_link)
    one.main()
```

程序的执行结果如下。

```
牧神记 第一章 天黑别出门 保存成功
牧神记 第二章 四灵血 保存成功
牧神记 第三章 神通 保存成功
牧神记 第四章 天魔造化功 保存成功
牧神记 第五章 漓江五老 保存成功
牧神记 第六章 小不点儿，死 保存成功
牧神记 第七章 灵胎壁 保存成功
牧神记 第八章 婆婆的皮囊 保存成功
...
```

整个爬取过程大概会花费几分钟，最后的爬取结果如图 12-6 所示。

图 12-6　爬取结果

最后，如果觉得爬取速度太慢，还可以使用多线程、多进程来爬取。另外，也可以使用 Scrapy 框架来爬取，具体操作请读者自行尝试。

习　　题

一、选择题

1. 下列哪项不属于计算机网络五层协议？（　　　）

　A. 网络层　　　　　B. 应用层　　　　　C. 物理层　　　　　D. 表示层

2. 下列哪个函数可以获取连接套接字的远程地址？（　　）

    A.　getsockname()　　　　　　　　　　B.　getpeername()

    C.　getname()　　　　　　　　　　　　D.　getvisitname()

二、简答题与编程题

1. 计算机网络的五层协议分为哪 5 层？它们各自有什么功能？

2. TCP、UDP 的全称是什么，它们属于五层协议中的哪一层？

3. 简述 C/S 架构和 B/S 架构，以及它们的优缺点。

4. 简述 TCP 和 UDP 的优缺点。

5. 常见的反爬机制有哪些？

6. 分别基于 TCP 和 UDP 开发一个聊天小程序，实现服务器端和客户端间可以互发消息。

7. 使用 requests 模块爬取中国福彩网双色球的最近 100 期开奖记录。

第13章
数据库编程

数据库编程是 Python 中比较重要的一部分。一个实用的系统基本上都有数据库的支持。Python 和 C、Java 等语言一样，也提供了对各种数据库的良好支持，包括 MySQL、Oracle、SQL Server、SQLite、MongoDB 等关系型和非关系型数据库。本章将通过示例来讲解如何在 Python 3 中使用 MySQL、SQLite 3、MongoDB 等当下比较流行的数据库。

13.1　数据库简介

数据库是按照一定的数据结构来组织、存储和管理数据的仓库，它起源于 20 世纪 50 年代，经过不断发展，最终形成了目前比较主流的关系型数据库和非关系型数据库两种数据库。数据库中的数据具有可永久存储、有组织、可共享等基本特点。

13.1.1　关系型数据库

关系型数据库是建立在关系模型基础上的数据库，它应用了集合代数等数学上的方法来处理数据库中的数据。关系型数据库采用关系模型来表示现实世界中的各种实体，以及实体之间的各种联系，其数据以表格的形式存储在数据库中，形式类似于 Excel 表格。只不过这种表格比普通的 Excel 表格要求更高。

1970 年，IBM 的研究员埃加德·弗兰克·科德（E.F.Codd）博士在刊物《ACM 通讯》上发表了一篇题为 "A Relational Model of Data for Large Shared Data Banks（大型共享数据库的关系模型）" 的论文，文中首次提到了数据库的关系模型概念，开创了数据库系统的新纪元。此后，E.F.Codd 博士又连续发表了多篇论文，奠定了关系型数据库的理论基础。

20 世纪 70 年代末，IBM 公司宣布，在 IBM 370 系列上研制的关系型数据库实验系统 System R 历时 6 年终于获得成功。1981 年，IBM 公司又宣布，具有 System R 全部特征的新的数据库软件产品 SQL/DS 问世。之后的关系型数据库经过不断发展，最终形成了今天的 MySQL、Oracle、SQL Server、SQLite 等应用广泛的关系型数据库。

关系型数据库最重要的部分就是关系操作，常用的关系操作包括插入、删除、修改、查询等基本操作，这些操作均可采用数据库标准语言 SQL 来表示。本小节将分别讲解这 4 种操作的具体使用示例。

1. 数据定义功能

SQL 的数据定义功能包括模式定义、表定义、视图定义和索引定义，其定义语句如表 13-1

所示。

表 13-1   SQL 数据定义语句

操作对象	创 建	删 除	修 改
模式	CREATE SCHEMA	DROP SCHEMA	
表	CREATE TABLE	DROP TABLE	ALTER TABLE
视图	CREATE VIEW	DROP VIEW	
索引	CRATE INDEX	DROP INDEX	ALTER INDEX

一个关系型数据库系统可以建立多个数据库，一个数据库下可以建立多个模式，一个模式下可以建立多个表、视图和索引等数据库对象。

（1）模式定义

在 SQL 中，模式定义的语句如下。

```
CREATE SCHEMA <模式名> AUTHORIZATION <用户名>;
```

其中"AUTHORIZATION <用户名>"可以省略，示例如下。

```
CREATE SCHEMA STUDENT_COURSE;
```

（2）表定义

数据库中的数据都存储在表中，一个模式下可以创建多个表，表的定义如下。

```
CREATE  TABLE <表名>(
<列名> <数据类型> [列级完整性约束条件]
[,<列名><数据类型> [列级完整性约束条件]
...
[,<表级完整性约束条件>]);
```

示例如下。

```
#使用刚刚创建的模式，使 STUDENT 表创建在模式 STUDENT_COURSE 下
USE STUDENT_COURSE;
CREATE TABLE STUDENT (
    SNO CHAR(10) PRIMARY KEY,
    SNAME CHAR(20) NOT NULL
);
```

上述示例创建了一个名为 STUDENT 的数据库表，其含有两个列 SNO、SNAME，分别表示学号和姓名。其中，SNO 为主键，SNAME 不为空。需要注意的是，主键默认不为空，且不能重复，即一张学生表中不能有多个学号相同的学生。列级完整性约束条件也可以转化为表级完整性约束条件，示例如下。

```
CREATE TABLE STUDENT (
    SNO CHAR(10),
    SNAME CHAR(20) NOT NULL,
    PRIMARY KEY(SNO)
);
```

（3）视图定义

视图是从一个或几个基本表导出的表，它是一个虚表，视图一般在需要同时查询多个表的情况下使用，视图的定义如下。

```
CREATE VIEW <视图名> [(<列名>[,<列名>]...)]
 AS <子查询>
[WITH CHECK OPTION];
```

列名为创建的视图列名，可以省略，子查询可以是任意查询语句。WITH CHECK OPTION 表示对视图进行插入、删除、修改操作时，必须要保证操作的行满足子查询中的条件判断表达式，可以省略，示例如下。

```
CREATE VIEW IS_STUDENT AS
SELECT SNO,SNAME FROM STUDENT WHERE SDEPTNO='001';
```

视图一经创建之后，即可按照查询普通表的方法来查询数据，示例如下。

```
SELECT SNAME FROM VIEW IS_STUDENT WHERE SNO='2016081111';
```

需要注意的是，数据库中只存储视图的定义，而不存储视图对应的数据，视图中看到的数据仍存储在原来的基本表中。因此，视图的增、删、改等操作都具有一定的限制。

（4）索引定义

索引可以提高数据的查询性能，其定义如下。

```
CREATE [UNIQUE][CLUSTER] INDEX <索引名> ON
<表名>(<列名> [<次序>][,<列名>[<次序>]]...);
```

示例如下。

```
CREATE UNIQUE INDEX STUNO ON STUDENT(SNO);
```

2. 数据操纵功能

（1）插入操作

插入操作的一般格式如下。

```
INSERT INTO <表名> [(<属性列名1>[,<属性列名2>]...)]
VALUES (<常量1>,[,<常量2>]...);
```

示例如下。

```
INSERT INTO STUDENT(SNO,SNAME) VALUES('Jack','2016081111');
```

上述示例是向 STUDENT 表插入了一条姓名为'Jack'，学号为'2016081111'的数据。需要注意的是，如果插入的数据能够和表的属性列名一一对应，则属性列名是可以省略的，因此上述示例也可改为如下形式。

```
INSERT INTO STUDENT VALUES('Jack','2016081111');
```

（2）删除操作

删除操作的一般格式如下。

```
DELETE FORM <表名> [WHERE 条件判断表达式];
```

示例如下。

```
DELETE FROM STUDENT WHERE SNO='2016081111';
```

上述示例删除了 STUDENT 表中学号为'2016081111'的学生信息。需要注意的是，如果删除操作不带 WHERE 条件判断表达式，则会删除表中的全部数据。如删除 STUDENT 表中所有数据的 SQL 语句如下。

```
DELETE FROM STUDENT;
```

（3）修改操作

修改操作的一般格式如下。

```
UPDATE 表名
SET 列名 1=表达式 1,列名 2=表达式 2...
WHERE 条件表达式
```

示例如下。

```
UPDATE STUDENT SET SNAME='Ricky' WHERE SNO='2016081111';
```

上述示例将 STUDENT 表中学号为'2016081111'的学生姓名改为了'Ricky'。

（4）查询操作

关系操作最主要的部分是查询操作，其一般格式如下。

```
SELECT [ALL|DISTINCT] <目标列表达式>[,<目标表达式>]...
FROM <表名或视图名>[,<表名或视图名>...](<SELECT 语句>)[AS]<别名>
[WHERE <条件判断表达式>]
[GROUP BY <列名 1> [HAVING <条件判断表达式>]
[ORDER BY <列名 2> [<ASC|DESC>]];
```

其中 WHERE 之后的条件判断表达式为查询条件，GROUP BY 表示按列名 1 对查询结果进行分组，HAVING 之后的条件判断表达式为分组的条件，ORDER BY 表示按列名 2 升序（ASC）或降序（DESC）对查询结果进行排序，示例如下。

```
SELECT SNAME FROM STUENT WHERE SNO='201608111';
```

上述示例表示从 STUDENT 表中查询出学号为'201608111'的学生的姓名。

如果需要查询表中的所有数据，则可将目标列表达式替换为"*"，如查询 STUDENT 表中所有数据的 SQL 语句示例如下。

```
SELECT * FROM STUDENT;
```

此外，如果需要统计表中数据的条数，可以使用聚集函数 COUNT(*)来查询，示例如下。

```
SELECT COUNT(*) FROM STUDENT;
```

除了 COUNT(*)函数，SQL 中还有许多的聚集函数。SQL 聚集函数及说明如表 13-2 所示。

表 13-2   SQL 聚集函数及说明

序 号	函 数	说 明
1	COUNT(*)	统计表中数据条数
2	COUNT([DISTINCT|ALL]<列名>)	统计一列中值的个数
3	SUM([DISTINCT|ALL]<列名>)	计算一列值的总和（此列必须是数值类型）
4	AVG([DISTINCT|ALL]<列名>)	计算一列值的平均值（此列必须是数值类型）
5	MAX([DISTINCT|ALL]<列名>)	统计一列中的最大值
6	MIN([DISTINCT|ALL]<列名>)	统计一列中的最小值

表 13-2 中的 DISTINCT 表示统计时要消除重复的值；ALL 为默认值，表示不消除重复值。

关于关系型数据库的操作还有很多，由于篇幅有限，就不再讲述，有兴趣的读者可自行查阅资料学习。

3. 关系型数据库事务的 ACID 特性

关系型数据库必须维护事务的 4 个特性（简称 ACID）：原子性（Atomicty）、一致性（Consistency）、隔离性（Isolation）和持久性（Durability）。

（1）原子性

事务包含的所有操作要么全部成功，要么全部失败。成功则必须要完全应用到数据库，失败则不能对数据库产生任何影响。

（2）一致性

事务执行前和执行后必须处于一致性状态。

（3）隔离性

当多个用户并发访问数据库时，数据库为每一个用户开启的事务都不会被其他事务的操作干扰，多个并发事务要相互隔离。

（4）持久性

一个事务一旦提交了，那么该事务对数据库中的数据的改变就是永久性的，即便在数据库系统遇到故障的情况下也不会丢失数据。

虽然关系型数据库具有容易理解、使用方便等优点，但是不可避免地具有一些缺点，如它不能较好地处理高并发读写，不具有很好的扩展性以及可用性、实时性不强等。另外，关系型数据库在多表关联查询上的表现也不好，特别是使用复杂的 SQL 语句进行查询时，速度可能非常慢。

13.1.2　非关系型数据库

非关系型数据库又称 NoSQL，它最早于 1998 年被实现。随着最近几年大数据的兴起，非关系型数据库以其低成本、高查询速度、高扩展性、高并发的优点受到了学术界和产业界的广泛关注。相比于关系型数据库，非关系型数据库更适用于解决大数据应用难题。

常见的非关系型数据库有 MongoDB、HBase、Redis、Neo4j 等，这些数据库大都是开源的，因此使用非关系型数据库的成本比使用关系型数据库更低。

非关系型数据库和关系型数据库在形式上最大的不同就是数据存储的格式不同。关系型数据库采用表格的形式存储数据，而非关系型数据库采用键值对、文档、图片等多种形式来存储数据。所以非关系型数据库既可以支持基础数据类型，也可以支持对象或集合等多种类型，而关系型数据库只支持基础数据类型。

非关系型数据库的结构不固定，可随时扩展及删减，这样就不会像关系型数据库那样局限于固定的结构，可以减少一些时间和空间上的占用。非关系型数据库更适合存储一些较简单的数据，而一些需要进行复杂查询的数据更适合使用关系型数据库。这也再次印证了非关系型数据库的应用方向：非关系型数据库适用于大数据方向，而关系型数据库则更适用于通用的商业系统。和关系型数据库相比，非关系型数据库的读取速度有提高，这是因为非关系型数据库可以使用硬盘或者随机存储器作为载体，而关系型数据库只能使用硬盘作为载体。

虽然非关系型数据库在一些方面比关系型数据库性能更优，但是其不可避免地有一些缺点，如它不像关系型数据库那样标准化，学习起来可能更困难；它的查询功能没有关系型数据库那样丰富，也没有关系型数据库那样强大的事务管理能力；它的数据和数据之间可能没有关系等。因此，非关系型数据库在一定程度上是和关系型数据库互补的，在开发一个系统之前，必须要根据系统的需求来选择不同类型的数据库。

13.2　MySQL 常用操作

MySQL 数据库是当下最流行的一种开源的关系型数据库，它常被用来作为 Web 应用开发的数据库。在开始本节的学习之前，请务必确定计算机中已安装 MySQL 数据库并且已启动相关服务。关于 MySQL 数据库的安装，由于篇幅有限不再进行论述，读者可自行查阅相关资料进行安装。

Python 3 推荐用来操作 MySQL 数据库的模块为 PyMySQL 模块，在 Python 2 中用的是 MySQLdb 模块。在使用 PyMySQL 模块之前，首先要使用 pip 命令安装它。

```
pip3 install pymysql
```

安装完成后，可使用以下命令查看安装结果。

```
pip3 list
```

13.2.1　连接数据库

PyMySQL 模块连接数据库时，使用的是自带的 pymysql.connect()函数，其常用的参数及说明如表 13-3 所示。

表 13-3　　　　　　　　　　　　　pymysql.connect()函数常用的参数及说明

序　号	参　　数	说　　明
1	host=None	数据库连接地址
2	user=None	数据库用户名
3	password=''	数据库用户密码
4	database=None	要连接的数据库
5	port=3306	端口号，默认为 3306
6	charset=''	连接数据库的字符编码
7	connect_timeout=10	连接数据库的超时时间，默认为 10
8	autocommit=False	是否自动提交事务

连接数据库之后，还要创建一个游标对象，PyMySQL 模块将通过这个游标对象来执行 SQL 语句以及获取查询结果。

以下是 pymysql.connnect()函数的一个简单示例。

```python
# connect_mysql.py
#!/usr/bin/env python3
import pymysql

#连接数据库，地址为'localhost'、账号为'root'、密码为'123'
db = pymysql.connect('localhost', 'root', '123')

#创建一个游标对象
cursor = db.cursor()

#执行 SQL 语句
cursor.execute('SHOW DATABASES;')
```

```
#获取一条数据
one = cursor.fetchone()
print(one)

#获取剩余的所有数据
all = cursor.fetchall()
print(all)
print('所有的数据库: ')
print(one[0])
for row in all:
    print(row[0])

#关闭数据库连接
cursor.close()
db.close()
```

程序的执行结果如下。

```
('information_schema',)
(('mysql',), ('performance_schema',))
所有的数据库:
information_schema
mysql
performance_schema
```

从上述程序的执行结果可以看到，MySQL 数据库有 3 个默认数据库：information_ schema、mysql、performance_schema，它们存储的是 MySQL 的一些配置信息。

13.2.2　创建和管理数据库

PyMySQL 模块使用游标对象来执行创建和删除数据库的 SQL 语句，示例如下。

```
#db_manage_mysql.py
#!/usr/bin/env python3
import pymysql

#连接数据库，地址为'localhost'、账号为'root'、密码为'123'
db = pymysql.connect('localhost', 'root', '123')

#创建一个游标对象
cursor = db.cursor()

try:
    #创建数据库
    cursor.execute('CREATE SCHEMA TEST DEFAULT CHARSET=utf8;')

    #显示所有的数据库
    cursor.execute('SHOW DATABASES;')
    print(cursor.fetchall())

    #删除数据库
    cursor.execute('DROP SCHEMA TEST;')
```

```
    #显示所有的数据库
    cursor.execute('SHOW DATABASES;')
    print(cursor.fetchall())
except Exception as e:
    print(e)
    db.rollback()
finally:
    #关闭数据库连接
    cursor.close()
    db.close()
```

程序的执行结果如下。

```
(('information_schema',), ('mysql',), ('performance_schema',), ('test',))
(('information_schema',), ('mysql',), ('performance_schema',))
```

上述程序通过 cursor.execute()函数来执行 SQL 语句，成功地创建和删除了一个名为 test 的数据库。

13.2.3　创建和管理表

数据库中最常用的就是对表的增、查、改、删操作。因此本小节将分别通过示例来说明 Python 3 如何利用 PyMySQL 模块实现对 MySQL 数据库表的增、查、改、删操作。

在开始本小节的学习之前，如果还没有创建数据库，可以创建一个名为 test 的数据库。为了使数据库能够很好地兼容中文数据，这里需要使用下列方法将数据库的默认编码设置为 UTF-8。

```
DEFAULT CHARACTER SET utf8 COLLATE utf8_general_ci;
```

创建 test 数据库的程序如下。

```python
#createDB_mysql.py
#!/usr/bin/env python3
import pymysql

#连接数据库，地址为'localhost'、账号为'root'、密码为'123'
db = pymysql.connect('localhost', 'root', '123')

#创建一个游标对象
cursor = db.cursor()

try:
    #创建数据库 TEST，默认编码为 UTF-8
    cursor.execute(
        'CREATE SCHEMA TEST DEFAULT CHARACTER SET utf8 COLLATE utf8_general_ci;')

    #显示所有的数据库
    cursor.execute('SHOW DATABASES;')
    print(cursor.fetchall())
except Exception as e:
    #创建失败
    print(e)
    db.rollback()
finally:
```

```
#关闭数据库连接
cursor.close()
db.close()
```

程序的执行结果如下。

```
(('information_schema',), ('mysql',), ('performance_schema',), ('test',))
```

可以看到，程序成功地创建了 test 数据库，并且将其默认的编码改为了 UTF-8。

1．创建表

要对数据库表进行增、查、改、删的操作，必须要先创建一个数据库表，此处数据库表名为 STUDENT。其类型及说明如表 13-4 所示。

表 13-4 STUDENT 表类型及说明

列 名	类 型	说 明
SNO	CHAR(10)	学号，主键
SNAME	CHAR(20)	姓名，NOT NULL

创建 STUDENT 表的 SQL 语句如下。

```
CREATE TABLE STUDENT (
    SNO CHAR(10),
    SNAME VARCHAR(20) NOT NULL,
    PRIMARY KEY(SNO)
) DEFAULT CHARSET=utf8;
```

这里的"DEFAULT CHARSET=utf8"的功能同样是将表 STUDENT 的编码设置为 UTF-8。如果不设置，则默认为 latin1，但是 latin1 对中文字符不是很友好，所以这里把表的编码改为了 UTF-8。

创建 STUDENT 表的程序如下。

```
#create_table_mysql.py
#!/usr/bin/env python3
import pymysql

#连接数据库，地址为'localhost'、账号为'root'、密码为'123'、数据库名为'test'
db = pymysql.connect('localhost', 'root', '123', 'test')

#创建一个游标对象
cursor = db.cursor()

try:
    #创建 STUDENT 表的 SQL 语句，默认编码为 UTF-8
    SQL = '''
    CREATE TABLE STUDENT (
    SNO CHAR(10),
    SNAME VARCHAR(20) NOT NULL,
    PRIMARY KEY(SNO)
    ) DEFAULT CHARSET=utf8;
    '''
    cursor.execute(SQL)
    #显示创建的表
    cursor.execute('SHOW TABLES;')
    print(cursor.fetchall())
```

```
except Exception as e:
    #创建失败
    print(e)
    db.rollback()
finally:
    #关闭数据库连接
    cursor.close()
    db.close()
```

程序的执行结果如下。

```
(('student',),)
```

程序执行后，通过 MySQL 可视化工具可查看 STUDENT 表的结构，如图 13-1 所示。

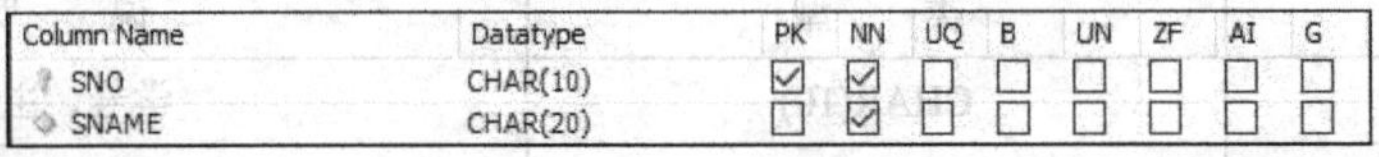

Column Name	Datatype	PK	NN	UQ	B	UN	ZF	AI	G
SNO	CHAR(10)	☑	☑	☐	☐	☐	☐	☐	☐
SNAME	CHAR(20)	☐	☑	☐	☐	☐	☐	☐	☐

图 13-1　STUDENT 表的结构

2. 修改表结构

除了能创建数据库表，PyMySQL 模块还能修改表的结构，示例如下。

```python
#alter_table_mysql.py
#!/usr/bin/env python3
import pymysql

#连接数据库，地址为'localhost'、账号为'root'、密码为'123'、数据库名为'test'
db = pymysql.connect('localhost', 'root', '123', 'test')

#创建一个游标对象
cursor = db.cursor()

try:
    #新增列的 SQL 语句
    ADD_SQL = '''
        ALTER TABLE STUDENT ADD COLUMN SSEX VARCHAR(1) NOT NULL,ADD COLUMN SAGE INT NOT NULL;
    '''
    #删除列的 SQL 语句
    DELETE_SQL = '''
        ALTER TABLE STUDENT DROP COLUMN SAGE
        '''
    #新增列
    cursor.execute(ADD_SQL)
    #删除列
    cursor.execute(DELETE_SQL)
    #提交到数据库
    db.commit()
    print('修改成功')
except Exception as e:
    #修改失败
    print('修改失败', e)
    db.rollback()
```

```
finally:
    #关闭数据库连接
    cursor.close()
    db.close()
```

程序的执行结果如下。

修改成功

程序执行后，通过 MySQL 可视化工具可查看 STUDENT 表的结构，如图 13-2 所示。

图 13-2　修改后的 STUDENT 表的结构

3．插入数据

PyMySQL 模块向数据库里插入数据有 3 种方法：一种是一次执行一条语句，插入一条数据；一种是一次执行一条语句，插入多条数据；还有一种是一次执行多条语句，插入多条数据。要实现上述操作，会使用到 PyMySQL 模块中的如下两个函数。

（1）cursor.excute(SQL)函数

一次执行一条 SQL 语句，其中参数 SQL 为 SQL 语句。

（2）cursor.excutemany(SQL,data)函数

一次执行多条 SQL 语句，其中参数 SQL 为 SQL 语句，参数 data 为一个二维列表，其形式类似于数据库中的每条记录。cursor.excutemany(SQL,data)函数会重复执行 SQL 语句，将 data 里的数据插入数据库，直到 data 遍历结束。

下面是 cursor.excute(SQL)函数和 cursor.excutemany(SQL,data)函数的使用示例。

```
#insert_data_mysql.py
#!/usr/bin/env python3
import pymysql

#连接数据库，地址为'localhost'、账号为'root'、密码为'123'、数据库名为'test'
#编码为 UTF-8
db = pymysql.connect('localhost', 'root', '123', 'test', charset='utf8')

#创建一个游标对象
cursor = db.cursor()

#待插入的数据
insertData = [('2016081111', '张三', '男'),
              ('2016081112', '李四', '男'), ('2016081113', '王五', '男')]
#插入一条数据的 SQL 语句
INSERT_SQL = '''
        INSERT INTO STUDENT VALUES('2016081114','李丽','女');
        '''
#插入多条数据的 SQL 语句
INSERT_MANY_SQL = '''
        INSERT INTO STUDENT VALUES('2016081115','吴芳','女'),('2016081116','胡月','女');
```

```
    '''
    try:
        #插入一条数据
        cursor.execute(INSERT_SQL)
        #插入多条数据
        cursor.execute(INSERT_MANY_SQL)
        #插入多条数据
        cursor.executemany('INSERT INTO STUDENT VALUES(%s,%s,%s);', insertData)
        #提交到数据库
        db.commit()
        print('插入成功')
    except Exception as e:
        #插入失败
        db.rollback()
        print('插入失败', e)

#关闭数据库连接
cursor.close()
db.close()
```

程序的执行结果如下。

```
插入成功
```

程序执行后，通过 MySQL 可视化工具查看插入的数据，如图 13-3 所示。
可以看到程序成功地向数据库表里插入了 6 条数据。

4. 查询数据

日常使用数据库时，用得最多的操作就是查询操作，实现
PyMySQL 模块的查询操作会用到如下两个函数。

（1）cursor.fechone()函数

从游标对象中获取一条数据，同时游标对象中的数据减少一条。
获取的数据为元组。

SNO	SNAME	SSEX
2016081111	张二	男
2016081112	李四	男
2016081113	干五	男
2016081114	李丽	女
2016081115	吴苦	女
2016081116	胡月	女
NULL	NULL	NULL

图 13-3　插入数据结果

（2）cursor.fechall()函数

从游标对象中获取所有的数据，同时游标对象被清空。获取的数据为元组。

除此之外，游标对象 cursor 还有一个 rowcount 属性来表示执行 SQL 语句后影响的行数。在
查询操作中，cursor.rowcount 代表的是从数据库中查询到的结果条数。

查询操作的示例如下。

```
#select_data_mysql.py
#!/usr/bin/env python3
import pymysql

#连接数据库，地址为'localhost'、账号为'root'、密码为'123'、数据库名为'test'
#编码为 UTF-8
db = pymysql.connect('localhost', 'root', '123', 'test', charset='utf8')

#创建一个游标对象
cursor = db.cursor()
```

```
#SQL 语句
SQL = '''
    SELECT * FROM STUDENT;
    '''
try:
    #查询所有的数据
    cursor.execute(SQL)
    #查询到的条数
    print('查询到了%s 条数据' % (cursor.rowcount))
    #获取一条数据
    one = cursor.fetchone()
    print(type(one))
    print(one)
    #获取所有数据
    for item in cursor.fetchall():
        print(item)
except Exception as e:
    #插入失败
    print('查询失败', e)
finally:
    #关闭数据库连接
    cursor.close()
    db.close()
```

程序的执行结果如下。

```
查询到了 6 条数据
<class 'tuple'>
('2016081111', '张三', '男')
('2016081112', '李四', '男')
('2016081113', '王五', '男')
('2016081114', '李丽', '女')
('2016081115', '吴芳', '女')
('2016081116', '胡月', '女')
```

可以看到，程序成功地从数据库的 STUDENT 表里获取了 6 条数据，并且可以得知，PyMySQL 模块查询返回的数据类型为元组。

5．修改数据

要修改数据库里的数据，必须使用 UPDATE 语句，如将 STUDENT 表里学号为'2016081111' 的学生的姓名改为'李华'，SQL 语句示例如下。

```
UPDATE STUDENT SET SNAME='李华' WHERE SNO='2016081111';
```

需要注意的是，这里的姓名'李华'必须加引号，不然执行会不通过。事实上，在使用 SQL 语句操作数据库时，所有的字符串都必须使用引号括起来，而整数、浮点数等可以不使用引号括起来。

使用 Python 实现上述语句，示例如下。

```
#update_data_mysql.py
#!/usr/bin/env python3
import pymysql
```

```
#连接数据库,地址为'localhost',账号为'root',密码为'123',数据库名为'test'
db = pymysql.connect('localhost', 'root', '123', 'test', charset ='utf8')

#创建一个游标对象
cursor = db.cursor()

SNAME = '李华'
#修改数据SQL语句
UPDATE_SQL = '''
    UPDATE STUDENT SET SNAME='%s' WHERE SNO='2016081111';
    ''' % (SNAME)
#查询数据SQL语句
SELECT_SQL = '''
        SELECT * FROM STUDENT WHERE SNO='%s'
        ''' % ('2016081111')
try:
    #修改数据前
    cursor.execute(SELECT_SQL)
    print('修改前:', cursor.fetchall())
    #修改数据
    cursor.execute(UPDATE_SQL)
    #提交到数据库
    db.commit()
    #修改数据后
    cursor.execute(SELECT_SQL)
    print('修改后:', cursor.fetchall())
except Exception as e:
    #修改失败,回滚
    db.rollback()
    print('修改失败', e)
finally:
    #关闭数据库连接
    cursor.close()
    db.close()
```

程序的执行结果如下。

```
修改前: (('2016081111', '张三', '男'),)
修改后: (('2016081111', '李华', '男'),)
```

上述程序成功地将学号为'2016081111'的学生姓名由'张三'改为了'李华'。

6. 删除数据

要将 STUDENT 表里学号为'2016081111'的学生信息删除,SQL 语句示例如下。

```
DELETE FROM STUDENT WHERE SNO='2016081111';
```

上述语句使用 Python 实现,示例如下。

```
#delete_data_mysql.py
#!/usr/bin/env python3
import pymysql

#连接数据库,地址为'localhost',账号为'root',密码为'123',数据库名为'test'
```

```
db = pymysql.connect('localhost', 'root', '123', 'test', charset='utf8')

#创建一个游标对象
cursor = db.cursor()

SNO = '2016081111'
#删除数据 SQL 语句
DELETE_SQL = '''
    DELETE FROM STUDENT WHERE SNO='%s';
    ''' % (SNO)
#查询数据 SQL 语句
SELECT_SQL = '''
        SELECT * FROM STUDENT WHERE SNO='%s'
        ''' % (SNO)
try:
    #删除数据前
    cursor.execute(SELECT_SQL)
    print('删除前:', cursor.fetchall())
    #删除数据
    cursor.execute(DELETE_SQL)
    #提交到数据库
    db.commit()
    #删除数据后
    cursor.execute(SELECT_SQL)
    print('删除后:', cursor.fetchall())
except Exception as e:
    #删除失败, 回滚
    db.rollback()
    print('删除失败')
finally:
    #关闭数据库连接
    cursor.close()
    db.close()
```

程序的执行结果如下。

```
删除前: (('2016081111', '李华', '男'),)
删除后: ()
```

可以看到，程序成功地删除了学号为'2016081111'的学生信息。

关于 Python 3 对 MySQL 的其他操作，如视图的创建、查询等，由于篇幅有限，不再论述，但是其基本原理同上述示例一样，都是通过 cursor.execute()函数执行编写好的 SQL 语句来对数据库进行操作。

13.3 SQLite 3 常用操作

SQLite 是一个由 C 语言编写的小型的、快速的、可靠性高的、功能全的数据库，它是世界上使用得最多的数据库引擎之一，多内置于智能手机和大多数计算机中。SQLite 是一个开源的数据库，任何人都可以获取它的源码。

SQLite 是零配置的，它不需配置即可使用，至本书编写之时，其最新的版本为 3.26.0，又称 SQLite 3。Python 3 自带了 SQLite 3 模块，可以很好地操作 SQLite。本节将以示例的形式讲解如何在 Python 3 中使用 SQLite 3 模块来操作 SQLite。

13.3.1　连接数据库

Python 3 的 SQLite 3 模块和 PyMySQL 模块的使用方法大致是一样的，都是使用游标对象来操作数据库。但它和 PyMySQL 模块不同的是，SQLite 3 模块在连接数据库时，如果数据库不存在，则会自动创建一个数据库，示例如下。

```
#connect_sqlite3.py
#!/usr/bin/env python3
import sqlite3

DB_Name = 'test.db'
#连接数据库，如果数据库不存在，则会在当前目录创建
conn = sqlite3.connect(DB_Name)
print('连接数据库%s 成功' % (DB_Name))
#关闭数据库连接
conn.close()
```

程序的执行结果如下。

```
连接数据库 test.db 成功
```

上述程序在成功执行后，会在当前目录下创建一个 test.db 文件，用于存储数据库的数据。如果需要在其他目录下创建数据库，只需要在数据库名前加上路径。

13.3.2　创建和管理表

和 PyMySQL 模块一样，SQLite 3 模块也能很好地管理数据库表以及其中的数据，其对数据库的操作都是通过游标对象实现的，并且它还提供了简单的事务支持。

1．创建表

使用 SQLite 3 模块来创建 STUDENT 表，示例如下。

```
#create_table_sqlite3.py
#!/usr/bin/env python3
import sqlite3

DB_Name = 'test.db'
Table_Name = 'STUDENT'
#连接数据库，如果数据库不存在，则会在当前目录创建
conn = sqlite3.connect(DB_Name)
try:
    #创建游标对象
    cursor = conn.cursor()
    #创建 STUDENT 表的 SQL 语句，默认编码为 UTF-8
    SQL = '''
      CREATE TABLE %s (
        SNO CHAR(10),
        SNAME VARCHAR(20) NOT NULL,
```

```
        PRIMARY KEY(SNO)
    )
        ''' % (Table_Name)
    #创建数据库表
    cursor.execute(SQL)

    #提交到数据库
    conn.commit()
    print('创建数据库表%s成功' % (Table_Name))
except Exception as e:
    print(e)
    #回滚
    conn.rollback()
    print('创建数据库表%s失败' % Table_Name)
finally:
    #关闭数据库
    conn.close()
```

程序的执行结果如下。

创建数据库表 STUDENT 成功

2. 修改表结构

SQLite 3 模块同样能修改表的结构，不过和 MySQL 数据库不同的是，SQLite 数据库一次只能修改一列，并且 SQLite 数据库不支持删除表的列，示例如下。

```
#alter_table_sqlite3.py
#!/usr/bin/env python3
import sqlite3

DB_Name = 'test.db'
#连接数据库，如果数据库不存在，则会在当前目录创建
conn = sqlite3.connect(DB_Name)
try:
    #创建一个游标对象
    cursor = conn.cursor()
    #新增列的 SQL 语句
    ADD_SQL1 = '''
        ALTER TABLE STUDENT ADD COLUMN SSEX VARCHAR(1);
        '''
    ADD_SQL2 = '''
        ALTER TABLE STUDENT ADD COLUMN SAGE INT;
        '''
    #新增列
    cursor.execute(ADD_SQL1)
    cursor.execute(ADD_SQL2)
    #提交到数据库
    conn.commit()
    print('修改成功')
except Exception as e:
    print('修改失败', e)
    #回滚
    conn.rollback()
```

```
    finally:
        #关闭数据库
        conn.close()
```

程序的执行结果如下。

修改成功

3. 插入数据

SQLite 3 模块和 PyMySQL 模块一样可以支持 cursor.excute()函数和 cursor.excutemany()函数，示例如下。

```
#insert_data_sqlite3.py
#!/usr/bin/env python3
import sqlite3

DB_Name = 'test.db'
#连接数据库，如果数据库不存在，则会在当前目录创建
conn = sqlite3.connect(DB_Name)
try:
    #创建游标对象
    cursor = conn.cursor()
    #待插入的数据
    insertData = [('2016081111', '张三', '男', 18),
                  ('2016081112', '李四', '男', 20), ('2016081113', '王五', '男', 19)]
    #插入一条数据的 SQL 语句
    INSERT_SQL = '''
            INSERT INTO STUDENT VALUES('2016081114','李丽','女',18);
            '''
    #插入多条数据的 SQL 语句
    INSERT_MANY_SQL = '''
            INSERT INTO STUDENT VALUES('2016081115','吴芳','女',18),('2016081116',
'胡月','女',20);
            '''
    #插入一条数据
    cursor.execute(INSERT_SQL)
    #插入多条数据
    cursor.execute(INSERT_MANY_SQL)
    #插入多条数据
    cursor.executemany('INSERT INTO STUDENT VALUES(?,?,?,?);', insertData)

    #提交到数据库
    conn.commit()
    print('插入数据到 STUDENT 表成功')
except Exception as e:
    print(e)
    #回滚
    conn.rollback()
    print('插入数据到 STUDENT 表失败')
finally:
    #关闭数据库
    conn.close()
```

程序的执行结果如下。

插入数据到 STUDENT 表成功

注意这里的 cursor.excutemany()函数用了"？"而不是"%s"来代替数据，这是和 PyMySQL
模块不同的地方。

4. 查询数据

SQLite 3 模块同样使用 cursor.fechone()函数和 cursor.fechall()函数来获取查询到的数据。不过
和 PyMySQL 模块不同的是，SQLite 3 模块的 cursor.fechall()函数返回的是一个元素为元组的二维
列表，示例如下。

```python
#select_data_sqlite3.py
#!/usr/bin/env python3
import sqlite3

DB_Name = 'test.db'
#连接数据库，如果数据库不存在，则会在当前目录创建
conn = sqlite3.connect(DB_Name)
try:
    #创建游标对象
    cursor = conn.cursor()
    #查询数据的 SQL 语句
    SQL = '''
        SELECT * FROM STUDENT;
        '''
    #查询数据
    cursor.execute(SQL)

    #获取一条数据
    one = cursor.fetchone()
    print(type(one))
    print(one)
    all = cursor.fetchall()
    print(type(all))
    #获取所有数据
    for row in all:
        print(row)
except Exception as e:
    print(e)
    print('查询数据失败')
finally:
    #关闭数据库
    conn.close()
```

程序的执行结果如下。

```
<class 'tuple'>
('2016081114', '李丽', '女', 18)
<class 'list'>
('2016081115', '吴芳', '女', 18)
('2016081116', '胡月', '女', 20)
('2016081111', '张三', '男', 18)
```

```
('2016081112', '李四', '男', 20)
('2016081113', '王五', '男', 19)
```

5. 修改数据

SQLite 3 模块修改数据库数据的方法和 PyMySQL 模块的修改方法基本一样，示例如下。

```python
#update_data_sqlite3.py
#!/usr/bin/env python3
import sqlite3

DB_Name = 'test.db'
#连接数据库，如果数据库不存在，则会在当前目录创建
conn = sqlite3.connect(DB_Name)
try:
    #创建游标对象
    cursor = conn.cursor()
    #查询数据的 SQL 语句
    SELECT_SQL = '''
        SELECT * FROM STUDENT WHERE SNO ='2016081111';
        '''
    #修改数据的 SQL 语句
    UPDATE_SQL = '''
        UPDATE STUDENT SET SNAME='%s' WHERE SNO='%s'
        ''' % ('李华', '2016081111')

    #修改前
    print('修改前')
    cursor.execute(SELECT_SQL)
    for row in cursor.fetchall():
        print(row)
    #修改数据
    cursor.execute(UPDATE_SQL)
    #提交到数据库
    conn.commit()

    #修改后
    print('修改后')
    cursor.execute(SELECT_SQL)
    for row in cursor.fetchall():
        print(row)
except Exception as e:
    print(e)
    print('修改数据失败')
finally:
    #关闭数据库
    conn.close()
```

程序的执行结果如下。

```
修改前 [('2016081111', '张三', '男', 18)]
修改后 [('2016081111', '李华', '男', 18)]
```

可以看到，程序成功地将学号为'2016081111'的学生姓名改为了'李华'。

6. 删除数据

SQLite 3 模块删除数据的方法和 PyMySQL 模块的删除方法也是类似的，示例如下。

```python
#delete_data_sqlite3.py
#!/usr/bin/env python3
import sqlite3

DB_Name = 'test.db'
#连接数据库，如果数据库不存在，则会在当前目录创建
conn = sqlite3.connect(DB_Name)
try:
    #创建游标对象
    cursor = conn.cursor()
    #查询数据的 SQL 语句
    SELECT_SQL = '''
        SELECT * FROM STUDENT WHERE SNO='2016081111';
        '''
    #删除数据的 SQL 语句
    DELETE_SQL = '''
        DELETE FROM STUDENT WHERE SNO='%s'
        ''' % ('2016081111')

    #删除前
    print('删除前')
    cursor.execute(SELECT_SQL)
    for row in cursor.fetchall():
        print(row)
    #删除数据
    cursor.execute(DELETE_SQL)
    #提交到数据库
    conn.commit()

    #删除后
    print('删除后')
    cursor.execute(SELECT_SQL)
    for row in cursor.fetchall():
        print(row)
except Exception as e:
    print(e)
    print('删除数据失败')
finally:
    #关闭数据库
    conn.close()
```

程序的执行结果如下。

```
删除前: [('2016081111', '李华', '男', 18)]
删除后: []
```

可以看到，程序成功地删除了学号为'2016081111'的学生信息。

SQLite 数据库相比于 MySQL 数据库更简洁、更轻量，但是它不可避免地有一些缺点，如并发性能不好、标准不统一、不适合大数据存储等。因此，在使用 SQLite 数据库之前，一定要考虑

一下它是否适合作为待开发项目的数据库。

13.4　MongoDB 常用操作

MongoDB 是一个文档型的非关系型数据库，它将数据存储在类似于 JSON 格式的 BOSN 格式的文档中，其数据存储的结构可任意改变。除此之外，MongoDB 还支持分布式部署，它很好地支持了大数据的存储。

需要注意的是，在学习本节之前，请先下载安装好 MongoDB。

Python 3 使用 PyMongo 模块连接 MongoDB。虽然还有其他模块也可以连接 MongoDB，但是相比于其他模块来说，PyMongo 模块使用起来更加方便灵活。因此，这里推荐使用 PyMongo 模块。在使用 PyMongo 模块之前，需要使用 pip 命令来安装它。

```
pip3 install pymongo
```

安装完成后，可使用以下命令查看安装结果。

```
pip3 list
```

13.4.1　连接数据库

PyMongo 模块使用 MongoClient 来连接数据库，它根据指定的 URL 来连接数据库。需要注意的是，在 MongoDB 中，数据库只有在插入了数据之后才会被创建。

PyMongo 模块连接 MongoDB 的示例如下。

```
#connect_mongodb.py
#!/usr/bin/env python3
import pymongo

try:
    #连接 MongoDB，地址为 "localhost:27017"，账号为 "test"，密码为 "123"
    client=pymongo.MongoClient("mongodb://localhost:27017/test:123")
    #显示所有的数据库
    print('所有的数据库: ', client.list_database_names())
    #连接并创建 test 数据库，插入数据后才会创建
    db = client['test']
    print('连接 MongoDB 成功')
except Exception as e:
    print('连接 MongoDB 失败', e)
```

程序的执行结果如下。

```
所有的数据库: ['admin', 'local', 'test']
连接 MongoDB 成功
```

可以看到，程序成功地连接了 MongoDB，并且列出了 MongoDB 自带的 3 个数据库，本节中要用到的是 test 数据库。

13.4.2　集合与文档

MongoDB 是一个文档型数据库，其数据存储的基本单元为文档，类似于关系型数据库的行；

多个文档组合成一个集合，类似于关系型数据库的表；多个集合组成一个数据库。

PyMongo 模块对 MongoDB 集合的创建以及文档的增、查、改、删操作都是通过函数来实现的，这些函数及说明如表 13-5 所示。

表 13-5   PyMongo 模块的函数及说明

序　号	函　　数	说　　明
1	PyMongo. MongoClient (URL)	创建客户端，返回一个 MongoClient 对象，其中 URL 表示连接到相应的 URL
2	MongoClient.dbName 或 MongoClient['dbName']	连接并创建数据库，返回一个 Database 对象，其中 dbName 为数据库名。需要注意的是，在插入数据后数据库才会创建
3	MongoClient.list_database_names()	列出所有的数据库
4	Database.list_collection_names()	列出当前数据库下所有的集合
5	Database.collectionName 或 Database['collectionName']	连接数据库下的集合，返回一个 Collection 对象，其中 collectionName 为集合名
6	Collection.insert(data)或 Collection.insert_one(data)	插入一个文档，其中 data 为插入的数据
7	Collection.insert_many(data, ordered=True)	插入多个文档，其中 data 为一个元素为字典的列表，ordered 为是否按顺序插入
8	Collection.find(query)或 Collection.find_one(query)	查询集合中的文档，类似于 SQL 中的 SELECT 语句，其中 query 为查询条件
9	Collection.update(query,newvalues)或 Collection.update_one(query,newvalues)	修改一个文档，其中 query 为筛选条件，newvalues 为修改的内容
10	Collection.update_many(query, newvalues)	修改多个文档，query 为筛选条件，一般使用正则表达式匹配，newvalues 为修改的内容
11	Collection.delete_one(query)	删除一个文档，query 为筛选条件
12	Collection.delete_many(query)	删除多个文档，query 为筛选条件，如果 query 为空则删除集合中的所有文档
13	Collection.drop()	删除集合

1．创建集合

MongoDB 的一个集合可以存储多个文档，集合在插入文档之后会自动创建。如果只连接而不插入数据，则不会成功创建集合。

PyMongo 模块使用 Database 对象来创建集合，示例如下。

```
#create_collections_mongodb.py
#!/usr/bin/env python3
import pymongo

try:
    #连接 MongoDB，地址为"localhost:27017"，账号为"test"，密码为"123"
    client=pymongo.MongoClient("mongodb://localhost:27017/test:123")
    #显示所有的数据库
    print('所有的数据库: ', client.list_database_names())
    #连接并创建 test 数据库，插入文档后才会创建
    db = client['test']
    #显示所有的数据库
```

```
        print('所有的数据库: ', client.list_database_names())
        #连接并创建 test 数据库下的 student 集合，插入文档后才会创建
        mycol = db['student']
        #显示所有的集合
        print('所有的集合: ', db.list_collection_names())
except Exception as e:
    print('创建集合失败', e)
```

程序的执行结果如下。

```
所有的数据库: ['admin', 'local', 'test']
所有的数据库: ['admin', 'local', 'test']
所有的集合: ['system.indexes']
```

可以看到，程序执行后输出了 MongoDB 自带的 3 个数据库，并使用了 test 数据库。但是因为这里并没有向 student 集合里插入文档，所以 student 集合并没有创建成功。

2．插入文档

PyMongo 模块有 3 个函数可以用来插入文档。

① insert()函数：插入一个文档，并返回自动生成的_id。

② insert_one()函数：插入一个文档，返回 InsertOneResult 对象。

③ insert_many()函数：插入多个文档，返回 InsertManyResult 对象。

这 3 个函数的使用示例如下。

```python
#insert_data_mongodb.py
#!/usr/bin/env python3
import pymongo

try:
    #连接 MongoDB，地址为 "localhost:27017"，账号为 "test"，密码为 "123"
    client=pymongo.MongoClient("mongodb://localhost:27017/test:123")
    #连接并创建 test 数据库，插入文档后才会创建
    db = client['test']
    #连接并创建 student 集合，插入文档后才会创建成功
    mycol = db['student']
    #显示所有的集合
    print('所有的集合: ', db.list_collection_names())
    #待插入的文档
    insertData = [
        {'name': '张三', 'sno': '2016081111'},
        {'name': '李四', 'sno': '2016081112'},
        {'name': '王五', 'sno': '2016081113'}
    ]

    #插入一个文档
    res = mycol.insert_one({'name': '李丽', 'sno': '2016081114'})
    print('插入一个文档返回 InsertOneResult 对象: ', res)

    #插入多个文档
    res = mycol.insert_many(insertData)
```

```
        print('插入多个文档返回 InsertManyResult 对象: ', res)

        #插入指定_id的文档
        res = mycol.insert({'_id': '1', 'name': '张伟', 'sno': '2017081113'})
        print('插入指定_id的文档并返回指定的_id: ', res)

        #显示所有的集合
        print(db.list_collection_names())

        #插入重复_id的文档,会报错
        res = mycol.insert_one({'_id': '1', 'name': '张伟', 'sno': '2016081113'})
        print('插入重复_id的文档: ', res)
except Exception as e:
        print('插入文档失败', e)
```

程序的执行结果如下。

```
所有的集合: ['system.indexes']
插入一个文档返回 InsertOneResult 对象: <pymongo.results.InsertOneResult object at
0x000001D50E031D08>
插入多个文档返回 InsertManyResult 对象: <pymongo.results.InsertManyResult object at
0x000001D50E031DC8>
插入指定_id的文档并返回指定的_id: 1
['system.indexes', 'student']
插入文档失败 insertDocument :: caused by :: 11000 E11000 duplicate key error index:
test.student.$_id_ dup key: { : "1" }
```

从执行结果可以看到,student 集合在插入文档之后才被创建,并且 MongoDB 的集合不能插入_id 相同的文档。

程序执行后,可通过 MongoDB 自带的可视化工具 MongoDB Compass Community 查看 student 集合中的文档,结果如图 13-4 所示。

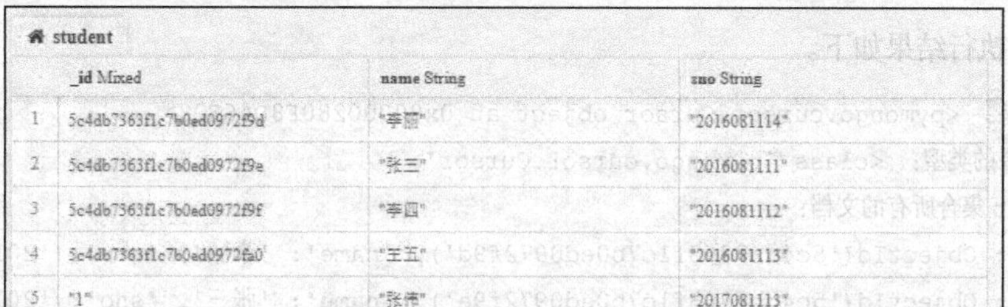

图 13-4 插入文档后的结果

3. 查询文档

PyMongo 模块使用 find()函数来查询文档,并以游标对象的形式返回查询结果,find()函数的参数为 JSON 格式的数据,用作条件查询的筛选条件。需要注意的是,当 find()函数不使用任何参数时,则查询出集合中的所有文档。另外,MongoDB 还支持使用正则表达式来查询文档,示例如下。

```
#select_data_mongodb.py
#!/usr/bin/env python3
```

```
import pymongo

try:
    #连接 MongoDB，地址为 "localhost:27017"，账号为 "test"，密码为 "123"
    client=pymongo.MongoClient("mongodb://localhost:27017/test:123")
    #连接并创建 test 数据库，插入数据后才会创建
    db = client['test']
    #连接 test 数据库下的 student 集合
    mycol = db['student']

    #查询所有文档
    res = mycol.find()
    #输出查询结果
    print('查询结果: ', res)
    print('查询结果的类型: ', type(res))
    print('student 集合所有的文档: ')
    for row in res:
        print(row)

    #查询学号为'2016081111'的学生信息
    res = mycol.find({'sno': '2016081111'})
    #输出查询结果
    print('学号为 2016081111 的学生: ', [info for info in res])
    #查询学号以 3 结尾的学生信息
    res = mycol.find({'sno': {'$regex': '3$'}})
    #输出查询结果
    print('学号结尾为 3 的学生: ')
    for row in res:
        print(row)
except Exception as e:
    print('查询文档失败', e)
```

程序的执行结果如下。

```
查询结果:  <pymongo.cursor.Cursor object at 0x00000280F8D46F28>
查询结果的类型:  <class 'pymongo.cursor.Cursor'>
student 集合所有的文档:
{'_id': ObjectId('5c4db7363f1c7b0ed0972f9d'), 'name': '李丽', 'sno': '2016081114'}
{'_id': ObjectId('5c4db7363f1c7b0ed0972f9e'), 'name': '张三', 'sno': '2016081111'}
{'_id': ObjectId('5c4db7363f1c7b0ed0972f9f'), 'name': '李四', 'sno': '2016081112'}
{'_id': ObjectId('5c4db7363f1c7b0ed0972fa0'), 'name': '王五', 'sno': '2016081113'}
{'_id': '1', 'name': '张伟', 'sno': '2017081113'}
学号为 2016081111 的学生: [{'_id': ObjectId('5c4db7363f1c7b0ed0972f9e'), 'name': '张三',
'sno': '2016081111'}]
学号结尾为 3 的学生:
{'_id': ObjectId('5c4db7363f1c7b0ed0972fa0'), 'name': '王五', 'sno': '2016081113'}
{'_id': '1', 'name': '张伟', 'sno': '2017081113'}
```

4. 修改文档

PyMongo 模块使用 update_one(query,newvalues)函数和 update_many(query,newvalues)函数来修改文档的内容，其中 query 为修改的筛选条件，newvalues 为修改的内容。对于 update_many(query,newvalues)函数来说，其 query 条件一般使用正则表达式来构造，示例如下。

```python
#update_data_mongodb.py
#!/usr/bin/env python3
import pymongo

try:
    #连接 MongoDB，地址为"localhost:27017"，账号为"test"，密码为"123"
    client=pymongo.MongoClient("mongodb://localhost:27017/test:123")
    #连接并创建 test 数据库，插入数据后才会创建
    db = client['test']
    #连接 test 数据库下的 student 集合
    mycol = db['student']

    #修改前
    print('文档修改前: ', [info for info in mycol.find({'sno': '2016081111'})])
    #修改学号为'2016081111'的学生的姓名为'李华'
    mycol.update_one({'sno': '2016081111'}, {'$set': {'name': '李华'}})
    #修改后
    print('文档修改后: ', [info for info in mycol.find({'sno': '2016081111'})])

    #为学号尾号为 3 的学生新增属性'ssex'
    mycol.update_many({'sno': {'$regex': '3$'}}, {'$set': {'ssex': '男'}})
    res = mycol.find({'sno': {'$regex': '3$'}})
    #输出查询结果
    print('学号结尾为 3 的学生: ')
    for row in res:
        print(row)
except Exception as e:
    print('修改文档失败', e)
```

程序的执行结果如下。

```
文档修改前:  [{'_id': ObjectId('5c4db7363f1c7b0ed0972f9e'), 'name': '李华', 'sno':
'2016081111'}]
文档修改后:  [{'_id': ObjectId('5c4db7363f1c7b0ed0972f9e'), 'name': '李华', 'sno':
'2016081111'}]
学号结尾为 3 的学生:
{'_id': ObjectId('5c4db7363f1c7b0ed0972fa0'), 'name': '王五', 'sno': '2016081113',
'ssex': '男'}
{'_id': '1', 'name': '张伟', 'sno': '2017081113', 'ssex': '男'}
```

可以看到，程序成功地修改了文档内的数据。

5. 删除文档与集合

PyMongo 模块使用 delete_one(query)函数和 delete_many(query)函数来删除集合内的文档，其中 query 为删除的筛选条件。对于 delete_many(query)函数来说，其 query 条件一般使用正则表达

式来构造，并且可从其返回的值中获取删除文档的个数，示例如下。

```
#delete_data_mongodb.py
#!/usr/bin/env python3
import pymongo

try:
    #连接 MongoDB，地址为"localhost:27017"，账号为"test"，密码为"123"
    client=pymongo.MongoClient("mongodb://localhost:27017/test:123")
    #连接并创建 test 数据库，插入文档后才会创建
    db = client['test']
    #连接 test 数据库下的 student 集合
    mycol = db['student']

    #显示所有的集合
    print('所有的集合: ', db.list_collection_names())
    #查询所有数据
    print('删除文档前: ')
    for row in mycol.find():
        print(row)

    #删除学号为'2016081111'的文档
    mycol.delete_one({'sno': '2016081111'})
    #删除学号以 2016 开头的文档
    res = mycol.delete_many({'sno': {'$regex': '^2016'}})
    print('删除了%s 条文档' % (res.deleted_count))
    #删除所有的文档
    mycol.delete_many({})
    #查询所有文档
    print('删除文档后: ')
    for row in mycol.find():
        print(row)

    #删除 student 集合
    mycol.drop()
    #显示所有的集合
    print('所有的集合: ', db.list_collection_names())
except Exception as e:
    print('删除文档失败', e)
```

程序的执行结果如下。

```
所有的集合:  ['system.indexes', 'student']
删除文档前:
{'_id': ObjectId('5c4dbf283f1c7b0b041f865a'), 'name': '李丽', 'sno': '2016081114'}
{'_id': ObjectId('5c4dbf283f1c7b0b041f865b'), 'name': '李华', 'sno': '2016081111'}
{'_id': ObjectId('5c4dbf283f1c7b0b041f865c'), 'name': '李四', 'sno': '2016081112'}
{'_id': ObjectId('5c4dbf283f1c7b0b041f865d'), 'name': '王五', 'sno': '2016081113',
'ssex': '男'}
{'_id': '1', 'name': '张伟', 'sno': '2017081113', 'ssex': '男'}
```

删除了 4 条文档

删除文档后:

所有的集合: ['system.indexes']

关于 MongoDB 的其他操作,如索引的建立、高级查询、排序等,由于篇幅有限,不再介绍,有兴趣的读者可自行查阅相关资料。

13.5 实　　例

为了能更好地体现本章中讲到的数据库编程相关知识在实际开发中的应用,本节提供了 3 个难度适中的实例来讲解在 Python 3 中 MySQL、SQLite 3、MongoDB 的实际开发应用。

13.5.1 使用 MySQL 实现模拟银行 ATM 机

1. 实例介绍

本实例将使用 PyMySQL 模块来操作 MySQL 数据库,以模拟银行 ATM 机的存/取钱操作,用户存/取钱之前必须先登录。

2. 准备工作

安装 PyMySQL 模块,命令如下。

```
pip3 install pymysql
```

设计数据库表 ACCOUNT,如表 13-6 所示。

表 13-6　　　　　　　　　　　　　　　ACCOUNT 表

列　名	类　型	说　明
ACCOUNT_ID	VARCHAR(20)	账号,主键
ACCOUNT_PASSWD	CHAR(6)	密码,NOT NULL
MONEY	DECIMAL(10,2)	余额,NOT NULL

创建模式、数据库表并插入测试数据,示例如下。

```
#mysql_init.py
#!/usr/bin/env python3
import pymysql

#创建模式
CREATE_SCHEMA_SQL = '''
                CREATE SCHEMA BANK  CHARSET=utf8;
                '''
#创建数据库表
CREATE_TABLE_SQL = '''
        CREATE TABLE ACCOUNT (
        ACCOUNT_ID VARCHAR(20) NOT NULL,
        ACCOUNT_PASSWD CHAR(6) NOT NULL,
        #DECIMAl为用于保存精确数字的类型,DECIMAL(10,2)表示数字的总位数最大为 12 位,其中整数有
10 位,小数最多有 2 位
```

```
        MONEY DECIMAL(10,2) NOT NULL,
        PRIMARY KEY(ACCOUNT_ID)) DEFAULT CHARSET=utf8;
      '''
#创建银行账户
CREATE_ACCOUNT_SQL = '''
                 INSERT INTO ACCOUNT VALUES('001','123456',100.00);
                 '''

#初始化
def init():
    try:
        DB = pymysql.connect('localhost', 'root', '123')
        cursor1 = DB.cursor()
        cursor1.execute(CREATE_SCHEMA_SQL)
        DB = pymysql.connect('localhost', 'root', '123', 'bank')
        cursor2 = DB.cursor()
        cursor2.execute(CREATE_TABLE_SQL)
        cursor2.execute(CREATE_ACCOUNT_SQL)
        DB.commit()
        print('初始化成功')
    except Exception as e:
        print('初始化失败', e)
    finally:
        cursor1.close()
        cursor2.close()
        DB.close()

if __name__ == "__main__":
    init()
```

程序的执行结果如下。

```
初始化成功
```

初始化成功后，可通过 MySQL 可视化工具查看创建的 ACCOUNT 表，如图 13-5 所示。

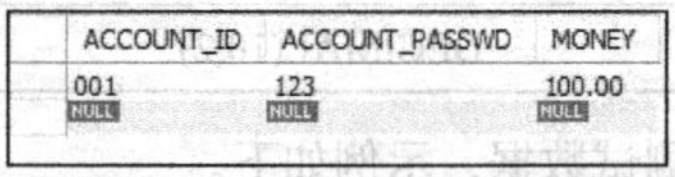

ACCOUNT_ID	ACCOUNT_PASSWD	MONEY
001	123	100.00
NULL	NULL	NULL

图 13-5　ACCOUNT 表数据

3. 编写程序并执行

导入模块，示例如下。

```
# mysql_example.py
#!/usr/bin/env python3
import decimal
import pymysql
```

初始化数据库连接，示例如下。

```
#全局变量，数据库连接
DB = None
```

创建 Account 类来实现银行用户的存/取钱操作，示例如下。

```
#银行账号类
class Account(object):
```

```
        def __init__(self, account_id, account_passwd):
            super(Account, self).__init__()
            #账号
            self.account_id = account_id
            #密码
            self.account_passwd = account_passwd


    #登录检查
    def check_account(self):
        cursor = DB.cursor()
        try:
            sql = "select * from account where account_id=%s and account_passwd=%s" % (self.account_id, self.account_passwd)
            cursor.execute(sql)
            if cursor.fetchall():
                return True
            else:
                return 0.00
        except Exception as e:
            print("系统错误", e)
        finally:
            cursor.close()


    #查询余额
    def query_money(self):
        cursor = DB.cursor()
        try:
            sql = "select money from account where account_id=%s and account_passwd=%s" % (self.account_id, self.account_passwd)
            cursor.execute(sql)
            money = cursor.fetchone()[0]
            if money:
                return str(money.quantize(decimal.Decimal('0.00')))
            else:
                return '0.00'
        except Exception as e:
            print("系统错误", e)
        finally:
            cursor.close()


    #取钱
    def reduce_money(self, money):
        cursor = DB.cursor()
        try:
            has_money = self.query_money()
            #检查余额是否充足
            if decimal.Decimal(has_money) >= decimal.Decimal(money):
                sql = "update account set money=money-%s where account_id=%s and account_passwd=%s" % (money, self.account_id, self.account_passwd)
                cursor.execute(sql)
                if cursor.rowcount == 1:
                    DB.commit()
                    return True
                else:
```

```
                            DB.rollback()
                            return False
                    else:
                            print('余额不足')
            except Exception as e:
                    DB.rollback()
                    print("系统错误", e)
            finally:
                    cursor.close()

    #存钱
    def add_money(self, money):
        cursor = DB.cursor()
        try:
            sql = "update account set money=money+%s where account_id=%s and
account_ passwd=%s" % (money, self.account_id, self.account_passwd)
            cursor.execute(sql)
            if cursor.rowcount == 1:
                    DB.commit()
                    return True
            else:
                    DB.rollback()
                    return False
        except Exception as e:
                DB.rollback()
                print("系统错误", e)
        finally:
                cursor.close()
```

定义 main()函数，用于用户登录以及调用存/取钱的方法，示例如下。

```
def main():
    global DB
    #连接数据库
    DB = pymysql.connect('localhost', 'root', '123', 'bank')
    # 登录
    from_account_id = input('欢迎使用，请输入您的账号：')
    from_account_passwd = input('密码：')
    account = Account(from_account_id, from_account_passwd)
    if account.check_account():
        #登录成功
        choose = input('\n*****************\n 登录成功，请选择您的操作：\n1.查询余额\n2.取钱\n3.
存钱\n4.取卡\n')
        while choose != '4':
            if choose == '1':
                    print('您的账户的余额为%s 元' % (account.query_money()))
            elif choose == '2':
                    money = input('您的余额为:%s 元\n 请输入您取出的金额：' %(account.
query_money()))
                    if account.reduce_money(money):
                            print('取钱成功，您的余额还有%s 元,请按任意键继续' % (account.
query_money()))
```

```
                                else:
                                        print('取钱失败，请按任意键继续')
                        elif choose == '3':
                                money = input('请输入您存入的金额：')
                                if account.add_money(money):
                                        print('存钱成功，您的余额还有%s 元,请按任意键继续\n' % (account.
query_money()))
                                else:
                                        print('存钱失败，请按任意键继续')
                        choose = input('\n******************\n 请选择您的操作：\n1.查询余额\n2.取钱\n3.
存钱\n4.取卡\n')
                else:
                        print('登录失败，账号或密码错误')
        print('感谢您的使用')
        DB.close()
```

调用 main()函数，示例如下。

```
if __name__ == "__main__":
    main()
```

程序的执行结果如下。

```
Python mysql_example.py
欢迎使用，请输入您的账号：001
密码：123456

******************
登录成功，请选择您的操作：
1.查询余额
2.取钱
3.存钱
4.取卡
1
您的账户的余额为100.00 元

******************
请选择您的操作：
1.查询余额
2.取钱
3.存钱
4.取卡
2
您的余额为:100.00 元
请输入您取出的金额：10
取钱成功，您的余额还有 90.00 元,请按任意键继续

******************
请选择您的操作：
1.查询余额
2.取钱
```

3.存钱

4.取卡

3

请输入您存入的金额：10

存钱成功，您的余额还有 100.00 元,请按任意键继续

****

请选择您的操作：

1.查询余额

2.取钱

3.存钱

4.取卡

4

感谢您的使用

13.5.2　使用 SQLite 3 实现学生信息管理系统

1. 实例介绍

本实例使用 SQLite 3 模块来操作 SQLite 数据库，实现一个简单的学生信息管理系统，功能包括对学生信息的查、增、删、改等操作。

2. 准备工作

设计数据库表 STUDENT_INFO，如表 13-7 所示。

表 13-7　　　　　　　　　　　　　　　STUDENT_INFO 表

列　　名	类　　型	说　　明
SNO	CHAR(10)	学号，主键
SNAME	VARCHAR(20)	姓名，NOT NULL
SAGE	INT	年龄，NOT NULL
SSEX	CHAR(1)	性别，NOT NULL
SACADEMY	VARCHAR(20)	学院，NOT NULL
SGRADE	INT	年级，NOT NULL
SCLALSS	INT	班级，NOT NULL

创建数据库表并插入测试数据，示例如下。

```
#sqlite3_init.py
#!/usr/bin/env python3
import sqlite3


#创建表
CREATE_TABLE_SQL = '''
    CREATE TABLE STUDENT_INFO (
    SNO CHAR(10) NOT NULL,
    SNAME VARCHAR(20) NOT NULL,
    SAGE int NOT NULL,
    SSEX CHAR(1) NOT NULL,
    SACADEMY VARCHAR(20) NOT NULL,
```

```
        SGRADE int NOT NULL,
        SCLASS int NOT NULL,
        PRIMARY KEY(SNO))
    '''
#插入数据
CREATE_DATA_SQL = '''
                INSERT INTO STUDENT_INFO VALUES('2016081111','张三',20,'男','软件工
程学院',2016,03),
                ('2016061111','王杰',21,'男','网络工程学院',2016,03),('2016071113',
'周顺',19,'男','大气科学学院',2016,03),
                ('2017081180','李伟',20,'男','软件工程学院',2017,02),('2016081201',
'王丽',20,'女','软件工程学院',2016,05)
                '''

#初始化
def init():
    try:
        DB_Name = 'students.db'
        #连接数据库，如果数据库不存在，则会在当前目录创建
        conn = sqlite3.connect(DB_Name)
        #创建游标对象
        cursor = conn.cursor()
        #创建表
        cursor.execute(CREATE_TABLE_SQL)
        #插入数据
        cursor.execute(CREATE_DATA_SQL)
        conn.commit()
        print('初始化成功')
    except Exception as e:
        conn.rollback()
        print('初始化失败', e)
    finally:
        #关闭数据库
        conn.close()

if __name__ == "__main__":
    init()
```

程序的执行结果如下。

```
初始化成功
```

初始化成功后，使用 SQLite 可视化工具查看创建的 STUDENT_INFO 表，该表数据如图 13-6
所示。

SNO	SNAME	SAGE	SSEX	SACADEMY	SGRADE	SCLASS
2016081111	张三	20	男	软件工程学院	2016	3
2016061111	王杰	21	男	网络工程学院	2016	3
2016071113	周顺	19	男	大气科学学院	2016	3
2017081180	李伟	20	男	软件工程学院	2017	2
2016081201	王丽	20	女	软件工程学院	2016	5

图 13-6　STUDENT_INFO 表数据

3. 编写程序并执行

导入模块，示例如下。

```
# sqlite3_example.py
#!/usr/bin/env python3
import sqlite3
```

初始化数据库连接，定义数据库文件名，示例如下。

```
#数据库连接
CONN = None
#数据库文件名
DB_NAME = 'students.db'
```

创建学生类，实现对学生信息的查、增、删、改，示例如下。

```
#学生类
class STUDENT(object):
    def __init__(self):
        super(STUDENT, self).__init__()


    #输出查询到的数据
    def print_data(self, data):
        print('查询到%s条数据\n学号\t姓名\t年龄\t性别\t学院\t年级\t班级' % (len(data)))
        for row in data:
            print('%s\t%s\t%s\t%s\t%s\t%s\t%s' % (row))


    #查询所有数据
    def query_data(self, *by_key):
        cursor = CONN.cursor()
        if by_key:
            SQL = self.concat_sql(by_key[0], by_key[1])
        else:
            SQL = 'SELECT * FROM STUDENT_INFO'
        print('EXECUTE SQL:%s' % (SQL))
        try:
            data = cursor.execute(SQL).fetchall()
            if len(data) > 0:
                self.print_data(data)
            else:
                print('没有查询到数据')
                return 'no data'
        except Exception as e:
            print('查询数据失败', e)
        finally:
            cursor.close()


    #构造SQL语句
    def concat_sql(self, by, key):
        SQL = 'SELECT * FROM STUDENT_INFO WHERE '
        if by == 'sno':
            SQL = SQL + "SNO = " + key
        elif by == 'sname':
            SQL = SQL + "SNAME LIKE '%" + key + "%'"
        elif by == 'sacademy':
            SQL = SQL + "SACADEMY LIKE '%" + key + "%'"
        return SQL
```

```
#添加学生信息
def add_data(self, insert_data):
    cursor = CONN.cursor()
    SQL = "INSERT INTO STUDENT_INFO VALUES('%s','%s','%s','%s','%s','%s','%s')"
% (insert_data[0], insert_data[1], insert_data[2], insert_data[3], insert_data[4], insert_
data[5], insert_data[6])
    print('EXECUTE SQL:%s' % (SQL))
    try:
        cursor.execute(SQL)
        CONN.commit()
        print('添加数据成功')
    except Exception as e:
        CONN.rollback()
        print('添加数据失败', e)
    finally:
        cursor.close()

#修改学生信息
def update_data(self, sno, update_data):
    cursor = CONN.cursor()
    SQL = "UPDATE STUDENT_INFO SET SNO='%s',SNAME='%s',SAGE='%s',SSEX='%s',
SACADEMY='%s',SGRADE='%s',SCLASS='%s' WHERE SNO='%s'" % (update_data[0], update_data[1],
update_data[2], update_data[3],update_data[4], update_data[5], update_data[6], sno)
    print('EXECUTE SQL:%s' % (SQL))
    try:
        cursor.execute(SQL)
        CONN.commit()
        print('修改数据成功')
    except Exception as e:
        CONN.rollback()
        print('修改数据失败', e)
    finally:
        cursor.close()

#删除学生信息
def delete_data(self, sno):
    cursor = CONN.cursor()
    SQL = 'DELETE FROM STUDENT_INFO WHERE SNO =%s' % (sno)
    print('EXECUTE SQL:%s' % (SQL))
    try:
        cursor.execute(SQL)
        CONN.commit()
        print('删除数据成功')
    except Exception as e:
        CONN.rollback()
        print('删除数据失败', e)
    finally:
        cursor.close()
```

输出菜单，示例如下。

```
#输出菜单
def menu():
```

```
        print('\n*************** \n请选择您的操作：')
        print('1.查询所有学生的信息')
        print('2.按学号查询学生的信息')
        print('3.按姓名查询学生的信息')
        print('4.按学院查询学生的信息')
        print('5.添加学生信息')
        print('6.修改学生信息')
        print('7.删除学生信息')
        print('8.退出')
        return input()
```

定义 main()主函数，实现逻辑控制，示例如下。

```
#主函数
def main():
    global CONN, DB_NAME
    #连接数据库
    CONN = sqlite3.connect(DB_NAME)
    student = STUDENT()
    choose = menu()
    while choose != '8':
        if choose == '1':
            student.query_data()
        elif choose == '2':
            sno = input('请输入学号：')
            student.query_data('sno', sno)
        elif choose == '3':
            sname = input('请输入姓名：')
            student.query_data('sname', sname)
        elif choose == '4':
            sacademy = input('请输入学院：')
            student.query_data('sacademy', sacademy)
        elif choose == '5':
            insert_data = input('请输入插入的学生的信息，数据之间以空格分开：\n 学号\t 姓
名\t 年龄\t 性别\t 学院\t 年级\t 班级\n').split(' ')
            if len(insert_data) != 7:
                print('数据不完整')
            else:
                student.add_data(insert_data)
        elif choose == '6':
            sno = input('请输入修改的学生的学号：')
            if student.query_data('sno', sno) == 'no data':
                print('学生不存在')
            else:
                update_data = input('请输入修改的学生的信息，数据之间以空格分开：\n 学
号\t 姓名\t 年龄\t 性别\t 学院\t 年级\t 班级\n').split(' ')
                if len(update_data) != 7:
                    print('数据不完整')
                else:
                    student.update_data(sno, update_data)
        elif choose == '7':
```

```
                    sno = input('请输入删除的学生的学号：')
                    if student.query_data('sno', sno) == 'no data':
                            print('学生不存在')
                    else:
                            student.delete_data(sno)
                choose = menu()
        print('感谢您的使用')
        CONN.close()
```

调用 main()函数，示例如下。

```
if __name__ == "__main__":
    main()
```

程序的执行结果如下。

```
Python sqlite3_example.py
```

```
***************
请选择您的操作：
1.查询所有学生的信息
2.按学号查询学生的信息
3.按姓名查询学生的信息
4.按学院查询学生的信息
5.添加学生信息
6.修改学生信息
7.删除学生信息
8.退出
1
EXECUTE SQL:SELECT * FROM STUDENT_INFO
查询到 5 条数据
```

学号	姓名	年龄	性别	学院	年级	班级
2016081111	张三	20	男	软件工程学院	2016	3
2016061111	王杰	21	男	网络工程学院	2016	3
2016071113	周顺	19	男	大气科学学院	2016	3
2017081180	李伟	20	男	软件工程学院	2017	2
2016081201	王丽	20	女	软件工程学院	2016	

```
 5
```

由于篇幅有限，上述程序的其他功能不再一一介绍。

13.5.3　使用 MongoDB+Socket+图灵机器人 API 实现人机聊天系统

1.　实例介绍

本实例使用 MongoDB+Socket+图灵机器人 API 实现一个简单的人机聊天系统，使用 PyMongo
模块将客户端和机器人的聊天记录存储到 MongoDB。

2.　准备工作

申请图灵机器人 API：访问图灵机器人官网并申请图灵机器人 API。官网地址请自行在搜索
引擎中搜索，用户每天可免费调用 100 次。

安装 PyMongo 模块，示例如下。

```
pip3 install pymongo
```

3. 编写程序并执行

导入模块，示例如下。

```
#mongodb_example.py
#!/usr/bin/env python3
import os
import time
import pymongo
import socket
import requests
import json
import threading
```

连接 MongoDB，示例如下。

```
#连接MongoDB，地址为"localhost:27017"，账号为"test"，密码为"123"
CLIENT=pymongo.MongoClient("mongodb://localhost:27017/test:123")
```

创建服务器端线程，示例如下。

```
#服务器端
class Server(threading.Thread):
    #图灵机器人API
    __host = 'http://openapi.tuling123.com/openapi/api/v2'
    #图灵机器人请求数据
    __data = {
        "reqType": 0,
        "perception": {
            "inputText": {
                "text": ""          #消息内容
            }
        },
        "userInfo": {
            "apiKey": "申请的API Key",
            "userId": "123"
        }
    }

    def __init__(self):
        super(Server, self).__init__()

    def run(self):
        #创建socket对象
        server = socket.socket()
        #绑定地址和端口
        server.bind((socket.gethostname(), 8888))
        server.listen(5)
        conn, address = server.accept()
        while True:
            #接收客户端消息
            receive = conn.recv(1024).decode('utf-8')
```

```
                    #请求图灵机器人 API，获取回复给客户端的内容
                    reply = self.get_message(receive)
                    #保存聊天记录
                    self.save_message(reply, receive)
                    #回复客户端消息
                    conn.send(reply.encode('utf-8'))


        def get_message(self, message):
            try:
                    #设置消息内容
                    self.__data['perception']['inputText']['text'] = message
                    sendInfo = str(self.__data).encode('utf-8')
                    #将 __data 使用 POST 方式发送到 __host，请求图灵机器人的回复
                    res = requests.post(self.__host, data=sendInfo)
                    res.encoding = 'utf-8'
                    reply = json.loads(res.text)
                    #返回图灵机器人的回复
                    return reply['results'][0]['values']['text']
            except:
                    return '系统错误'


        #存储聊天记录到 MongoDB
        def save_message(self, send, receive):
            try:
                    records = [{'client': {'text': receive, 'time': time.strftime('%Y-%m-%d
%H:%M:%S', time.localtime(time.time()))}, 'server': {'text': send,'time':time.strftime
('%Y-%m-%d %H:%M:%S', time.localtime(time.time()))}}]
                    db = CLIENT['chatroom']
                    mycol = db['record']
                    mycol.insert_many(records)
            except:
                    return '存储聊天记录失败'
```

创建客户端线程，示例如下。

```
#客户端
class Client(threading.Thread):

    def __init__(self):
      super(Client, self).__init__()

    def run(self):
        message = input('您: ')
        client = socket.socket()
        #连接服务器端
        client.connect((socket.gethostname(), 8888))
        while message != 'Bye.':
            #发送消息
            client.send(message.encode('utf-8'))
            #接收消息
            print('机器人:', client.recv(1024).decode('utf-8'))
            message = input('您: ')
```

```
        client.close()
        os._exit(0)
```

创建主线程，示例如下。

```
if __name__ == '__main__':
    #创建服务器端线程和客户端线程
    server = Server()
    client = Client()
    server.start()
    client.start()
```

程序的执行结果如下：

```
python mongodb_example.py
您: 你好。
机器人: 你好。有什么新鲜事儿?
您: 成都今天天气怎么样?
机器人: 成都，周四，晴转多云，无持续风向微风，最低气温 7℃，最高气温 14℃。
您: Bye.
```

程序运行后，可使用 MongoDB 自带的可视化工具 MongoDB Compass Community 查看 chatroom 集合中的 record 文档，如图 13-7 所示。

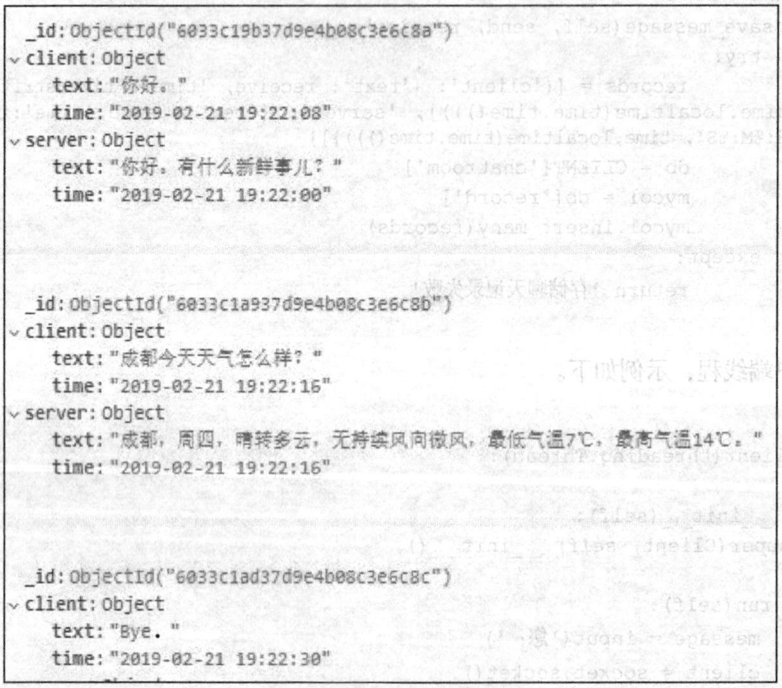

图 13-7　record 文档存储的聊天记录

习　题

1. 简述数据库、关系型数据库和非关系型数据库的概念。

2. 叙述关系型数据库和非关系型数据库的特点。

3. 列举出常用的关系型数据库和非关系型数据库。

4. PyMySQL 模块向 MySQL 数据库提交数据和回滚数据的方法是什么？

5. MongoDB 存储数据的基本单元是什么？

6. 编写 SQL 语句，创建如下 3 张数据库表（表 13-8、表 13-9、表 13-10）并插入数据：STUDENT 表（学生表）、COURSE 表（课程表）、SC 表（选课表）。

表 13-8　　　　　　　　　　　　　　　STUDENT 表

列　　名	类　　型	备　　注
SNO	CHAR(10)	学号，主键
SNAME	VARCHAR(20)	姓名，NOT NYLL
SSEX	CHAR(1)	性别，NOT NULL

表 13-9　　　　　　　　　　　　　　　COURSE 表

列　　名	类　　型	备　　注
CNO	CHAR(10)	课程号，主键
CNAME	VARCHAR(20)	课程名，NOT NULL
CCREDIT	INT	学分，NOT NULL

表 13-10　　　　　　　　　　　　　　　SC 表

列　　名	类　　型	备　　注
SNO	CHAR(10)	课程号，主键，引用 STUDENT 表的 SNO
CNO	CHAR(10)	课程号，主键，引用 COURSE 表的 CNO
SCORE	DECIMAL(3,1)	成绩，NOT NULL

7. 参照第 6 题中的数据库表，编写 SQL 语句实现下列功能。

（1）查询 STUDENT 表中的所有信息。

（2）查询选修了"计算机网络"课程的学生的姓名。

（3）查询选修了"计算机网络"课程且成绩在 60 分以下的学生的学号。

（4）查询学号为"2016081111"的学生的已修学分（成绩在 60 分及以上才能修得学分）。

（5）修改学号为"2016081111"的学生的性别为女。

（6）删除学号为"2016081111"的学生的选课记录。

第 14 章
NumPy 模块

标准 Python 没有像 C 语言那样的专门用于保存数值的数组,要实现数组的保存往往需要使用嵌套列表,这在保存大型矩阵和进行数值运算时不方便且计算效率低。为了弥补这种不足,可以使用第三方库 NumPy 来处理大型数值运算,NumPy 适用于严格的数字处理。许多大型机构开始青睐于使用 Python 来处理数值问题,他们使用 NumPy 处理原本用 C++、Fortran 以及 MATLAB 处理的任务。本章将对 NumPy 中的数组创建、修改和常用运算进行介绍,并通过图像二值化的实例来介绍 NumPy 在实际中的应用。

14.1　NumPy 简介及安装

NumPy(Numerical Python)是 Python 的一个扩展程序库,支持大量数组与矩阵的运算。NumPy 针对数组运算提供了大量常用于科学计算领域的数学函数库,主要包含:强大的 N 维数组对象 ndarray;广播功能函数;整合 C、C++和 Fortran 相关功能的函数;线性代数、傅里叶变换、随机数生成的相关函数等。

学习 NumPy 之前,需要对 NumPy 模块进行安装,下面分别介绍在 Linux 操作系统、macOS、Windows 操作系统下安装 NumPy 模块的方法。

1. 在 Linux 操作系统中安装 NumPy

可以使用操作系统自带的包管理器来安装 NumPy。打开终端,在终端执行以下命令即可。

```
$    sudo apt-get install python3-numpy
```

2. 在 macOS 中安装 NumPy

打开终端,在终端执行以下命令来安装 NumPy。

```
python3 -m pip install numpy
```

3. 在 Windows 操作系统中安装 NumPy

使用 pip 包管理工具,在控制台执行以下命令安装 NumPy 模块。

```
pip install numpy
```

4. 测试 NumPy 是否安装成功

在安装 NumPy 后,需要测试 NumPy 是否安装成功。打开终端,输入"Python"进入交互式界面,尝试导入 NumPy,如果没有任何输出,则说明 NumPy 已经安装成功。

```
$    python
>>   import numpy
>>
```

上述示例采用的 NumPy 版本是截至本书编写时最新的 1.16.3 版本，如果要查看当前 NumPy 版本可以输入以下代码。

```
>> print(numpy.__version__)
>> 1.16.3
```

14.2　NumPy 中的数组对象

NumPy 中的 NumPy 数组是整个 NumPy 模块的核心。NumPy 中大量的运算，如四则运算、逻辑运算和数学中的矩阵运算，都是基于数组对象来实现的，因此要学好 NumPy，就先要学好数组对象。

14.2.1　数组对象的创建

NumPy 数组对象可以通过列表或者元组来创建，也可以通过函数快速创建，下面介绍这两种创建方法。

1. 通过列表或者元组创建 NumPy 数组

首先导入 NumPy 模块。每次在调用 NumPy 模块时重复输入"NumPy"不够简捷，为了使输入简单，同时也为了使代码美观，便于他人阅读，一般对 NumPy 使用别名 np。

```
import numpy as np
```

创建数组对象的构造函数是 np.array()，它接收的主要参数如下。

```
np.array(object, dtype = None, order = None, ndmin = 0)
```

参数说明如下。

object：列表（或元组）或嵌套的数列。

dtype：元素类型（可选）。

ndim：生成数组的最小维度。

order：数组风格，默认值为 C（行优先），即 C 语言风格。如果为 F，即 Fortran 风格（列优先）

通过传递元组可创建数组对象，示例如下。

```
import numpy as np
#通过传递元组创建数组对象
a = np.array((1,2,3,4,5),dtype=np.int)
print(a)
```

程序的执行结果如下。

```
[1 2 3 4 5]
```

通过 ndmin 参数可指定数组的最小维度，示例如下。

```
#通过 ndmin 参数，指定最小维度为 2
b = np.array([1,2,3,4],ndmin=2)
print(b)
```

程序的执行结果如下。

```
[[1 2 3 4]]
```

通过传递嵌套列表可创建多维数组，示例如下。

```
#通过传递嵌套列表创建多维数组
c = np.array([[1,2],[3,4]])      #创建一个二维数组
print(c)
```

程序的执行结果如下。

```
[[1 2]
 [3 4]]
```

NumPy 的数组对象支持相当多的数据类型，如 int、float、complex 等，可以通过 dtype 参数指定创建的数组对象的数据类型。NumPy 常用的数据类型及支持存储的数据范围如表 14-1 所示。

表 14-1   NumPy 常用的数据类型及支持存储的数据范围

数 据 类 型	支持存储的数据范围
int8	−128～127
int16	−32768～32767
int32	−2147483648～2147483647
uint8	0～255
uint16	0～65535
uint32	0～4294967295
float16	半精度浮点数，支持 1 个符号位、5 个指数位、10 个尾数位
float32	单精度浮点数，支持 1 个符号位、8 个指数位、23 个尾数位
float64	双精度浮点数，支持 1 个符号位、11 个指数位、52 个尾数位
complex64	实部和虚部均为 32 位浮点数
complex128	实部和虚部均为 64 位浮点数

在指定以上类型时，np.array()向 dtype 传递的参数为字符串类型。如 np.array()要指定数据类型为 int8，则 dtype="int8"。此外，NumPy 还支持布尔型、字符串等类型的数组，这里不再一一列举。

2. 通过函数快速创建 NumPy 数组

在创建某些有规律的数组，如等差数组、等比数组或者全为 1 的数组时，NumPy 提供了一些内置函数来简化创建数组的过程。下面逐一介绍创建数组的常用函数，如表 14-2 所示。

表 14-2   创建数组的常用函数

函　　数	描　　述	函　　数	描　　述
arange()	创建等差数组	zeros()	创建元素全为 0 的数组
linspace()	创建等差数组	ones()	创建元素全为 1 的数组
logspace()	创建等比数组	full()	创建元素全为指定值的数组
empty()	创建空数组	ones_like()	创建一个与参数数组形状相同、元素全为 1 的数组
zeros_like()	创建一个与参数数组形状相同、元素全为 0 的数组	empty_like()	创建一个与参数数组形状相同、元素为空的数组
full_like()	创建一个与参数数组形状相同、元素为指定值的数组	normal()	创建正态分布的数组

（1）arange()函数

arange()函数用于快速创建一维数组，它的基本语法如下。

```
np.arange(start, stop, step, dtype=None)
```

参数说明如下。

start：初值。

stop：终值。

step：步长。

dtype：数据类型。

需要注意的是，终值不包含在所生成的数组中。创建一个初值为-2、终值为 2、步长为 0.5 的一维数组，示例如下。

```
#创建一个数组，指定初值为-2、终值为2、步长为0.5
a = np.arange(-2, 2, 0.5)
print(a)
```

程序的执行结果如下。

```
[-2.  -1.5 -1.  -0.5  0.   0.5  1.   1.5]
```

（2）linspace()函数

linspace()函数同样用于生成等差数组，但与 arange()函数不同的是，linspace()函数指定的是创建的数组中元素的个数，它的基本语法如下。

```
np.linspace(start, stop, num=50, endpoint=True,retstep=False, dtype=None)
```

参数说明如下。

num：初值到终值所包含的元素数量，默认为 50 个。

endpoint：是否包含终值，为 True 时所生成的数组包含终值，为 False 时不包含终值。

retstep：是否返回步长，为 True 时返回步长，为 False 时不返回步长。

dtype：元素类型。

其余参数与 arange()函数中的相同。

通过 linspace()函数创建等差数组，并指定参数 retstep 为 True，返回步长信息，示例如下。

```
#指定数组的初值为0，终值为20，元素个数为10，不包含终值，返回步长信息
a = np.linspace(0,20,10,endpoint=False,retstep=True)
print(a)
```

程序的执行结果如下。

```
(array([ 0.,  2.,  4.,  6.,  8., 10., 12., 14., 16., 18.]), 2.0)
```

（3）logspace()函数

logspace()函数用于创建等比数组，它的基本语法如下。

```
np.logspace(start, stop, num=50, endpoint=True, base=10.0, dtype=None)
```

参数说明如下。

base：基数。如果创建一个数组，它的开始值为 10^0、终值为 10^3，那么它的基数就是 10。

其余参数同 linspace()函数中的相同，但没有 retstep 参数。如要创建一个 $2^0 \sim 2^4$、包含 5 个元

素的等比数列，示例如下。

```
#创建一个数组，指定初值为 2^0，终值为 2^4，元素个数为 5，基数为 2
a = np.logspace(0, 4, 5, base=2)
print(a)
```

程序的执行结果如下。

```
[ 1.  2.  4.  8. 16.]
```

（4）empty()函数

如果要创建一个指定形状的数组，但不对其赋初值，可以使用 empty()函数。empty()函数用于创建一个指定形状的空数组并分配内存空间，但不对其赋初值。它的基本语法如下。

```
np.empty(shape, dtype = float, order = 'C')
```

参数说明如下。

shape：数组的形状，有关数组的形状属性请参见 14.2.2 小节。

dytpe：数组类型。

order：数组风格，默认为 C 语言风格。

创建一个形状为 3×4 且数据类型为 float 的数组，示例如下。

```
#创建一个形状为 3×4 的空数组，数据类型为 float
a = np.empty((3, 4),dtype=np.float)
print(a)
```

程序的执行结果如下。

```
[[4.23058763e-307 3.20919958e-220 2.49222669e-306 4.22893086e-307]
 [3.02947316e-268 2.21654026e-301 1.01628557e-259 4.16867019e-290]
 [9.85602683e-313 9.14800873e-308 1.33360313e+241 7.25034696e+223]]
```

empty()函数并未对数组赋初值，可以看到创建的数组元素的值是随机的。

（5）zeros()函数

zeros()函数用于创建数组元素全为 0 的数组，它的基本语法如下。

```
np.zeros(shape, dtype=float, order='C')
```

参数说明如下。

shape：数组的形状。

dtype：数组的元素类型，默认为 float。

order：数组风格。

创建一个形状为 2×3 且数组元素全为 0 的数组，示例如下。

```
#创建一个形状为 2×3，元素全为 0，数据类型为 int 的数组
a = np.zeros((2, 3), dtype=np.int)
print(a)
```

程序的执行结果如下。

```
[[0 0 0]
 [0 0 0]]
```

（6）ones()函数

ones()函数用于创建元素全为 1 的数组，它的基本语法如下。

```
np.ones(shape, dtype=None, order='C')
```

它所需要的参数及相关说明与 zeros()函数中的相同，这里不再介绍。

（7）full()函数

如果想要创建一个指定形状并由指定值填充的数组，可以使用 full()函数，它的基本语法如下。

```
np.full(shape, fill_value, dtype=None, order='C')
```

参数说明如下。

shape：数组形状。

fill_value：填充值。

dtype：数据类型。

order：数组风格，默认为 C 语言风格。

创建一个形状为 2×4 且数组元素全为 5 的数组，示例如下。

```
#创建一个形状为 2×4，填充元素全为 5，数据类型为 int 的数组
a = np.full((2, 4),5, dtype=np.int)
print(a)
```

程序的执行结果如下。

```
[[5 5 5 5]
 [5 5 5 5]]
```

（8）ones_like()、zeros_like()、empty_like()、full_like()函数

这些函数用于创建与参数数组形状相同且数据类型相同的数组，但数组的值为指定值。

ones_like()、zeros_like()和 empty_like()的基本语法均如下所示。

```
*(a, dtype=None, order='K', subok=True)
```

full_like()函数的基本语法如下。

```
np.full_like(a, fill_value, dtype=None, order='K', subok=True)
```

参数说明如下。

a：参数数组。

fill_value：填充值。

dtype：数据类型。

order：数组风格，可选参数有 C、F、A、K。C、F 分别为 C 语言风格和 Fortran 风格；A 表示如果 a 是列相邻的，则以列为主存储；K 表示尽可能与 a 的存储方式相同。

subok：为 True 时使用 a 的内部数据类型，为 False 时数据类型与数组 a 相同。

通过 ones_like()函数创建与参数数组形状相同且元素全为 1 的数组，示例如下。

```
array = np.array([[2,5,2],
                  [1,9,6]])
#使用 ones_like()函数创建一个与 array 形状相同，元素全为 1 的数组
a = np.ones_like(array)
print(a)
```

程序的执行结果如下。

```
[[1 1 1]
 [1 1 1]]
```

zeros_like()、empty_like()函数与 ones_like()函数的用法基本相同，这里不再介绍。

通过 full_like()函数创建与参数数组形状相同且元素全为指定值的数组，示例如下。

```python
array = np.array([1, 2, 3, 4, 5, 6])
#使用 full_like()函数创建一个与 array 形状相同且填充值指定为 1 的数组
a = np.full_like(array, 1)
print(a)
#指定数组类型为 float
b = np.full_like(array, 1, dtype=np.float)
print(b)
```

程序的执行结果如下。

```
[1 1 1 1 1 1]
[1. 1. 1. 1. 1. 1.]
```

（9）normal()函数

normal()函数用于创建符合正态分布的数组，它的基本语法如下。

```
np.normal(loc=0.0, scale=1.0, size=None)
```

参数说明如下。

loc：类型为 float，正态分布的均值。

scale：类型为 float，正态分布的标准差。

size：生成数组的形状，如果未指定则只输出一个值。

创建一个均值为 5，标准差为 2，形状为 2×4 的数组，示例如下。

```python
mu, sigma = 5, 2        #设置均值与标准差
array = np.random.normal(loc=mu, scale=sigma, size=(2, 4))
print(array)
```

程序的执行结果如下。

```
[[7.87010166 4.22226713 2.18287985 3.73718938]
 [9.1085233  7.93815475 5.61149983 8.35713466]]
```

14.2.2　数组对象的常用属性

在介绍常用属性之前，需要先介绍一下数组中轴与秩的概念。在 NumPy 中轴的概念与行和列类似，称列为第 0 轴，行为第 1 轴，以此类推。而称轴的数量为秩，即数组的维度。

为了更好地使用数组，常需要从数组中获取一些信息。要获取这些信息，可以使用数组的属性。数组的常用属性如表 14-3 所示。

表 14-3　　　　　　　　　　　　　　数组的常用属性

属　　性	描　　述
ndarray.dtype	返回数组对象中每个元素的类型
ndarray.size	返回数组对象中元素的总个数
ndarray.itemsize	返回数组对象中每个元素的大小，以字节为单位
ndarray.shape	返回数组对象的形状

属　　　性	描　　　述
ndarray.ndim	返回数组对象的维度
ndarray.real	返回数组对象的实部
ndarray.imag	返回数组对象的虚部

输出数组常用属性的相关示例如下。

```
#生成 0～30 的等差数组，并指定形状为 5×6
a = np.arange(30).reshape((5, 6))
print(a.dtype)          #返回数组元素的类型
print(a.size)           #返回数组元素的总个数
print(a.itemsize)       #返回数组中每个元素的大小
print(a.shape)          #返回数组的形状
print(a.ndim)           #返回数组的维度
```

程序的执行结果如下。

```
int32
30
4
(5, 6)
2
```

可以看到，所生成的数组 a 的类型为 int32，元素总个数为 30 个，每个元素占 4 字节的内存空间，数组形状为 5×6，数组维度为 2。

14.2.3　数组元素的访问与修改

在数组对象创建完成之后，可以通过索引和切片的方式来访问，并且可以利用访问结果修改数组中的元素。数组中索引和切片的访问方式与列表中索引和切片的访问方式大致相同。

1. 数组元素的访问

访问数组元素最基本的方法是，通过数组的索引和切片来进行。除此之外还有更高级的访问方式，如整数数组索引、布尔索引和花式索引等。

（1）索引和切片

如有 1 个数组 a，一般的切片形式如下。

```
a[start:stop:step]      #start 表示起始索引，stop 表示结束索引，step 表示步长
```

这里创建 2 个数组 a、b 作为以下示例的演示数组。

```
a = np.array([0, 1, 2, 3, 4, 5, 6, 7, 8, 9])
b = np.array([[0, 1, 2, 3, 4],
              [5, 6, 7, 8, 9]])
```

① 如果切片中只有 1 个参数，则访问对应索引的元素。如 a[2]，访问索引为 2 的元素，示例如下。

```
print(a[2])         #访问索引为 2 的元素
print(b[1][3])      #访问第 2 行、第 4 列的元素
```

程序的执行结果如下。

```
2
8
```

如果参数为负值，则代表从数组结尾往前数。如 a[-2]，代表访问数组的倒数第 2 个元素，示例如下。

```
print(a[-2])                #输出数组的倒数第 2 个元素
```

程序的执行结果如下。

```
8
```

② 如果切片的冒号前后带有 2 个参数（索引），则访问 2 个索引之间的元素，但不包含结束索引位置的元素。如 a[1:4]，代表访问索引为 1~3 的元素。

用切片访问 2 个索引之间元素的示例如下。

```
print(a[1:4])              #访问索引为 1~3 的元素
print(b[1][1:4])           #访问数组第 2 行、索引为 1~3 的元素
```

程序的执行结果如下。

```
[1 2 3]
[6 7 8]
```

如果切片的冒号前后有省略参数，则省略的参数代表索引为数组开头或者结尾。

省略参数并访问 2 个索引之间的元素的示例如下。

```
print(a[5:])              #访问索引为 5 的元素到数组结尾的元素
print(a[:3])              #访问索引为 0~2 的元素
```

程序的执行结果如下。

```
[5 6 7 8 9]
 [0 1 2]
```

访问数组 b 左侧 2×2 的数组片段中元素的示例如下。

```
#访问数组 b 左侧 2×2 的数组片段的元素
print(b[0:2,0:2])
```

程序的执行结果如下。

```
[[0 1]
 [5 6]]
```

③ 如果切片有 2 个冒号，则第 2 个冒号后为切片的步长。如 a[0:7:2]，代表访问数组 a 中索引为 0~6 的元素，并每隔 1 个元素取 1 个值。

访问 2 个索引之间的元素，并指定步长，示例如下。

```
print(a[0:5:2])          #输出索引为 0~4 的元素，指定步长为 2
```

程序的执行结果如下。

```
[0 2 4]
```

访问 2 个索引之间的元素，并指定步长，示例如下。

```
print(a[::2])            #对数组 a 每隔 1 个元素取 1 个值
```

程序的执行结果如下。

```
[0 2 4 6 8]
```

（2）更高级的访问方式

① 整数数组索引。可以通过向数组传递索引列表的方式来访问目标数组的元素。采用这种访问方式可以直接创建一个新的数组。

通过整数数组索引访问目标数组元素的示例如下。

```
a = np.array([1,2,3,4,5])
b = a[[0,-1]]          #访问数组 a 的第 1 个和最后 1 个元素，返回 1 个数组
print(b)
```

程序的执行结果如下。

```
[1 5]
```

通过多维整数数组索引访问目标数组元素的示例如下。

```
a = np.array([[1,2,3],
              [4,5,6],
              [7,8,9]])
#访问数组对角线上的元素
rows = [0,0,1,2,2]
cols = [0,2,1,0,2]
b = a[rows,cols]
print(b)
```

程序的执行结果如下。

```
[1 3 5 7 9]
```

如果想访问数组 a 右上角的 4 个元素，可以采用切片与整数数组索引相结合的方式来完成。

```
a = np.array([[1,2,3],
              [4,5,6],
              [7,8,9]])
# 访问数组 a 右上角的 4 个元素
b = a[0:2,[1,2]]
print(b)
```

程序的执行结果如下。

```
[[2 3]
 [5 6]]
```

② 布尔索引。可以按一定的条件来访问数组的指定元素，这里需要向数组指定判断条件，然后再通过布尔运算来获取符合条件的元素。

通过布尔索引访问数组元素的示例如下。

```
a = np.array([1, 2, 3, 4, 5, 6, 7, 8, 9, 10])
b = a[a % 3 == 0]        #获取能被 3 整除的元素
print(b)
```

程序的执行结果如下。

```
[3 6 9]
```

③ 花式索引。花式索引的用法与整数数组索引大致相似，它以传入的整数列表的值为索引来对目标数组进行取值，整数列表对应的是目标数组最后 1 轴的索引。如果数组是一维数组，那么传递的列表就是要访问的数组元素的对应索引列表，这与整数数组索引相同；如果数组是二维数组，那么传递的列表就是要访问的数组元素的最后 1 轴的索引，即数组的行的对应索引列表。

通过花式索引访问数组元素的示例如下。

```
#创建 1 个元素索引为 0~8 的一维数组，并更改其形状为 3×3
a = np.arange(9).reshape((3, 3))
b = a[[2, 1, 0]]
print(b)
```

程序的执行结果如下。

```
[[6 7 8]
 [3 4 5]
 [0 1 2]]
```

如果要访问上述示例中数组 a 左下角的元素，除了通过数组切片和整数数组索引的方式访问外，还可以使用 np.ix_() 函数。该函数计算传入的 2 个一维数组或者列表的笛卡儿积的映射关系，进而访问数组相应区域的元素。

通过花式索引访问数组元素的示例如下。

```
#访问数组 a 左下角的元素
b = a[np.ix_([1,2],[0,1])]
print(b)
```

程序的执行结果如下。

```
[[3 4]
 [6 7]]
```

关于笛卡儿积的计算规则如图 14-1 所示，它让 1 与 0、1 组合生成(1,0)和(1,1)，2 与 0、1 组合生成(2,0)和(2,1)。

本示例通过计算笛卡儿积生成了(1,0)、(1,1)、(2,0)、(2,1)4 个坐标，从而实现了对数组 a 左下角元素的访问。

2. 数组元素的修改

数组的索引或切片只是原数组的视图，而不是创建出了新的数组，它所指向的内存地址实际上就是原数组的内存地址，所以对数组的索引或切片的修改就相当于直接对原数组进行了修改。因此，要对原数组进行修改，可以通过修改数组的索引或切片的方式来实现。

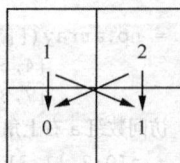

图 14-1　笛卡儿积的计算规则

对数组索引元素进行修改会改变原数组的值，示例如下。

```
a = np.arange(10)
b = a[0:3]          #数组 b 指向与数组 a 相同的内存地址
b[0] = 9            #修改数组 b 的值会引起数组 a 值的改变
print(a)
```

程序的执行结果如下。

```
[9 1 2 3 4 5 6 7 8 9]
```

对切片进行修改会改变原数组的值，示例如下。

```
a = np.arange(-5,5)
a[2:4]=np.array([9,9])          #将索引为 2、3 的值都修改为 9
print(a)
```

程序的执行结果如下。

```
[-5 -4 9 9 -1 0 1 2 3 4]
```

14.2.4　数组的基础运算

NumPy 中的数组能进行四则运算、比较运算和布尔运算，这些运算的实质是数组与数组之间对应元素的计算。

1. 数组的四则运算

NumPy 数组也能像普通数字那样完成加、减、乘、除运算，它是两个数组之间对应元素的计算。首先创建两个数组 a、b，以下示例均用数组 a、b 进行计算。

```
a = np.array([[1, 2], [3, 4]])
b = np.array([[1, 5], [2, 3]])
```

加法运算与减法运算的示例如下。

```
#加法运算
print(a + 5)
print(a + b)
#减法运算
print(a - b)
```

程序的执行结果如下。

```
[[6 7]
 [8 9]]

[[2 7]
 [5 7]]

[[ 0 -3]
 [ 1  1]]
```

乘、除法运算的示例如下。

```
#数组乘、除法
print(a * b)
print(a / b)
```

程序的执行结果如下。

```
[[ 1 10]
 [ 6 12]]
[[1.         0.4       ]
 [1.5        1.33333333]]
```

乘方运算与取整、取余运算的示例如下。

```
print(a ** b)    #数组 a 的数组 b 次方
print(a // b)    #对返回值取整
print(a % b)     #对数组 a 取余
```

程序的执行结果如下。

```
[[ 1 32]
 [ 9 64]]
[[1 0]
 [1 1]]
```

```
[[0 2]
 [1 1]]
```

一个数组与数字相计算即为数组的每一个元素都与该数字进行计算。数组的四则运算则为两个数组对应位置元素的运算。

2. 数组的比较运算和布尔运算

数组的比较运算使用比较运算符（==、!=、<=、>=、>、<）对两个数组的对应元素进行比较，并返回两个数组的比较结果，即一个布尔数组。

数组的比较运算的示例如下。

```
a = np.array([[0, 1], [2, 3]])
b = np.array([[1, -2], [2, -3]])
print(a < b)
print(a != 2)
```

程序的执行结果如下。

```
[[ True False]
 [False False]]
[[ True  True]
 [False  True]]
```

在对数组进行布尔运算（and、or、not）时，需要借助 NumPy 中的布尔运算函数来完成。and、or 和 not 分别对应函数 logical_and()、logical_or() 和 logical_not()。

数组的布尔运算的示例如下。

```
a = np.array([[0, 1], [2, 3]])
b = np.array([[1, -2], [2, -3]])
#对判断条件进行逻辑与运算
print(np.logical_and(a < b, a != 2))
```

程序的执行结果如下。

```
[[ True False]
 [False False]]
```

any() 函数和 all() 函数可以对布尔数组进行计算。在使用 any() 函数计算布尔数组时，只要布尔数组中有一个 True，则返回 True，反之返回 False；使用 all() 函数计算布尔数组时，布尔数组中要全为 True 才返回 True，反之返回 False。

any() 函数的使用示例如下。

```
a = np.array([[0, 1], [2, 3]])
b = np.array([[1, -2], [2, -3]])
print(np.any(a < b))
```

程序的执行结果如下。

```
True
```

all() 函数的使用示例如下。

```
array = np.array([True, False, False, True, False])
print(np.all(array))
```

程序的执行结果如下。

```
False
```

14.2.5　数组的基本操作

NumPy 中提供了一些常用函数（方法）对数组进行基本操作，如对数组进行形状修改、排序和筛选等操作。本小节主要介绍的函数（方法）如表 14-4 所示。

表 14-4　　　　　　　　　　　对数组进行基本操作的常用函数（方法）

函数（方法）	描　　述	函数（方法）	描　　述
reshape()	改变数组形状	ravel()	将数组展开为一维数组
concatenate()	连接多个数组	delete()	从数组中删除指定值
sort()	排序	lexsort()	多级排序
where()	筛选出满足条件的元素的索引	extract()	筛选出满足条件的元素的值

下面对这些函数作简要说明。

1. reshape()函数

数组的 reshape()函数用于在不修改原数组元素的条件下改变数组形状，它的主要参数为数组的形状。

修改数组形状，示例如下。

```
#创建一个一维数组
a = np.arange(9)
print(a)
#修改其形状为 3×3
a = a.reshape((3, 3))
print(a)
```

程序的执行结果如下。

```
[0 1 2 3 4 5 6 7 8]
[[0 1 2]
 [3 4 5]
 [6 7 8]]
```

2. ravel()函数

ravel()函数用于将数组展开为一维数组，它的返回数组实际上指向的内存地址为原数组的内存地址，因此对数组返回值的修改会改变原数组的值。它的基本语法如下。

```
np.ravel(a, order='C')
```

参数说明如下。

a：原始数组。

order：数组风格，'C'——按行，'F'——按列，'A'——原顺序，'K'——元素在内存中的出现顺序。

将数组展开为一维数组，示例如下。

```
#创建一个 3×3 的数组
a = np.array([[1, 2, 3],
              [4, 5, 6],
              [7, 8, 9]])
b = np.ravel(a)           #以默认方式展开数组
print(b)
#以 Fortran 风格，即按列优先展开数组
```

```
c = np.ravel(a,order="F")
print(c)
```

程序的执行结果如下。

```
[1 2 3 4 5 6 7 8 9]
[1 4 7 2 5 8 3 6 9]
```

3. concatenate()函数

concatenate()函数用于两个或者多个数组相连接，它的基本语法如下。

```
np.concatenate((a1, a2, ...), axis)
```

参数说明如下。

a1,a2,...：需要连接的数组。

axis：连接轴，默认为第 0 轴。

将数组按行连接，示例如下。

```
a1 = np.array([[1, 2, 3], [4, 5, 6]])
a2 = np.array([[7, 8, 9]])
b = np.concatenate((a1, a2))          #默认连接轴为第 0 轴
print(b)
```

程序的执行结果如下。

```
[[1 2 3]
 [4 5 6]
 [7 8 9]]
```

将数组按列连接，示例如下。

```
a1 = np.array([[1, 2, 3], [4, 5, 6]])
a2 = np.array([[7, 8], [9, 10]])
b = np.concatenate((a1, a2), axis=1)          #设置连接轴为第 1 轴
print(b)
```

程序的执行结果如下。

```
[[ 1  2  3  7  8]
 [ 4  5  6  9 10]]
```

4. delete()函数

delete()函数用于从数组中删除指定值，它的基本语法如下。

```
np.delete(arr, obj, axis=None)
```

参数说明如下。

arr：要执行操作的数组。

obj：整数或整数数组，表示从要执行操作的数组中删除的指定轴的索引。

axis：指定删除操作的轴，如果不指定则数组将被展开，然后删除对应索引的元素。

先创建一个数组 a，以下示例均用数组 a 演示。

```
a = np.arange(15).reshape((3, 5))
print(a)
```

程序的执行结果如下。

```
[[ 0  1  2  3  4]
 [ 5  6  7  8  9]
 [10 11 12 13 14]]
```

将数组展开后，删除索引为 3 的元素，示例如下。

```
b = np.delete(a, 3)          #将数组展开后，删除索引为 3 的元素
print(b)
```

程序的执行结果如下。

```
[ 0  1  2  4  5  6  7  8  9 10 11 12 13 14]
```

删除数组中第 2、3 列的元素，示例如下。

```
#删除数组中第 2、3 列的元素
c = np.delete(a, [1, 2], axis=1)
print(c)
```

程序的执行结果如下。

```
[[ 0  3  4]
 [ 5  8  9]
 [10 13 14]]
```

删除数组中第 1 行的元素，示例如下。

```
#删除数组中第 1 行的元素
d = np.delete(a, 0, axis=0)
print(d)
```

程序的执行结果如下。

```
[[ 5  6  7  8  9]
 [10 11 12 13 14]]
```

5. sort()函数

sort()函数用于对数组进行排序，默认为从小到大排序。不指定参数 axis 时，默认按照数组的最终轴排序（如果是二维数组，则按照列进行排序）；指定参数 axis 时，则按照指定轴进行排序。如果指定 axis=None，则将原数组转换为一维数组进行排序。使用 sort()函数后将返回一个排序后的新数组，示例如下。

```
a = np.array([[1,15,3],
              [2,9,7],
              [3,12,18]])

print(np.sort(a))          #不指定参数 axis，按照最终轴进行排序
print(np.sort(a,axis=0))   #指定参数 axis=0，按照每行从小到大排序
print(np.sort(a,axis=None))#指定参数 axis=None，返回平坦化后的序列
```

程序的执行结果如下。

```
[[ 1  3 15]
 [ 2  7  9]
 [ 3 12 18]]

[[ 1  9  3]
 [ 2 12  7]
 [ 3 15 18]]
```

```
[ 1  2  3  3  7  9 12 15 18]
```

6. lexsort()函数

lexsort()函数用于对数组进行多级排序。它所需要的参数是 *k* 个相同长度的数组序列，排序的优先级从左到右依次升高，并将排序好的索引以数组形式返回。下面按班级信息、成绩、姓氏的顺序实现多级排序。

```
class_info = ["RG161", "RG162", "RG162", "RG161", "RG162", "RG163"]
names = ["liu", "huang", "chen", "zeng", "yang", "zhang"]
grade = ["A","A","A","C","B","D"]
#按班级信息、成绩、姓氏的顺序，实现多级排序
#返回排序好的索引数组
index = np.lexsort([names,grade,class_info])
#创建一个新的数组，数组的每行包含每个学生的信息
result = np.array(list(zip(class_info,grade,names)))
result = result[index]                #使用返回的索引数组对数组进行排序
print(result)
```

程序的执行结果如下。

```
[['RG161' 'A' 'liu']
 ['RG161' 'C' 'zeng']
 ['RG162' 'A' 'chen']
 ['RG162' 'A' 'huang']
 ['RG162' 'B' 'yang']
 ['RG163' 'D' 'zhang']]
```

7. where()函数

where()函数可用于筛选数组中满足特定条件的元素，其参数为条件判断表达式，使用该函数后将返回满足条件的元素的索引。在一个数组中筛选出大于 3 而小于 8 的元素的示例如下。

```
a = np.arange(0, 10, 0.4)
#设置筛选条件
condition = np.logical_and(a > 3, a < 8)
#筛选出满足条件的元素的索引
index = np.where(condition)
#输出符合条件的元素的索引
print(index)
#输出符合条件的元素
print(a[index])
```

程序的执行结果如下。

```
(array([ 8,  9, 10, 11, 12, 13, 14, 15, 16, 17, 18, 19], dtype=int64),)
[3.2 3.6 4.  4.4 4.8 5.2 5.6 6.  6.4 6.8 7.2 7.6]
```

8. extract()函数

extract()函数的功能类似于 where()函数，但 extract()函数返回的是符合条件的元素的值所组成的数组。它需要两个参数：第一个参数是筛选条件，第二个参数是被筛选的数组。示例如下。

```
a = np.arange(0, 10, 0.4)
#设置筛选条件
condition = np.logical_and(a > 3, a < 8)
#使用 extract()函数筛选出符合条件的元素
```

```
b = np.extract(condition,a)
print(b)
```

程序的执行结果如下。

```
[3.2 3.6 4.  4.4 4.8 5.2 5.6 6.  6.4 6.8 7.2 7.6]
```

14.3　数　学　运　算

NumPy 中提供了大量函数以对数组进行数学运算。下面对 NumPy 涉及的数学运算中的常用数学函数、统计计算和基本线性代数运算作简要介绍。

14.3.1　常用数学函数

NumPy 中有大量用于高效计算数组中元素的绝对值、平方根、三角函数等的函数。这些函数能对数组中的每一个元素进行计算，它们被称为 ufunc()函数，通常它们使用 C 语言编写，因而计算效率非常高。常用的数学函数及说明如表 14-5 所示。

表 14-5　　　　　　　　　　　　　　　常用的数学函数及说明

函　　数	说　　明
abs()	计算元素的绝对值
sqrt()	计算元素的平方根
square()	计算元素的平方
exp()	计算以自然对数数 e 为底的幂
log()	计算以自然对数数 e 为底的对数
log10()	计算以 10 为底的对数
log2()	计算以 2 为底的对数
sign()	判断元素符号，负数返回-1、0 返回 0、正数返回 1
ceil()	计算大于或等于元素的最小整数
floor()	计算小于或等于元素的最大整数
rint()	对浮点数取整到最接近的整数，返回类型为浮点数，即四舍五入
modf()	以元组形式返回浮点数的小数部分和整数部分
isnan()	返回布尔数组判断哪些元素为 NaN

计算数组每个元素的余弦值的示例如下。

```
x = np.arange(10001)
y = np.cos(x)                #调用 ufunc()函数计算序列的余弦值
print(y)
```

程序的执行结果如下。

```
[ 1.         0.54030231 -0.41614684 ...  0.11834207 -0.77161738
 -0.95215537]
```

14.3.2　统计运算

NumPy 中提供了一些常用的统计函数用于对数组求和、求加权平均、求方差等。这里主要介绍的统计函数及说明如表 14-6 所示。

表 14-6　　　　　　　　　　　　常用的统计函数及说明

函　　数	描　　述	函　　数	描　　述
max()和 min()	求最大值和最小值	argmax()和 argmin()	求最大值和最小值所对应的索引
sum()	求和	mean()	求平均值
average()	求加权平均	std()和 var()	求标准差和方差

1. max()函数和 min()函数

max()函数和 min()函数可以计算数组的最大值和最小值。如果指定参数 axis=0，则求每一列上的最值；如果参数 axis=1，则求每一行上的最值，示例如下。

```
a = np.array([[1, 23, 65],
              [23, -76, 3]])
print(np.max(a))                   #求整个数组中的最大值
print(np.min(a, axis=1))           #求每一行上的最小值
```

程序的执行结果如下。

```
65
[1 -76]
```

2. argmax()函数和 argmin()函数

argmax()函数和 argmin()函数可以计算数组的最大值和最小值的索引。如果有多个最值，则返回第一个最值的索引，示例如下。

```
a = np.array([[1, 23, 65],
              [23, -76, 3]])
#计算数组中最小值的索引，返回数组展开后所对应的索引
print(np.argmin(a))
print(np.argmax(a, axis=0))        #计算数组每列最大值的索引
```

程序的执行结果如下。

```
4
[1 0 0]
```

需要注意的是，这里返回的索引是把数组展开为一维数组之后所对应的索引。如果要将展开后的索引转换为多维数组中的索引，则可以使用 unravel_index()函数，该函数需要两个参数：第一个参数是展开后数组的下标，第二个参数是数组的形状，它可以通过数组的 shape 属性获得。计算数组 a 中最小值的索引的示例如下。

```
min_pos = np.argmin(a)
#将展开后的索引转换为多维数组中的索引
min_index = np.unravel_index(min_pos, a.shape)
print(min_index)
```

程序的执行结果如下。

```
(1, 1)
```

3. sum()函数

sum()函数用于计算数组的元素之和。如果不指定参数 axix，那么计算所有元素之和；如果指

定参数 axis=1，则对每一行上的元素进行求和；如果指定参数 axis=0，则对每一列上的元素进行求和，示例如下。

```
a = np.array([[1, 2, 3], [4, 5, 6], [7, 8, 9]])
print(np.sum(a))                      #求出数组 a 中所有元素的和
#指定 axis=1，对每一行上的元素进行求和，返回一个一维数组
print(np.sum(a, axis=1))
#指定 axis=0，对每一列上的元素进行求和，返回一个一维数组
print(np.sum(a, axis=0))
```

程序的执行结果如下。

```
45
[ 6 15 24]
[12 15 18]
```

如果需要对一个三维数组 3d_array 的第 0 轴和第 2 轴的元素进行求和，可以通过 axis 参数指定，示例如下。

```
np.sum(3d_array, axis = (0, 2))       #对数组的第 0 轴和第 2 轴求和
```

4. mean()函数

mean()函数用于计算数组的平均值，它同样可以通过 axis 参数来指定行或列求平均值。对于整数数组，函数先将数组元素转换为双精度浮点数再进行计算；而对于其他类型的数组而言，函数采用与原数组相同类型的数组元素进行计算，示例如下。

```
a = np.array([[1, 2, 3], [4, 5, 6], [7, 8, 9]])
print(np.mean(a))                     #求出数组 a 中所有元素的平均值
print(np.mean(a,axis=1))              #指定参数 axis=1，对每一行上的元素求平均值
```

程序的执行结果如下。

```
5.0
[2. 5. 8.]
```

5. average()函数

average()函数同样可以计算数组的平均值，但它可以通过参数 weights 来指定各项权重，用于求加权平均值。如计算"Python 程序设计"的总成绩，其中期中考试成绩占 30%，期末考试成绩占 50%，作业分占 20%。假如某人期中考试成绩为 84，期末考试成绩为 96，作业分 92，则计算其总成绩的示例如下。

```
score = np.array([84, 96, 92])
score_weight = np.array([30, 50, 20])    #设置分数权重
total_score = np.average(score, weights=score_weight)
print(total_score)
```

程序的执行结果如下。

```
91.6
```

6. std()函数和 var()函数

std()函数和 var()函数可以计算数组的标准差和方差。在计算方差时，如果指定参数 ddof=1，则计算无偏样本方差；若指定参数 ddof=0，则计算偏样本方差。这两个函数也可以通过参数 axis 来指定维度。示例如下。

```
a = np.array([[1, 2, 3], [4, 5, 6], [7, 8, 9]])
print(np.std(a))                #计算标准差
print(np.var(a, ddof=1))  #指定参数 ddof=1，计算无偏样本方差
print(np.var(a, ddof=0))  #指定参数 ddof=0，计算偏样本方差
```

程序的执行结果如下。

```
2.581988897471611
7.5
6.666666666666667
```

14.3.3　基本线性代数运算

NumPy 中提供相关的函数对数组进行基本的线性代数运算。这些函数可以进行矩阵转置、求解逆矩阵、矩阵乘法、求解特征值和特征向量、解线性方程组以及求解行列式等相关计算。

在相关示例中除了导入 NumPy 模块外，还需要导入 numpy.linalg 模块，它包含与线性代数运算有关的函数。

```
import numpy as np
import numpy.linalg
```

先创建矩阵 a，用于下文对线性代数相关运算的讲解。

```
a = np.array([[1, 2], [3, 4]], dtype=np.float)
```

1. 求矩阵的转置

可使用 transpose()函数对矩阵进行转置运算，示例如下。

```
a.transpose()          #对矩阵进行转置，a.T 也会对矩阵进行转置
```

程序的执行结果如下。

```
array([[1., 3.],
       [2., 4.]])
```

2. 求矩阵的逆矩阵

可使用 inv()函数求解矩阵逆矩阵，示例如下。

```
inv_a = np.linalg.inv(a)   #求 a 的逆矩阵
```

程序的执行结果如下。

```
array([[-2. , 1. ],
       [ 1.5, -0.5]])
```

需要注意的是，矩阵必须是方阵且可逆，否则会抛出 LinAlgError 异常。

3. 矩阵乘法

进行矩阵乘法运算的示例如下。

```
a = np.array([[1,2],
              [3,4]])
b = np.array([[4,3],
              [2,1]])
c = np.matmul(a,b)          #求矩阵 a、b 的乘积
```

程序的执行结果如下。

```
array([[ 8,  5],
       [20, 13]])
```

4. 求特征值和特征向量

求矩阵特征值和特征向量的示例如下。

```
>>> eig = np.linalg.eigvals(a)        #eigvals()函数只返回特征值
array([-0.37228132,  5.37228132])
>>> result = np.linalg.eig(a)                 #eig()函数返回特征值和特征向量
(array([-0.37228132,  5.37228132]), array([[-0.82456484, -0.41597356],
       [ 0.56576746, -0.90937671]]))
```

使用 eig()函数后可返回矩阵的特征值和特征向量。返回值为一个元组，第一项保存特征值，第二项保存与特征值对应的特征向量。

5. 求解线性方程组

slove()函数可以求解形如 **AX=b** 的线性方程组。其中 **A** 为系数矩阵，**X** 为未知数，**b** 为右端向量。如对以下三元一次方程组进行求解。

$$\begin{cases} 2x+3y+z=6 \\ x-y+2z=-1 \\ x+2y-z=5 \end{cases}$$

求解上述方程组的程序示例如下。

```
A = np.array([[2, 3, 1],
              [1, -1, 2],
              [1, 2, -1]])
b = np.array([6, -1, 5])
X = np.linalg.solve(A,b)          #调用 solve ( ) 函数求解线性方程
```

输出 **X**，结果如下。

```
[ 2.  1. -1.]
```

6. 行列式计算

使用 det()函数可以计算矩阵行列式的值。

```
np.linalg.det(a)                    #计算矩阵行列式的值
```

计算结果如下。

```
-2.0000000000000004
```

14.4　实　例

本节通过图像二值化实例，演示 NumPy 在图像处理中的实际应用。由于涉及图像的读取和输出，这里需要将 Python 中非常擅长图像处理的 OpenCV 与 NumPy 配合使用。OpenCV 是一个跨平台的计算机视觉模块，常用于处理图像和解决计算机视觉问题。OpenCV 的应用范围非常广泛，如物体识别、运动跟踪、无人驾驶等。

图像二值化是图像处理中的一种常用方法，它通过某种判定方法，将图像上大于某个值的像素点灰度值设置为 255（白色），而小于等于某个值的像素点灰度值设置为 0（黑色）。处理后的图像上只有黑白两种颜色，从而凸显出图像的轮廓，达到提取图像中有用信息的目的。

在本节程序中需要导入 OpenCV 模块和 NumPy 模块，相关命令如下。

```
import numpy as np
import cv2 as cv
```

14.4.1　图像的常用操作

OpenCV 中使用 imread()函数对图像进行读取,它的主要参数为图像的路径,并返回一个 NumPy 中的数组对象,数组中保存着图像的全部信息。因此,可以通过查看数组属性的方式来了解图像的基本信息。接下来通过读取图像 image.jpg,如图 14-2 所示,进行演示。

查看图像的信息,示例如下。

图 14-2　image.jpg

```python
def get_image_info(image):
    '''在屏幕上输出图像信息

    image: OpenCV 所打开的图像的 NumPy 数组对象
    '''

    print("图像的类型为: " + str(type(image)))
    print("数组的形状为: " + str(image.shape))
    print("元素类型为: " + str(image.dtype))

src = cv.imread("./image.jpg")          #读取图像并返回一个数组对象
get_image_info(src)                     #查看图像的信息
```

程序的执行结果如下。

```
图像的类型为: <class 'numpy.ndarray'>
数组的形状为: (778, 500, 3)
元素类型为: uint8
```

可以看到,imread()函数读取图片后返回一个保存图像信息的 NumPy 数组对象。通过查看数组的 shape 属性可以知道图像的高度为 778 像素,宽度为 500 像素,通道数为 3,元素类型为 uint8。

计算机中图像的保存模式可简单理解为,构成图像的基本单位是像素点,每个像素点保存着图像的颜色信息,任何颜色都可以由红、绿、蓝混合而成,这种模式称为 RGB 模式。数组的前两个轴分别为图片的像素坐标,第 3 个轴为像素的通道,由于图片采用 RGB 模式,所以这里有 3 个通道。数组中每个元素的值类型为 uint8,范围为 0~255,表示每个通道颜色的深浅。

要进行图像二值化,首先要把采用 RGB 模式来保存的图像转换成灰度图像,这可以使用 OpenCV 模块中的 cvtColor()函数。

将图像转换为灰度图像,示例如下。

```python
#参数 cv.COLOR_BGR2GRAY 将图像转换为灰度图像
gary = cv.cvtColor(src, cv.COLOR_BGR2GRAY)
get_image_info(gary)          #显示图像信息
```

程序的执行结果如下。

```
图像的类型为: <class 'numpy.ndarray'>
数组的形状为: (778, 500)
元素类型为: uint8
```

这里将 RGB 模式图像通过某种算法合成为灰度图像(即黑白灰图像),它的通道数为 1,数值范围为 0~255(黑到白),即灰度值。

14.4.2　图像二值化

前面介绍了有关灰度图像的概念，接下来可以开始编写第一个图像二值化程序了。该程序可以通过手动设置图像阈值的方法来进行图像二值化，即灰度值大于阈值，则设置为 255，反之设置为 0。图像仍然采用 image.jpg。

手动设置阈值对图像进行二值化，示例如下。

```python
import numpy as np
import cv2 as cv


def threshold_demo(image, threshold):
    '''将图像二值化

        image: NumPy 数组对象(需要灰度图像的 NumPy 数组对象)

        threshold: 指定二值化图像的阈值，可以是整数或者浮点数

        ruturn:返回二值化后的 NumPy 数组对象
    '''
    height = image.shape[0]          #获取图像高度
    width = image.shape[1]           #获取图像宽度

    for row in range(height):
        for col in range(width):
            #判断是否达到阈值
                if image[row, col] > threshold:
                    image[row, col] = 255
                else:
                    image[row, col] = 0

#返回图像二值化后的结果
    return image


def main():
    src = cv.imread("./image.jpg") # 加载图像
    #将图像转化为灰度图像
    gary = cv.cvtColor(src, cv.COLOR_BGR2GRAY)
    #设置阈值大小为 123，返回二值化后的结果
    result = threshold_demo(gary, 123)
    #将结果保存在 output.jpg 中
    cv.imwrite("./output.jpg", result)

if __name__ == '__main__':
    main()
```

如果将 threshold_demo()函数通过 NumPy 模块中的布尔索引进行改写，则可以得到更精简的程序，示例如下。

```python
def threshold_demo(image, threshold):
    '''将图像二值化
```

```
            :param image: NumPy 数组对象(需灰度图像的 NumPy 数组对象)
            :param threshold: 指定二值化图像的阈值
                            可以是整数或者浮点型

            :ruturn:二值化后的 NumPy 数组对象
    '''

image[image > threshold] = 255
image[image <= threshold] = 0

return image
```

原图像与二值化后的图像如图 14-3 和图 14-4 所示。由于程序中未更改数组的形状，所以生成的图像尺寸与原图像尺寸相同。如果将阈值设置为 90，则程序执行结果如图 14-5 所示。可见，阈值设置不同，图像二值化的效果也不一样。那么，如何确定图像的最佳阈值呢？以下介绍几个确定阈值的常用算法。

图 14-3　原图像　　　　图 14-4　二值化后的图像（阈值 123）　图 14-5　二值化后的图像（阈值 90）

1. 通过灰度平均值确定阈值

可以通过计算灰度图像中每个像素点的灰度平均值来确定阈值的大小。

通过灰度平均值确定阈值，示例如下。

```
#-----------------------skip-----------------------
def main():
    src = cv.imread("./image.jpg")          #加载图像
    #将图像转化为灰度图像
    gary = cv.cvtColor(src, cv.COLOR_BGR2GRAY)
    avg = np.mean(gary, dtype=np.int)              #计算图像的灰度平均值
    print("灰度平均值为: " + str(avg))
    #设置阈值大小为灰度平均值，返回二值化后的结果
    result = threshold_demo(gary, avg)
    cv.imwrite("output.jpg", result)
#-----------------------skip-----------------------
```

程序的执行结果如下。

灰度平均值为: 64

输出图像如图 14-6 所示。

2. 局部自适应图像二值化

在对图像进行二值化时，采用全局固定阈值对亮度不一致的图像进行处理时往往效果不佳，这时可以采用局部二值化的方法对图像进行二值化处理。这种二值化方法在对细腻纹理处理时效果较好。下面采用将图像分块并采用局部均值作为阈值的方法对图 14-7 所示的 1.jpg 进行二值化处理。示例如下。

图 14-6　通过灰度平均值二值化后的图像

```python
import numpy as np
import cv2 as cv

def threshold_demo(image, threshold):
    '''将图像二值化

    :param image: NumPy 数组对象 (需灰度图像的 NumPy 数组对象)
    :param threshold: 指定二值化图像的阈值
                      可以是整数或者浮点数

    :ruturn:二值化后的 NumPy 数组对象
    '''

    image[image > threshold] = 255
    image[image <= threshold] = 0
    #返回图像二值化后的结果
    return image

def self_adaption(image, rect):
    '''局部自适应二值化

    image: NumPy 数组对象 (需要灰度图像的 NumPy 数组对象)
    rect: 指定分块的份数，元组 (a,b)，a 为横向分割数，b 为纵向分割数

    ruturn:返回二值化后的 NumPy 数组对象
    '''

    m = rect[0]                         #横向分割数
    n = rect[1]                         #纵向分割数
    height = image.shape[0]             #获取图像高度
    width = image.shape[1]             #获取图像宽度
    x_step = height / n
    y_step = width / m

    for i in range(m):
        for j in range(n):
            #对图像进行分块
            block = image[int(i * x_step):int((i + 1) * x_step),
                    int(j * y_step):int((j + 1) * y_step)]
            #计算每块的灰度平均值，并将其作为阈值
```

```
            threshold = np.mean(block)
            threshold_demo(block, threshold)
    return image


def main():
    src = cv.imread("./1.jpg")              #加载图像
    #将图像转化为灰度图像
    gary = cv.cvtColor(src, cv.COLOR_BGR2GRAY)
    result = self_adaption(gary, (4, 4))
    cv.imwrite("output.jpg", result)


if __name__ == '__main__':
    main()
```

将 self_adaption()函数的参数分别设置为"gary,(4,4)""gary,(100,100)"后得到的图像二值化结果如图 14-8 和图 14-9 所示。

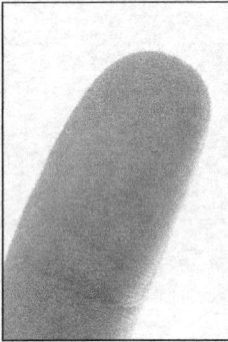

图 14-7　1.jpg

图 14-8　参数设置为"gary,(4,4)"的图像二值化结果

图 14-9　参数设置为"gary,(100,100)"的图像二值化结果

3. 其他的图像二值化方法

常用的二值化方法还有双峰法、P 参数法、OSTU 和 Kittle 法等，但是本章重点不是介绍具体的二值化方法，所以此处不再讲解，读者如有兴趣可以自行了解。此外，OpenCV 模块中封装了大量的图像二值化方法，调用 OpenCV 模块中的 threshold()函数即可进行各种二值化操作。

习　　题

1. 计算 $1+\dfrac{1}{3}+\dfrac{1}{5}+\dfrac{1}{7}+\cdots+\dfrac{1}{99}$ 的和。

2. 编写函数，创建一个对角线上元素全为 5、其余元素全为 0 的对角矩阵。

3. 创建一个数组，并让其按指定列进行排序。

4. 编写一个程序，求解多元一次方程组。

5. 利用 OpenCV 模块和 NumPy 模块对一张图像按指定大小进行裁剪。

6. 利用 OpenCV 模块和 NumPy 模块对一张图像的每个像素点进行运算，实现图像的简易滤镜。

第15章
pandas 模块

近年来，数据分析在各个领域中越来越重要。高效、便捷地处理大量数据是数据分析的首要目标。目前，常用于数据分析的语言有 R 语言、Python 和 SQL 等。Python 是应用广泛的编程语言，不仅易于学习，而且其强大的扩展模块使得 Python 在数据分析领域日益强大。本章介绍 Python 中常用的数据分析库 pandas，阐述了 pandas 的基本对象和相关操作，并通过 GDP 分析实例来展示了 pandas 在实际分析中的应用。

15.1 pandas 简介及安装

pandas 是一个基于 NumPy 的开源 Python 模块，它提供了高效操作大型数据集所需的函数和方法，能很好地处理各种不同来源的数据，如 Excel 表格中的数据、CSV 文件中的数据等。pandas 被广泛应用于数据分析、数据清洗等领域。它是使 Python 成为强大而高效的数据分析语言的重要因素之一。

pandas 不属于 Python 中的标准模块，因此在使用它之前需要安装 pandas。下面介绍在 Linux 操作系统、macOS 和 Windows 操作系统下安装 pandas 的方法。

1. 在 Linux 操作系统中安装 pandas

可以使用操作系统自带的包管理器来安装 pandas，打开终端，在终端执行以下命令。

```
$    sudo apt-get install python-pandas
```

2. 在 macOS 中安装 pandas

打开终端，在其中输入以下命令安装 pandas。由于 pandas 体积较大，下载源在境外，安装速度较慢，所以这里加 "-i" 参数设置从境内镜像下载 pandas。

```
pip install pandas -i http://pypi.douban.com/simple --trusted-host pypi.douban.com
```

3. 在 Windows 操作系统中安装 pandas

打开控制台，在其中输入以下命令完成安装。

```
pip install pandas
```

4. 测试 pandas 是否成功安装

要测试 pandas 是否成功安装，需打开终端，输入 "python"（或 "python 3"）进入交互式界面并尝试导入 pandas。如果没有任何输出，则说明 pandas 已经安装成功，示例如下。

```
$    python
>>   import pandas
>>
```

要查看 pandas 版本，可在导入 pandas 模块后，在交互式界面输入以下代码。本书采用 pandas 0.24.0 版本进行演示。

```
>>> pd.__version__
'0.24.0'
```

15.2 Series 和 DataFrame

本节将介绍 pandas 中的 Series（系列）和 DataFrame（数据帧）这两个重要的对象及其相关的函数和方法。通常，pandas 会与 NumPy 结合使用，因此还需要导入 NumPy，相关命令如下。

```
import numpy as np          #给 NumPy 起别名为 np
import pandas as pd         #给 pandas 起别名为 pd
```

15.2.1 创建 Series 对象

Series 是 pandas 中的一个基本数据结构。它和 NumPy 中的数组很相似，不同的是 Series 能为数据自定义标签，也就是索引，用户可以通过索引来访问数组中的数据。创建一个 Series 对象的基本语法如下。

```
pd.Series(data, index, dtype)
```

参数说明如下。

```
data: 数据对象，可以是列表、字典、NumPy 数组
index: 数据标签
dtype: 数据类型
```

以下通过一个列表来创建一个 Series 对象。

```
s = pd.Series([2, 4, 5, 7, np.nan])
print(s)
```

程序的执行结果如下。

```
0    2.0
1    4.0
2    5.0
3    7.0
4    NaN
dtype: float64
```

这里没有指定参数 index，所以创建时默认索引为 0~4。可以通过指定参数 index 的值来自定义索引值。

```
data = np.array([23, 21, 25, 29])
s = pd.Series(data, index=['a', 'b', 'c', 'd'])
print(s)
```

程序的执行结果如下。

```
a    23
b    21
c    25
d    29
dtype: int32
```

从字典创建一个 Series 对象，如果不指定参数 index，则默认索引为字典的键，示例如下。

```
dict = {'liu': 80, 'huang': 75, 'chen': 90}
s = pd.Series(dict)
print(s)
```

程序的执行结果如下。

```
liu      80
huang    75
chen     90
dtype: int64
```

15.2.2　访问与修改 Series 中的元素

1. 访问 Series 中的元素

访问 Series 对象中的元素有两种方法：第一种方法是通过索引访问，第二种方法是通过切片访问。示例如下。

```
s = pd.Series(data=[1, 2, 4, 6, 7, 9],
              index=['a', 'b', 'c', 'd', 'e', 'f'])
print(s[3])          #通过索引访问
print(s[:3])         #通过切片访问
print(s['e'])        #通过索引访问
```

程序的执行结果如下。

```
6
a    1
b    2
c    4
dtype: int64
7
```

2. 修改 Series 中的元素

要修改 Series 中的元素，可以通过向访问元素赋值的方法来完成。如将索引为'a'的元素修改为 999 的示例如下。

```
s['a'] = 999
print(s)
```

程序的执行结果如下。

```
a    999
b      2
c      4
d      6
e      7
f      9
dtype: int64
```

15.2.3 创建 DataFrame 对象

DataFrame 是 pandas 中的二维数据结构，它有两个标签，一个是行标签（行索引，称为 index），另外一个是列标签（列索引，称为 columns）。可以把它想象为一种类似于表格的存储结构。pandas 对数据的存取基本上都是依靠 DataFrame 对象完成的，因此掌握它的基本用法尤为重要。DataFrame 对象的功能特点主要有：潜在列类型不同、大小可变、可以标记轴（行和列）、可以对行和列执行算术运算。

创建一个 DataFrame 对象的基本语法如下。

```
pd.DataFrame(data, index, columns, dtype)
```

参数说明如下。

data：数据对象，可以是列表、字典、NumPy 数组。

index：行标签。

columns：列标签。

dtype：数据类型。

从列表创建一个 DataFrame 对象，示例如下。

```
#给 pandas 取别名为 pd 并导入
import pandas as pd

data = [['huawei',6000],['vivo',5000],['apple',8000]]
df = pd.DataFrame(data)          #创建一个 DataFrame 对象
print(df)
```

程序的执行结果如下。

```
        0     1
0  huawei  6000
1    vivo  5000
2   apple  8000
```

这里未指定行索引和列索引的值，默认索引为 $0 \sim \text{len}(n)-1$，n 为行数或列数。在上述程序的基础上可以通过 index 和 columns 参数指定行索引和列索引，示例如下。

```
df = pd.DataFrame(data,
                  index=['1st','2nd','3rd'],
                  columns=['Brand','Price'])
print(df)
```

程序的执行结果如下。

```
      Brand  Price
1st  huawei   6000
2nd    vivo   5000
3rd   apple   8000
```

从字典创建一个 DataFrame 对象，字典键默认为列索引，示例如下。

```
data = {'Name': ['liu', 'jack', 'chen'], 'Age': [16, 21, 18]}
df = pd.DataFrame(data,index=['rank1','rank2','rank3'])
print(df)
```

程序的执行结果如下。

```
      Name  Age
rank1  liu   16
rank2  jack  21
rank3  chen  18
```

通过 NumPy 数组和 Series 对象创建一个 DataFrame 对象，示例如下。

```
data = {'A':pd.Series(1,index=list(range(4))),
            'B':pd.Series([4,5,6]),
            'C':np.array([1,2,3,4],dtype=float),
            'D':pd.Timestamp("20190101")}
df = pd.DataFrame(data)
print(df)
```

程序的执行结果如下。

```
   A  B    C      D
0  1  4.0  1.0  2019-01-01
1  1  5.0  2.0  2019-01-01
2  1  6.0  3.0  2019-01-01
3  1  NaN  4.0  2019-01-01
```

需要注意的是，这里的索引为'B'的序列缺失的数据由 NaN 填充。当 DataFrame 对象中存放成千上万行数据时，我们通常不想全部输出它们，这时可以使用 DataFrame 对象中的 head()函数或 tail()函数来查看前几行，或者最后几行。head()函数或 tail()函数接收一个参数来控制显示的行数。查看上述 DataFrame 对象 df 的前两行和后两行的示例如下。

```
print(df.head(2))
print(df.tail(2))
```

程序的执行结果如下。

```
   A  B    C      D
0  1  4.0  1.0  2019-01-01
1  1  5.0  2.0  2019-01-01
   A  B    C      D
2  1  6.0  3.0  2019-01-01
3  1  NaN  4.0  2019-01-01
```

如果要对 DataFrame 对象进行转置，可以访问 DataFrame 对象的 T 属性，示例如下。

```
import pandas as pd

data = {"A": [1, 2, 3], "B": [4, 5, 6]}
df = pd.DataFrame(data)
print(df)
print(df.T)
```

程序的执行结果如下。

```
   A  B
0  1  4
1  2  5
2  3  6
   0  1  2
A  1  2  3
B  4  5  6
```

15.2.4 DataFrame 中的增、删、选、改

1．增加数据

向现有 DataFrame 对象中添加新列，示例如下。

```python
import pandas as pd

data = {'Country':['China','U.S.A','Russia','Korea','Japan'],
    'Capital':['BeiJing','Washington','Moscow','Seoul','Tokyo'],
        'GDP(100M)':[4172,5313,4400,4120,9750]}
df = pd.DataFrame(data,index=[1,2,3,4,5])
print(df)
#向原有 DataFrame 对象中添加'Population(M)'列
df['Population(M)']=pd.Series([21.7,6.2,12.5,9.8,13.8],
                        index=[1,2,3,4,5])
print(df)
```

上述程序向原有的 DataFrame 对象中添加了'Population(M)'列。如果原 DataFrame 对象中索引为 index 的值为用户自定义的值，添加时需在 Series 对象中指明索引 index。程序的执行结果如下。

```
   Country    Capital  GDP(100M)
1    China    BeiJing       4172
2    U.S.A Washington       5313
3   Russia     Moscow       4400
4    Korea      Seoul       4120
5    Japan      Tokyo       9750
-------------------------------------------------------------------------
   Country    Capital  GDP(100M)  Population(M)
1    China    BeiJing       4172           21.7
2    U.S.A Washington       5313            6.2
3   Russia     Moscow       4400           12.5
4    Korea      Seoul       4120            9.8
5    Japan      Tokyo       9750           13.8
```

另外一种添加方式为从现有列创建数据，示例如下。

```python
#计算人均 GDP
df['Per capita GPD'] = (df['GDP(100M)'] / df['Population(M)']) * 100
print(df)
```

程序的执行结果如下。

```
   Country    Capital  GDP(100M)  Population(M)  Per capita GPD
1    China    BeiJing       4172           21.7     19225.806452
2    U.S.A Washington       5313            6.2     85693.548387
3   Russia     Moscow       4400           12.5     35200.000000
4    Korea      Seoul       4120            9.8     42040.816327
5    Japan      Tokyo       9750           13.8     70652.173913
```

向现有 DataFrame 对象中添加新行，示例如下。

```python
df2 = pd.DataFrame(data=[['India', 'New Delhi',1861, 25,7241]],
                 columns=['Country', 'Capital', 'GDP(100M)',
                 'Population(M)','Per capita GPD'], index=[6])
df = df.append(df2)          #向 df 里添加新的一行 df2
print(df)
```

这个操作相当于把 DataFrame 对象 df2 拼接在 DataFrame 对象 df 下，程序的执行结果如下。

```
  Country    Capital  GDP(100M)  Population(M)  Per capita GPD
1   China    BeiJing       4172          21.7    19225.806452
2   U.S.A Washington       5313           6.2    85693.548387
3  Russia     Moscow       4400          12.5    35200.000000
4   Korea      Seoul       4120           9.8    42040.816327
5   Japan      Tokyo       9750          13.8    70652.173913
6   India  New Delhi       1861          25.0     7241.000000
```

2. 删除数据

要删除 DataFrame 对象中的整行或整列，可以使用 pop()函数、drop()函数和关键字 del。pop()
函数和关键字 del 能用于指定列的删除，但不能删除指定行，示例如下。

```
data = {'Name': ['Jeff Bezos', 'Bill Gates', 'Warren Buffett',
                 'Bernard Arnault', 'Mark Zuckerberg'],
        'Age': [54, 62, 87, 69, 33],
        "Assets": [1120, 900, 840, 720, 710]}
df = pd.DataFrame(data, index=[1, 2, 3, 4, 5])
print(df)
del df["Assets"]        #使用 del 关键字删除指定列
print(df)
df.pop("Age")           #使用 pop()函数删除指定列
print(df)
```

程序的执行结果如下。

```
              Name  Age  Assets
1       Jeff Bezos   54    1120
2       Bill Gates   62     900
3   Warren Buffett   87     840
4  Bernard Arnault   69     720
5  Mark Zuckerberg   33     710
--------------------------------------------------------------
              Name  Age
1       Jeff Bezos   54
2       Bill Gates   62
3   Warren Buffett   87
4  Bernard Arnault   69
5  Mark Zuckerberg   33
--------------------------------------------------------------
              Name
1       Jeff Bezos
2       Bill Gates
3   Warren Buffett
4  Bernard Arnault
5  Mark Zuckerberg
```

使用 drop()函数既可以删除指定列又可以删除指定行，参数 inplace 的值默认为 False，即对原
数据进行修改，并将修改后的结果返回给新创建的对象，但原始对象并未进行修改。如果指定
inplace 的值为 True，则直接对原始对象进行修改，示例如下。

```
data = [[50, "优", 25, 48, 4],
        [48, "优", 17, 26, 5],
        [59, "良", 32, 50, 6],
        [69, "良", 50, 76, 8],
```

```
        [67, "良", 42, 68, 6]]
dates = pd.date_range('20190301', periods=5)
df = pd.DataFrame(data, index=dates,
              columns=["AQI", "质量等级", "PM2.5", "PM10", "SO2"])
print(df)
df2 = df.drop("SO2", axis=1)            #删除索引为"SO2"的列
print(df2)
df3 = df.drop(dates[0], axis=0)         #删除索引 2019-03-01 的数据
print(df3)
#删除索引，直接对原始对象进行修改
df.drop(dates[1], axis=0, inplace=True)
print(df)
```

程序的执行结果如下。

```
            AQI  质量等级  PM2.5  PM10  SO2
2019-03-01  50    优     25     48    4
2019-03-02  48    优     17     26    5
2019-03-03  59    良     32     50    6
2019-03-04  69    良     50     76    8
2019-03-05  67    良     42     68    6

            AQI  质量等级  PM2.5  PM10
2019-03-01  50    优     25     48
2019-03-02  48    优     17     26
2019-03-03  59    良     32     50
2019-03-04  69    良     50     76
2019-03-05  67    良     42     68

            AQI  质量等级  PM2.5  PM10  SO2
2019-03-02  48    优     17     26    5
2019-03-03  59    良     32     50    6
2019-03-04  69    良     50     76    8
2019-03-05  67    良     42     68    6

            AQI  质量等级  PM2.5  PM10  SO2
2019-03-01  50    优     25     48    4
2019-03-03  59    良     32     50    6
2019-03-04  69    良     50     76    8
2019-03-05  67    良     42     68    6
```

3. 选择数据

在对 DataFrame 对象中的数据进行选择时有 3 种常见的方式，分别是按位置选择、按索引选择和布尔选择，下面对 3 种选择方式逐一介绍。

（1）按位置选择

使用 DataFrame 对象中的 iloc 属性的基本语法类似于 Python 中列表的切片。基本语法如下。

```
iloc[row_st:row_end:row_step,col_st:col_end:col_step]
```

其参数说明如下。

row(col)_st：起始行（列）索引，0 表示开始，–1 表示结束。

row(col)_end：结束行（列）索引，但不包括本行（列）。

row(col)_step：步长。如果步长为正，则从下到上取值（对行选取），或者从左到右取值（对列选取）；如果步长为负，则反向取值。

对 DataFrame 对象按位置进行选择的示例如下。

```
datas = {"Class":["G161","G161","G161","G162","G162"],
         "Student ID":["001","003","012","005","008"],
         "Chinese":[98,104,114,91,86],
         "Math":[131,122,92,91,96]}
df = pd.DataFrame(datas,index=["rank1","rank2",
                          "rank3","rank4","rank5"])
print(df)
#设起始行为第 0 行，起始列为第 0 列
print(df.iloc[1,2])           #访问第 1 行第 2 列的元素
print(df.iloc[3])             #访问第 3 行的元素
print(df.iloc[:,2])           #访问第 2 列的元素
print(df.iloc[1:3,0:2])       #访问第 1—3 行的第 0—2 列的元素
```

程序的执行结果如下。

```
      Class Student ID  Chinese  Math
rank1  G161        001       98   131
rank2  G161        003      104   122
rank3  G161        012      114    92
rank4  G162        005       91    91
rank5  G162        008       86    96
--------------------------------------------------------------------------------
104
--------------------------------------------------------------------------------
Class         G162
Student ID     005
Chinese         91
Math            91
Name: rank4, dtype: object
--------------------------------------------------------------------------------
rank1     98
rank2    104
rank3    114
rank4     91
rank5     86
Name: Chinese, dtype: int64
--------------------------------------------------------------------------------
      Class Student ID
rank2  G161        003
rank3  G161        012
```

（2）按索引选择

使用 DataFrame 对象中的 loc 属性对 DataFrame 对象按索引进行选择，数据仍然为上面创建的 DataFrame 对象，示例如下。

```
print(df.loc["rank1"])            #访问"rank1"索引所在行
print(df.loc[:,"Math"])           #访问"Math"索引所在列
#访问"rank1"到"rank3"索引，"Student ID"和"Chinese"所在的数据
print(df.loc["rank1":"rank3",["Student ID","Chinese"]])
```

程序的执行结果如下。

```
Class        G161
Student ID   001
Chinese      98
Math         131
Name: rank1, dtype: object
--------------------------------------------------------
rank1   131
rank2   122
rank3    92
rank4    91
rank5    96
Name: Math, dtype: int64
--------------------------------------------------------
        Student ID  Chinese
rank1        001       98
rank2        003      104
rank3        012      114
```

（3）布尔选择

布尔选择是一种带条件的选择，格式为：df[判断条件]。对上述数据输出语文分数大于 100 分的学生信息的示例如下。

```
print(df[df.Chinese > 100])     #输出语文分数大于 100 分的学生信息
```

程序的执行结果如下。

```
       Class Student ID   Chinese Math
rank2  G161         003       104  122
rank3  G161         012       114   92
```

如果想提取或者过滤 DataFrame 对象中的某些信息，可以使用 isin()函数判断该位置的值是否在整个序列或者数组中。如果存在，则在返回的 Series 对象中的对应位置返回 True，反之返回 False。提取 G162 班的学生信息的示例如下。

```
print(df[df["Class"].isin(["G162"])])
```

程序的执行结果如下。

```
       Class Student ID  Chinese  Math
rank4  G162         005       91    91
rank5  G162         008       86    96
```

要过滤掉 G162 班的学生信息，只需在 isin()方法前加上"~"，即对返回的 Series 对象取反，示例如下。

```
print(df[~df["Class"].isin(["G162"])])
```

程序的执行结果如下。

```
       Class Student ID  Chinese  Math
rank1  G161         001       98   131
rank2  G161         003      104   122
rank3  G161         012      114    92
```

4. 修改元素

对于 DataFrame 对象中元素的修改，本质上是通过对 DataFrame 对象中的元素先进行访问，再赋予新值的方式来进行的。在修改 DataFrame 元素的相关示例中，使用下边的 DataFrame 对象

df 进行演示。

```
import numpy as np
import pandas as pd

datas = np.arange(0,48,2).reshape(6,4)
dates=pd.date_range("2019-01-01",periods=6)

df = pd.DataFrame(datas,index=dates,columns=['A','B','C','D'])
print(df)
```

程序执行的结果如下。

```
            A   B   C   D
2019-01-01  0   2   4   6
2019-01-02  8   10  12  14
2019-01-03  16  18  20  22
2019-01-04  24  26  28  30
2019-01-05  32  34  36  38
2019-01-06  40  42  44  46
```

按位置进行修改，修改 "2019-01-01" 所在行中 "A" 和 "B" 所在列的元素为-1，示例如下。

```
df.iloc[0,0:2] = -1
print(df)
```

程序的执行结果如下。

```
            A   B   C   D
2019-01-01  -1  -1  4   6
2019-01-02  8   10  12  14
2019-01-03  16  18  20  22
2019-01-04  24  26  28  30
2019-01-05  32  34  36  38
2019-01-06  40  42  44  46
```

按索引进行修改，修改 "2019-01-06" 所在行中 "C" 和 "D" 所在列的元素为 99，示例如下。

```
df.loc["2019-01-06", ["C", "D"]] = 99
print(df)
```

程序的执行结果如下。

```
            A   B   C   D
2019-01-01  -1  -1  4   6
2019-01-02  8   10  12  14
2019-01-03  16  18  20  22
2019-01-04  24  26  28  30
2019-01-05  32  34  36  38
2019-01-06  40  42  99  99
```

也可以通过布尔条件对 df 进行修改，如修改 "A" 列中大于 30 的元素的值为 0，示例如下。

```
df.A[df.A > 30] = 0
print(df)
```

程序的执行结果如下。

```
            A   B   C   D
2019-01-01  -1  -1  4   6
2019-01-02  8   10  12  14
2019-01-03  16  18  20  22
2019-01-04  24  26  28  30
```

```
2019-01-05    0    34    36    38
2019-01-06    0    42    99    99
```

不仅可以修改 DataFrame 对象中元素的值，还可以修改其行索引或列索引。DataFrame 对象的 rename()函数可以通过传递字典来重新标记一个索引。创建一个 DataFrame 对象的示例如下。

```
df = pd.DataFrame({"a": [1, 2, 3],
                   "b": [4, 5, 6],
                   "c": [7, 8, 9]},
                  index=[0, 1, 2])
print(df)
```

程序的执行结果如下。

```
   a  b  c
0  1  4  7
1  2  5  8
2  3  6  9
```

可以将列索引"a" "b" "c"更改为"x" "y" "z"，示例如下。

```
#将列索引 a、b、c 更改为 x、y、z
df = df.rename(columns={"a": "x", "b": "y", "c": "z"})
print(df)
```

程序的执行结果如下。

```
   x  y  z
0  1  4  7
1  2  5  8
2  3  6  9
```

在此基础上，再将行索引"0" "1" "2"改为"a" "b" "c"，示例如下。

```
#将行索引更改为"a" "b" "c"
df = df.rename(index={0: "a", 1: "b", 2: "c"})
print(df)
```

程序的执行结果如下。

```
   x  y  z
a  1  4  7
b  2  5  8
c  3  6  9
```

15.3 数 据 处 理

15.3.1 缺失值处理

在对大量的数据进行处理时，数据中往往可能包含缺失值。要查看 DataFrame 对象中是否有缺失值，可以使用 DataFrame 对象中的 isnull()函数。该函数将返回一个相同大小的 DataFrame 对象，如果对应位置的元素为缺失值，则返回 True，否则返回 False。示例如下。

```
#查看数据中是否有缺失值
data = {"A":[3,4],"B":np.array(2),"C":[12.3,np.nan]}
df = pd.DataFrame(data)
print(df.isnull())
```

程序的执行结果如下。

```
      A      B      C
0  False  False  False
1  False  False   True
```

如果只想查看 DataFrame 对象中是否有缺失值，而不需要查看缺失值的具体位置，可以使用 any()函数。如果 DataFrame 对象中有一个值为 True，则该函数返回 True，否则返回 False。

```
print(any(df.isnull()))
```

程序的执行结果如下。

```
True
```

在对缺失值的处理中，如果要对缺失值进行填充，可以使用 fillna()函数，如将以上 DataFrame 对象中的缺失值填充为 1，示例如下。

```
df = df.fillna(value=1)
print(df)
```

程序的执行结果如下。

```
   A  B     C
0  3  2  12.3
1  4  2   1.0
```

如果要舍弃缺失值所在的行或者列可以使用 dropna()函数，它有两个参数：axis 和 how。axis=0 时舍弃缺失值所在行，axis=1 时舍弃缺失值所在列。参数 how='any'表示所在行或列只要有一个缺失值则丢弃，参数 how='all'表示所在行或列全部为缺失值时才丢弃。丢弃缺失值所在的行的示例如下。

```
#丢弃缺失值所在的行
df = df.dropna(axis=0, how='any')
print(df)
```

程序的执行结果如下。

```
   A  B     C
0  3  2  12.3
```

15.3.2　索引的重置

如果想重置 DataFrame 对象的索引，可以使用 DataFrame 对象中的 reset_index()函数，把整个 DataFrame 对象的索引重置为初始状态，即 index=[0,1,…,len(data)−1]，而原 DataFrame 对象的索引保存在新生成的"index"列中，示例如下。

```
#生成形状为 4×3 的随机数数组
data = np.random.rand(4, 3)
df = pd.DataFrame(data,
                  index=["A","B","C","D"],
                  columns=np.arange(3))
```

```
print(df)
#重置为默认索引
print(df.reset_index())
```

程序的执行结果如下。

```
           0         1         2
A   0.105957  0.682379  0.869168
B   0.578456  0.583530  0.371560
C   0.361036  0.464130  0.439672
D   0.789213  0.221866  0.533543
   index       0         1         2
0      A  0.105957  0.682379  0.869168
1      B  0.578456  0.583530  0.371560
2      C  0.361036  0.464130  0.439672
3      D  0.789213  0.221866  0.533543
```

如果要自定义索引的值，可以使用 DataFrame 对象中的 set_index()函数，它既可以传入新的索引列表来重新设置索引，又可以通过 DataFrame 对象中的现有列来指定索引。同样使用上述的 DataFrame 对象，可以使用 DataFrame 对象中的某一列数据作为索引值，示例如下。

```
#新建一列存放"ID"
df["ID"] = ["1st", "2nd", "3rd", "4th"]
print(df)
#将该列作为索引
df = df.set_index("ID")
print(df)
```

程序的执行结果如下。

```
           0         1         2    ID
A   0.919053  0.896234  0.522390   1st
B   0.540962  0.822224  0.428002   2nd
C   0.405213  0.500708  0.985288   3rd
D   0.816784  0.761813  0.771640   4th
           0         1         2
ID
1st  0.919053  0.896234  0.522390
2nd  0.540962  0.822224  0.428002
3rd  0.405213  0.500708  0.985288
4th  0.816784  0.761813  0.771640
```

15.3.3　多层索引

如果数据有层次化结构，则可以创造一个多层索引来存放数据，多层索引包括多层行索引和多层列索引。

1. 多层行索引

当要存放多个班级中多个学生的不同科目的成绩时，可以使用多层行索引来创建该结构。最简单的创建方式是在创建 DataFrame 对象时，传递索引为嵌套列表，示例如下。

```
mu, sigma = 69, 10          #设置均值与标准差
score = np.random.normal(loc=mu, scale=sigma, size=(6, 6))
score = score.astype(np.int)
index = [["大气 161", "大气 161", "大气 161", "大气 162", "大气 162", "大气 162"],["刘一",
"陈二", "张三", "李四", "王五", "赵六"]]
```

```
df = pd.DataFrame(data=score, index=index,
                  columns=["高等数学", "英语", "政治", "流体力学", "动力气象", "天气学原理"])
print(df)
```

程序的执行结果如下。

		高等数学	英语	政治	流体力学	动力气象	天气学原理
大气 161	刘一	65	66	78	68	81	71
	陈二	65	61	73	53	73	77
	张三	65	73	78	89	59	72
大气 162	李四	70	69	76	81	63	55
	王五	81	73	77	55	77	87
	赵六	68	76	74	59	71	50

2. 多层列索引

构造多层列索引可以通过向 DataFrame 对象中的 columns 参数传递嵌套列表来实现。如在高等数学、英语和政治上再加一级索引"非专业课"，同时在流体力学、动力气象和天气学原理上加一级索引"专业课"，示例如下。

```
df = pd.DataFrame(data=score, index=index,
                  columns=[["非专业课", "非专业课", "非专业课", "专业课", "专业课", "专业课"],
                           ["高等数学", "英语", "政治", "流体力学", "动力气象", "天气学原理"]])
print(df)
```

程序的执行结果如下。

		非专业课			专业课		
		高等数学	英语	政治	流体力学	动力气象	天气学原理
大气 161	刘一	70	83	81	66	57	64
	陈二	71	71	74	74	78	63
	张三	52	66	65	60	91	70
大气 162	李四	80	52	72	71	56	89
	王五	66	62	66	69	52	63
	赵六	75	71	76	60	78	71

要访问多层索引中的元素，同样可以使用按索引访问和按位置访问的方法实现。如要访问大气 161 班、张三的专业课成绩，按索引访问的方法示例如下。

```
print(df.loc["大气 161","张三"]["专业课"])
```

程序的执行结果如下。

```
流体力学       96
动力气象       71
天气学原理      81
Name: (大气 161, 张三), dtype: int32
```

上述结果中的数值有变化，这是由随机数的设定引起的。
按位置访问的方法示例如下。

```
print(df.iloc[3][[3,4,5]])
```

程序的执行结果如下。

```
流体力学      96
动力气象      71
天气学原理    81
Name: (大气161, 张三), dtype: int32
```

需要注意的是，这里的索引是指最内层的索引。

15.3.4 排序

在对大量数据进行处理时，常需要对其中的数据进行排序。排序有两种：一种是将其中的数据索引进行排序，另一种是将其中的数据进行排序。

1. 对数据索引（标签）排序

要将 DataFrame 对象中的索引排序，可以使用 DataFrame 对象中的 sort_index()函数，它的基本语法如下。

```
sort_index(self, axis=0 ,ascending=True,kind='quicksort')
```

参数说明如下。

axis：需要排序的轴，0 为按行排序，1 为按列排序。

ascending：是否按升序排列。

kind：排序算法，可选参数有 quicksort、mergesort、heapsort。

对数据的列索引进行排序，示例如下。

```
df = pd.DataFrame({"a": [1, 2],
                   "b": [3, 4],
                   "c": [5, 6]},
                  index=[0, 1])
print(df)
#对列索引进行降序排序
df = df.sort_index(axis=1, ascending=False)
print(df)
```

程序的执行结果如下。

```
   a b c
0  1 3 5
1  2 4 6
   c b a
0  5 3 1
1  6 4 2
```

2. 对数据排序

如果需要对 DataFrame 对象中的元素进行排序，可以使用 sort_values()函数，它的基本语法如下。

```
sort_values(self, by, ascending=True, kind='quicksort')
```

参数说明如下。

by：需要进行排序的行索引或者列索引。

ascending：是否按照升序排列。

kind：排序方法，选项有 quicksort、mergesort、heapsort。

以下示例对 DataFrame 对象中的 col1 列进行了排序。

```
df = pd.DataFrame({
    'col1': ['A', 'A', 'B', np.nan, 'D', 'C'],
```

```
    'col2': [2, 1, 9, 9, 7, 4],
    'col3': [0, 1, 8, 4, 2, 3],
})

print(df)
#对 col1 列排序
print(df.sort_values(by="col1"))
```

程序的执行结果如下。

```
   col1  col2  col3
0    A     2     0
1    A     1     1
2    B     9     9
3  NaN     8     4
4    D     7     2
5    C     4     3
   col1  col2  col3
0    A     2     0
1    A     1     1
2    B     9     9
5    C     4     3
4    D     7     2
3  NaN     8     4
```

15.3.5　文件读/写

在大数据的分析中，常常需要从文件中读取数据并进行处理，常用的文件格式有 CSV、Excel、JSON 等。pandas 中封装了大量可对这些文件进行读/写操作的函数。

CSV 文件是一种常用的数据存储文件，它存储的数据为一张表格，表格的每一行为一条记录，每条记录的数据由逗号分隔，不同记录的数据由换行符分隔。pandas 对 CSV 文件的读/写有良好的支持，pandas 中的 read_csv()函数能读取 CSV 文件并将其存储为 DataFrame 对象。如可通过 read_csv() 函数读取并保存有学生成绩信息的 score.csv 文件，score.csv 文件如图 15-1 所示。

ID	Name	Chinese	Math	English
1	Chen	87	96	89
2	Liu	90	94	67
3	Huang	86	86	95
4	Li	88	78	90
5	Zhang	84	92	76

图 15-1　score.csv 文件

```
import pandas as pd

df = pd.read_csv("./score.csv")
print(df)
```

这里先通过 pandas 中的 read_csv()函数读取当前目录下的 score.csv 文件，并将其保存在 DataFrame 对象 df 中，传递的参数为文件路径，之后将 df 输出。程序的执行结果如下。

```
   ID   Name  Chinese  Math  English
0   1   Chen       87    96       89
1   2    Liu       90    94       67
2   3  Huang       86    86       95
3   4     Li       88    78       90
4   5  Zhang       84    92       76
```

在文件的读取操作中，如果想跳行读取，可以在 read_csv()函数中通过指定参数 skiprows 的值来跳过指定行数。如在上述文件的读取中，可通过指定"skiprows=2"跳过 2 行，

```
df = pd.read_csv("./score.csv", skiprows=2)
print(df)
```

程序的执行结果如下。

```
    2  Liu     90  94  67
0  3  Huang   86  86  95
1  4  Li      88  78  90
2  5  Zhang   84  92  76
```

DataFrame 对象默认添加行索引为 $0,\cdots,\mathrm{len}(n)-1$，如果需要将 ID 列指定为行索引，可以在 read_csv()函数中指定 index_col 参数来实现，或者将数据读取之后，通过 set_index()方法实现。通过指定 index_col 参数来指定行索引的程序如下。

```
df = pd.read_csv("./score.csv",index_col=["ID"])
print(df)
```

程序的执行结果如下。

```
     Name  Chinese  Math  English
ID
1    Chen      87    96     89
2    Liu       90    94     67
3    Huang     86    86     95
4    Li        88    78     90
5    Zhang     84    92     76
```

由于篇幅有限，这里不再对 read_csv()函数的其他参数一一举例，其他参数可在 pandas 官网查阅。

可以向 DataFrame 对象 df 中增添一名学生的成绩信息，并将其写入 CSV 文件，程序如下。

```
student_info = pd.DataFrame(data=[[6, "Zhong", 96, 95, 90]],
                        columns=["ID", "Name", "Chinese", "Math", "English"],index=[6])
df = df.append(student_info)      #添加新的学生信息到原 DataFrame 对象
df = df.set_index("ID")           #将 ID 列设置为索引
df.to_csv("./new_score.csv")      #将 DataFrame 对象写入 new_score.csv 文件中
```

图 15-2 是生成的 new_score.csv 文件。

此外，pandas 还支持对 Excel、HDF 文件的读/写，这里不再一一介绍，读者可在 pandas 官网查找与文件读/写有关的详细介绍。

ID	Name	Chinese	Math	English
1	Chen	87	96	89
2	Liu	90	94	67
3	Huang	86	86	95
4	Li	88	78	90
5	Zhang	84	92	76
6	Zhong	96	95	90

图 15-2 new_score.csv 文件

15.3.6 数据透视

数据透视即提取 DataFrame 对象中的部分数据，并根据其中的一个或者多个指定维度（指定数据的汇总方式）对其进行数据聚合操作，方便对数据有一个整体的统计。数据透视通过 pandas 中 DataFrame 对象的 pivot_table()方法实现，它的基本语法如下。

```
pivot_table(data, values=None, index=None, columns=None, aggfunc='mean', fill_value=
None, margins=False, dropna=True, margins_name='All')
```

参数说明如下。

data：DataFrame 对象。

values：源 DataFrame 对象中的一列，即需要汇总的数据源，可指定多个，传递方式为列表。

index：指定源 DataFrame 中的一列，作为数据透视生成 DataFrame 中的行索引，可指定多个，传递方式为列表。

columns：指定源 DataFrame 中的一列，作为数据透视生成 DataFrame 中的列索引，可指定多个，传递方式为列表。

　　aggfunc：数据源的汇总方式，默认为求平均值，可传递多个汇总方式，传递方式为列表。

　　可能读者对数据透视的概念还不是很清楚，下面我们来看一看实际的例子。这里从文件（各班成绩统计.csv）中读取各班各学生各科的成绩信息，对其简单地进行数据透视，统计各班的语文平均成绩。在 pivot_table()方法中，指定汇总数据为语文成绩，行索引为班级，汇总方法为求平均值。

```
# 读取数据
data = pd.read_csv("各班成绩统计.csv")
# 对各班语文成绩作数据透视
cn_scr_by_cla = data.pivot_table(values="语文成绩", index="班级", aggfunc="mean")
print(cn_scr_by_cla)
```

　　程序运行结果如下。

```
          语文成绩
班级
1       88.102041
2       91.194175
3       89.080808
```

　　在上述数据透视表中，如果需要提供一种方法来分割实际值，可以指定可选参数 columns 的值。如需要用男女性别来分割各班的语文平均成绩，可以在 pivot_table()方法中指定 columns = "性别"，程序代码如下。

```
cn_scr_by_cla = data.pivot_table(values="语文成绩", index="班级", columns="性别",
aggfunc="mean")
print(cn_scr_by_cla)
```

　　程序运行结果如下。

```
性别         女          男
班级
1       88.814815   87.227273
2       91.909091   90.661017
3       90.078947   88.459016
```

习　题

　　1. 以三种方式创建一个 DataFrame 对象 df，将元素的值设置为 0~100 的随机数，行索引设置为 0~10 的数字，列标签设置为 A~F 的字母，并完成以下操作。

　　（1）以 df 对象为基础删去列标签为'A'的列，新建一列'G'，其各元素的值等于对应行中列'D'里的值减去列'F'里的值。

　　（2）新建一个 Series 对象，行索引设置为 0~10 的数字，每个元素的值均为 0~10 的数字，将其合并到 df 中，并命名该列标签为'H'。

　　2. 现有记录用户职业信息的文件 users_info.csv（见本书配套网络资源），按下列要求编写程序。

　　（1）使用数据透视表统计各个职业用户的平均年龄。

　　（2）计算各职业用户中女性所占百分比，并按照降序排序。

参 考 文 献

[1] SHAW Z A. 笨办法学 Python 3[M]. 王巍巍, 译. 北京: 人民邮电出版社, 2018.

[2] SANDE W, SANDE C. 父与子的编程之旅: 与小卡特一起学 Python[M]. 苏金国, 易郑超, 译. 北京: 人民邮电出版社, 2014.

[3] BEAZLEY D M. Python 参考手册: 第 4 版[M]. 谢俊, 译. 北京: 人民邮电出版社, 2017.

[4] 张若愚. Python 科学计算: 第 2 版[M]. 北京: 清华大学出版社, 2016.

[5] 李宁. Python 从菜鸟到高手[M]. 北京: 清华大学出版社, 2018.

[6] 关东升. Python 从小白到大牛[M]. 北京: 清华大学出版社, 2018.

[7] 刘宇宙. Python 3.7 从零开始学[M]. 北京: 清华大学出版社, 2018.

[8] 谢希仁. 计算机网络: 第 7 版[M]. 北京: 电子工业出版社, 2017.

[9] 王珊. 数据库系统概论: 第 5 版[M]. 北京: 高等教育出版社, 2017.

[10] 红丸. MongoDB 管理与开发精要[M]. 北京: 机械工业出版社, 2012.

[11] 潘凯华. MySQL 快速入门[M]. 北京: 清华大学出版社, 2012.